艺境

中文版

# Premiere Pro
## 视频编辑剪辑设计与制作
### 全视频实战228例　　孙芳◎编著

清华大学出版社
北京

## 内 容 简 介

　　本书是一本全方位、多角度讲解Premiere Pro视频编辑剪辑的实例式教材，注重实例实用性和精美度。全书共设置228个实用实例，按照技术和行业应用进行划分，清晰有序，可以方便零基础的读者由浅入深地学习本书，从而循序渐进地提升Premiere Pro的视频处理能力。

　　本书共分为16章，针对基础操作、转场效果、视频效果、文字、调色、抠像、关键帧动画等技术进行了超细致的实例讲解和理论解析。在本书最后，还重点设置了5个章节，针对广告设计、海报设计等行业实例应用进行剖析。本书第1～2章主要讲解软件入门操作，是最简单、最需要完全掌握的基础章节。第3～9章是按照技术划分每个门类的高级实例操作，视频处理的常用技术技巧在这些章节中可以得到很好的学习。第10～11章是综合应用和作品输出，是从制作作品到渲染输出的流程介绍。第12～16章是综合项目实例，是专门为读者设置的高级大型综合实例提升章节。

　　本书不仅适合作为视频处理、广告设计人员的参考书籍，也可作为大中专院校和培训机构数字艺术设计、影视设计、广告设计、动画设计、微电影设计及其相关专业的学习教材，还可作为视频爱好者自学使用。

**图书在版编目(CIP)数据**

　　中文版Premiere Pro视频编辑剪辑设计与制作全视频实战228例 / 孙芳编著. —北京：清华大学出版社，2019 (2021.12重印)
（艺境）
　　ISBN 978-7-302-50998-1

　　Ⅰ. ①中…　Ⅱ. ①孙…　Ⅲ. ①视频编辑软件　Ⅳ. ①TN94

　　中国版本图书馆CIP数据核字（2018）第191905号

责任编辑：韩宜波
封面设计：杨玉兰
责任校对：周剑云
责任印制：杨　艳

出版发行：清华大学出版社
　　　　网　　　址：http://www.tup.com.cn，http://www.wqbook.com
　　　　地　　　址：北京清华大学学研大厦 A 座　　　　　　邮　　编：100084
　　　　社 总 机：010-62770175　　　　　　　　　　　　　邮　　购：010-62786544
　　　　投稿与读者服务：010-62776969，c-service@tup.tsinghua.edu.cn
　　　　质 量 反 馈：010-62772015，zhiliang@tup.tsinghua.edu.cn
印 装 者：涿州汇美亿浓印刷有限公司
经　　销：全国新华书店
开　　本：210mm×260mm　　　印　　张：22.5　　　字　　数：718 千字
版　　次：2019 年 1 月第 1 版　　　印　　次：2021 年 12 月第 6 次印刷
定　　价：99.00 元

产品编号：072503-01

　　Premiere Pro是Adobe公司推出的视频编辑与剪辑软件，广泛应用于影视设计、电视包装设计、广告设计、动画设计等。基于Premiere Pro在视频行业的应用度之高，我们编写了本书，其中选择了视频制作中最为实用的228个实例，基本涵盖了视频编辑处理的基础操作和常用技术。

　　与同类书籍介绍大量软件操作的编写方式相比，本书最大的特点是更加注重以实例为核心，按照技术+行业相结合划分，既讲解了基础入门操作和常用技术，又讲解了大型综合行业实例的制作。

本书共分为16章，具体安排如下。

第1章　Premiere Pro的素材导入，介绍初识Premiere中新建项目、序列，导入各种类型素材等基本操作。

第2章　Premiere Pro的基本操作，包括成组和解组、帧定格、嵌套等常用必学操作。

第3章　转场特效应用，列举了比较常用的一些转场效果类型。

第4章　视频特效应用，以30个实例讲解了常用视频效果的应用方法。

第5章　文字效果，讲解了文字的创建、编辑、文字动画等效果的制作。

第6章　画面调色，讲解了各种画面颜色的调整方法。

第7章　抠像合成效果，讲解了多种抠像效果，以及抠除人像背景并进行合成的方法。

第8章　关键帧动画技术，讲解了关键帧动画制作常用动画效果。

第9章　音频特效应用，讲解了多种常用的音频效果，如变调、高音、延迟等。

第10章　常用效果综合应用，综合应用前面章节学习的知识制作常用效果。

第11章　输出作品，讲解了输出视频、音频、序列、图片等方法。

第12～16章为综合项目实例，其中包括创意设计、纯净水广告、横幅广告、卡通风格海报、唯美电影海报等5个大型综合项目实例的完整创作流程。

本书特色如下。

内容丰富。除了安排228个精美实例外，还设置了一些"提示"模块，辅助学习。

章节合理。第1～2章主要讲解软件入门操作——超简单；第3～9章按照技术划分每个门类的高级实例操作——超实用；第10～11章是综合应用和作品输出——超详细；第12~16章是综合项目实例——超震撼。

实用性强。精选了228个实用的实例，实用性非常强大，可应对多种行业的设计工作。

流程方便。本书实例采用了操作思路、操作步骤的模块设置，读者在学习实例之前就可以非常清晰地了解如何进行学习。

本书采用Premiere Pro CC 2015.4版本进行编写，请各位读者使用该版本或更高版本进行练习。如果使用过低的版本，可能会造成源文件无法打开等问题。

注意：本书中部分实例的素材可能一次全部导入，因此在具体实际操作时，应该适当隐藏或显示轨道。建议先将正在调整轨道上方的所有轨道进行隐藏，否则会扰乱视线，不利于观看和操作，调整到其他轨道时再显现其他轨道即可。

本书由孙芳编著，其他参与编写的人员还有齐琦、荆爽、林钰森、王萍、董辅川、杨宗香、孙晓军、李芳等。

由于编者水平有限，书中难免存在错误和不妥之处，敬请广大读者批评和指正。

本书提供了案例的素材文件、源文件以及最终文件，扫一扫下面的二维码，推送到自己的邮箱后下载获取。

第1～8章　　　　　　　　　　　　　　第9～16章

编者

## 第4章　视频特效应用

中文版Premiere Pro视频编辑剪辑设计与制作全视频　实战228例

## 第5章  文字效果

## 第6章  画面调色

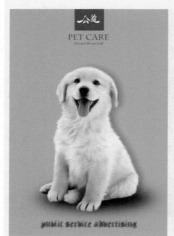

## 第7章 抠像合成效果

艺圃 中文版Premiere Pro视频编辑剪辑设计与制作全视频 实战228例

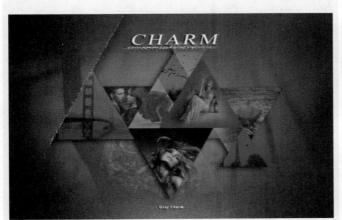

## 第9章　音频特效应用

## 第10章　常用效果综合应用

## 第11章　输出作品

## 第12章　创意设计

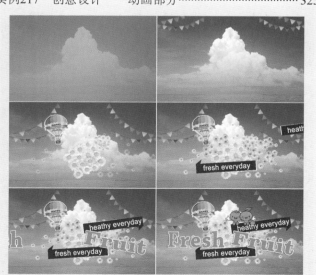

艺境／目录／

实战228例

Premiere Pro

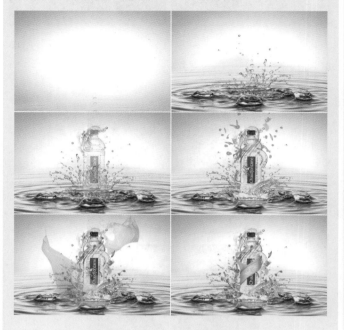

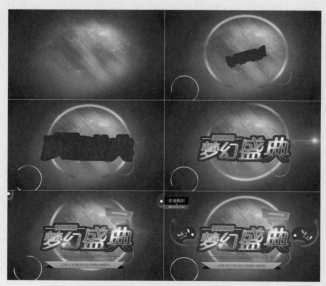

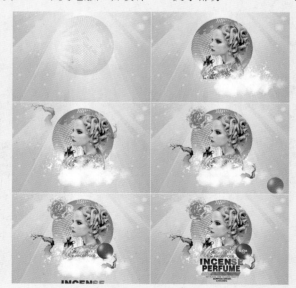

# 第 1 章

# Premiere Pro的素材导入

**本章概述**　在Premiere Pro进行作品创作之前，很重要的步骤就是素材的导入。素材包括很多种，如图片素材、PSD分层素材、视频素材、音频素材、序列素材等。本章的重点是Premiere Pro新建项目、新建序列及导入各种格式素材的方法等知识。

**本章重点**
- Premiere Pro新建项目和新建序列
- Premiere Pro导入图片、序列素材
- Premiere Pro导入视频、音频素材
- 在Premiere Pro中删除素材

/ 佳 / 作 / 欣 / 赏 /

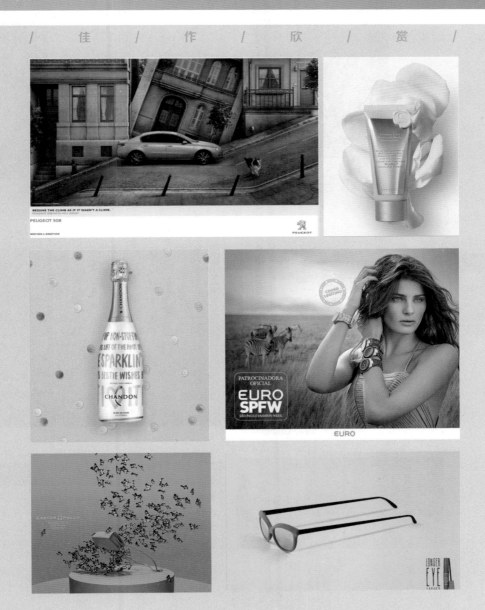

## 实例001　在项目窗口新建序列

| 文件路径 | 第1章 \ 在项目窗口新建序列 |
|---|---|
| 难易指数 | ★★★★★ |
| 技术掌握 | 新建项目和新建序列 |

扫码深度学习

### 操作思路

　　本实例讲解了在Premiere Pro中进行新建项目及新建序列的方法，并且设置合适的序列方式。

### 操作步骤

**01** 在菜单栏中执行"文件"|"新建"|"项目"命令，并在弹出的"新建项目"对话框中设置"名称"，接着单击"浏览"按钮设置保存路径，最后单击"确定"按钮，如图1-1所示。

图1-1

**02** 在"项目"面板空白处单击鼠标右键，执行"新建项目"|"序列"命令。接着在弹出的"新建序列"对话框中选择DV-PAL文件夹下的"标准48kHz"，如图1-2所示。

图1-2

**03** 结果如图1-3所示。

图1-3

## 实例002　新建一个项目文件

| 文件路径 | 第1章 \ 新建一个项目文件 |
|---|---|
| 难易指数 | ★★★★★ |
| 技术掌握 | 新建项目 |

扫码深度学习

### 操作思路

　　本实例讲解了在Premiere Pro中进行新建项目文件的方法，并可设置项目名称、路径等。

### 操作步骤

**01** 在菜单栏中执行"文件"|"新建"|"项目"命令，并在弹出的"新建项目"对话框中设置"名称"，接着单击"浏览"按钮设置保存路径，最后单击"确定"按钮，如图1-4所示。

图1-4

**02** 结果如图1-5所示。

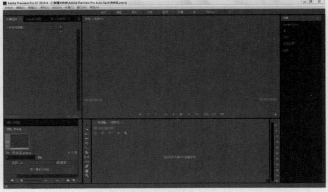

图1-5

## 实例003　新建素材文件夹

| 文件路径 | 第1章 \ 新建素材文件夹 |
|---|---|
| 难易指数 | ★★★★★ |
| 技术掌握 | 新建素材文件夹 |

扫码深度学习

## 操作思路

　　本实例讲解了在Premiere Pro中进行新建素材文件夹的方法，新建之后就可以将素材放置到文件夹中了，方便进行管理。

## 操作步骤

**01** 在菜单栏中执行"文件"|"新建"|"项目"命令，并在弹出的"新建项目"对话框中设置"名称"，接着单击"浏览"按钮设置保存路径，最后单击"确定"按钮，如图1-6所示。

图1-6

**02** 在"项目"面板空白处单击鼠标右键，执行"新建项目"|"序列"命令。接着在弹出的"新建序列"对话框中选择DV-PAL文件夹下的"标准48kHz"，如图1-7所示。

图1-7

**03** 在"项目"面板的空白处单击鼠标右键，执行"新建素材箱"命令，如图1-8所示。

**04** 结果如图1-9所示。

图1-8

图1-9

---

| 实例004 | 导入图片 |
|---|---|
| 文件路径 | 第1章 \ 导入图片 |
| 难易指数 | ★★★★★ |
| 技术掌握 | 导入图片素材 |

## 操作思路

　　本实例讲解了在Premiere Pro中进导入图片素材，并将素材拖曳到视频轨道中的方法。

## 操作步骤

**01** 在菜单栏中执行"文件"|"新建"|"项目"命令，并在弹出的"新建项目"对话框中设置"名称"，接着单击"浏览"按钮设置保存路径，最后单击"确定"按钮，如图1-10所示。

图1-10

**02** 在"项目"面板空白处单击鼠标右键，执行"新建项目"|"序列"命令。接着在弹出的"新建序列"对话框中选择DV-PAL文件夹下的"标准48kHz"，如图1-11所示。

图1-11

**03** 在"项目"面板空白处双击鼠标左键，导入所需的"01.jpg"素材文件，最后单击"打开"按钮导入，如图1-12所示。

**04** 在"项目"面板中选择"01.jpg"素材文件，并按住鼠标左键将其拖曳到V1轨道上，如图1-13所示。

图 1-12

图 1-13

## 实例005　导入视频素材

| | |
|---|---|
| 文件路径 | 第 1 章 \ 导入视频素材 |
| 难易指数 | ★★★★★ |
| 技术掌握 | 导入视频素材 |

### 操作思路

　　本实例讲解了在Premiere Pro中导入视频素材的方法。

### 操作步骤

**01** 在菜单栏中执行"文件"|"新建"|"项目"命令，并在弹出的"新建项目"对话框中设置"名称"，接着单击"浏览"按钮设置保存路径，最后单击"确定"按钮，如图1-14所示。

图 1-14

**02** 在"项目"面板空白处单击鼠标右键，执行"新建项目"|"序列"命令。接着在弹出的"新建序列"对话框中选择DV-PAL文件夹下的"标准48kHz"，如图1-15所示。

图 1-15

**03** 在"项目"面板空白处双击鼠标左键，导入所需的"01.avi"素材文件，最后单击"打开"按钮导入，如图1-16所示。

图 1-16

**04** 在"项目"面板中选择"01.avi"素材文件，并按住鼠标左键将其拖曳到V1轨道上，此时会弹出"剪辑不匹配警告"提示框，单击"保持现有设置"按钮，如图1-17所示。

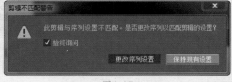

图 1-17

**05** 结果如图1-18所示。

图 1-18

## 实例006　导入PNG透明素材

| 文件路径 | 第1章 \ 导入 PNG 透明素材 |
|---|---|
| 难易指数 | ★★★★★ |
| 技术掌握 | 导入 PNG 透明素材 |

🔍扫码深度学习

### 💡操作思路

　　本实例讲解了在Premiere Pro中新建项目和序列，并导入PNG透明素材的方法。

### 🎤操作步骤

**01** 在菜单栏中执行"文件"|"新建"|"项目"命令，并在弹出的"新建项目"对话框中设置"名称"，接着单击"浏览"按钮设置保存路径，最后单击"确定"按钮，如图1-19所示。

图1-19

**02** 在"项目"面板空白处单击鼠标右键，执行"新建项目"|"序列"命令。接着在弹出的"新建序列"对话框中选择DV-PAL文件夹下的"标准48kHz"，如图1-20所示。

图1-20

**03** 在"项目"面板空白处双击鼠标左键，导入所需的"01.png"素材文件，最后单击"打开"按钮导入，如图1-21所示。

**04** 在"项目"面板中选择"01.png"素材文件，并按住鼠标左键将其拖曳到V1轨道上，如图1-22所示。

图1-21

图1-22

## 实例007　导入序列素材

| 文件路径 | 第1章 \ 导入序列素材 |
|---|---|
| 难易指数 | ★★★★★ |
| 技术掌握 | 导入序列素材 |

🔍扫码深度学习

### 💡操作思路

　　本实例讲解了在Premiere Pro中导入序列素材的方法。

### 🎤操作步骤

**01** 在菜单栏中执行"文件"|"新建"|"项目"命令，并在弹出的"新建项目"对话框中设置"名称"，接着单击"浏览"按钮设置保存路径，最后单击"确定"按钮，如图1-23所示。

图1-23

**02** 在"项目"面板空白处单击鼠标右键，执行"新建项目"|"序列"命令。接着在弹出的"新建序列"对

话框中选择DV-PAL文件夹下的"标准48kHz",如图1-24所示。

图1-24

03 在"项目"面板空白处双击鼠标左键,选择"01000.jpg"素材文件,勾选"图像序列"复选框,最后单击"打开"按钮,将其进行导入,如图1-25所示。

图1-25

提示

**勾选"图像序列"复选框**

　　需要特别注意,要想导入素材是视频序列的形式,那么需要勾选"图像序列"复选框,如图1-26所示。

　　若不勾选该选项,则只能导入一张图片素材,而不是视频序列,如图1-27所示。

图1-26　　　　　　图1-27

04 在"项目"面板中选择"01000.jpg"素材文件,并按住鼠标左键将其拖曳到V1轨道上,如图1-28所示。

图1-28

## 实例008　导入PSD分层文件

| 文件路径 | 第 1 章 \ 导入 PSD 分层文件 |
|---|---|
| 难易指数 | ★★★★★ |
| 技术掌握 | 导入 PSD 分层文件 |

Q扫码深度学习

### 操作思路

　　本实例讲解了在Premiere Pro中导入PSD分层文件的方法。

### 操作步骤

01 在菜单栏中执行"文件"|"新建"|"项目"命令,并在弹出的"新建项目"对话框中设置"名称",接着单击"浏览"按钮设置保存路径,最后单击"确定"按钮,如图1-29所示。

图1-29

02 在"项目"面板空白处单击鼠标右键,执行"新建项目"|"序列"命令。接着在弹出的"新建序列"对话框中选择DV-PAL文件夹下的"标准48kHz",如图1-30所示。

图1-30

03 在"项目"面板空白处双击鼠标左键,选择"01.psd"素材文件,单击"打开"按钮,此时会弹出"导入分层文件"对话框,可以在"导入为"下拉列表中选择导入类型,最后单击"确定"按钮,如图1-31所示。

04 在"项目"面板中选择"01.psd"素材文件,并按住鼠标左键将其拖曳到V1轨道上,如图1-32所示。

图1-31

图1-32

提示

如果在导入PSD素材时,设置"导入为"方式为"各个图层",如图1-33所示。那么导入到项目窗口的就是该PSD文件里的每一个图层,如图1-34所示。

图1-33　　　　　图1-34

## 实例009　导入音频文件

| 文件路径 | 第1章\导入音频文件 |
|---|---|
| 难易指数 | ★★★★★ |
| 技术掌握 | 导入音频文件 |

Q 扫码深度学习

### 操作思路

本实例讲解了在Premiere Pro中导入音频文件的方法。

### 操作步骤

01 在菜单栏中执行"文件"|"新建"|"项目"命令,并在弹出的"新建项目"对话框中设置"名称",接着单击"浏览"按钮设置保存路径,最后单击"确定"按钮,如图1-35所示。

02 在"项目"面板空白处单击鼠标右键,执行"新建项目"|"序列"命令。接着在弹出的"新建序列"对话框中选择DV-PAL文件夹下的"标准48kHz",如图1-36所示。

图1-35

图1-36

03 在"项目"面板空白处双击鼠标左键,选择所需的"01.mp3"音频文件,最后单击"打开"按钮,将其进行导入,如图1-37所示。

图1-37

04 在"项目"面板中选择"01.mp3"音频文件,并按住鼠标左键将其拖曳到A1轨道上,如图1-38所示。

图1-38

## 实例010　删除导入素材

| 文件路径 | 第1章 \ 删除导入素材 |
|---|---|
| 难易指数 | ★★★★★ |
| 技术掌握 | 删除导入素材 |

扫码深度学习

### 操作思路

本实例讲解了在Premiere Pro中删除导入素材的方法。

### 操作步骤

**01** 在菜单栏中执行"文件"|"新建"|"项目"命令，并在弹出的"新建项目"对话框中设置"名称"，接着单击"浏览"按钮设置保存路径，最后单击"确定"按钮，如图1-39所示。

图1-39

**02** 在"项目"面板空白处单击鼠标右键，执行"新建项目"|"序列"命令。接着在弹出的"新建序列"对话框中选择DV-PAL文件夹下的"标准48kHz"，如图1-40所示。

图1-40

**03** 在"项目"面板空白处双击鼠标左键，选择所需的"01.jpg"素材文件，最后单击"打开"按钮，将其进行导入，如图1-41所示。

图1-41

**04** 选择V1轨道上的"01.jpg"素材文件，并单击鼠标右键，在弹出的快捷菜单中执行"清除"命令，如图1-42所示。

图1-42

**05** 结果如图1-43所示。

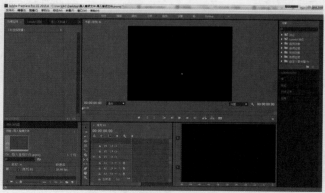

图1-43

# 第 **2** 章

# Premiere Pro的基本操作

 本章概述
在Premiere Pro中，制作项目时需要对软件整体的基本操作有所了解，才能更好地应用Premiere Pro软件的各种功能。Premiere Pro的基本操作包括成组和解组素材、设置入点和出点、嵌套、替换素材等。本章也是学习Premiere Pro必须要熟练掌握的基本技能。

 本章重点
◆ Premiere Pro的常用基本操作。
◆ Premiere Pro中素材的基本操作。

/ 佳 / 作 / 欣 / 赏 /

## 实例011　成组和解组素材

| 文件路径 | 第2章\成组和解组素材 |
|---|---|
| 难易指数 | ★★★★★ |
| 技术掌握 | 成组和解组素材 |

扫码深度学习

### 操作思路

本实例讲解了在Premiere Pro中进行成组和解组素材的方法。在制作作品时，成组和解组操作可以方便我们对素材的统一操作和管理。

### 操作步骤

**01** 在菜单栏中执行"文件"|"新建"|"项目"命令，并在弹出的"新建项目"对话框中设置"名称"，接着单击"浏览"按钮设置保存路径，最后单击"确定"按钮，如图2-1所示。

图2-1

**02** 在"项目"面板空白处单击鼠标右键，执行"新建项目"|"序列"命令。接着在弹出的"新建序列"对话框中选择DV-PAL文件夹下的"标准48kHz"，如图2-2所示。

图2-2

**03** 在"项目"面板空白处双击鼠标左键，选择所需的"01.jpg"~"03.jpg"素材文件，最后单击"打开"按钮，将它们进行导入，如图2-3所示。

**04** 选择"项目"面板中的素材文件，并按住鼠标左键将它们拖曳到V1轨道上，如图2-4所示。

图2-3

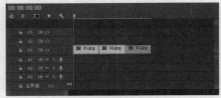

图2-4

**05** 在V1轨道上选择需要成组的素材文件，如图2-5所示。

图2-5

**06** 在菜单栏中执行"剪辑"|"编组"命令，如图2-6所示。此时移动素材便能看出素材已经成为一组，如图2-7所示。

图2-6

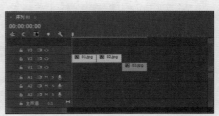

图2-7

**07** 选择V2轨道上的成组素材，并单击鼠标右键，在弹出的快捷菜单中执行"取消编组"命令，如图2-8所示。

**08** 将解组的"01.jpg"素材文件移动到V3轨道上，便可以看出素材已经被解组，如图2-9所示。

图2-8

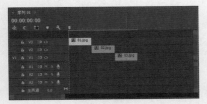

图2-9

| 实例012 | 创建帧定格 |
| --- | --- |
| 文件路径 | 第2章\创建帧定格 |
| 难易指数 | ★★★★★ |
| 技术掌握 | 创建帧定格 |

扫码深度学习

### 操作思路

帧定格功能可以让画面定格在当前帧的效果。本实例讲解了在Premiere Pro中创建帧定格的方法。

### 操作步骤

01 选择时间轨道上的"01.jpg"素材文件，并将时间轴拖动到需要的位置，如图2-10所示。

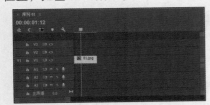

图2-10

02 单击鼠标右键，在弹出的快捷菜单中执行"添加帧定格"命令，如图2-11所示。

03 查看效果，如图2-12所示。

图2-11

图2-12

| 实例013 | 设置序列的入、出点 |
| --- | --- |
| 文件路径 | 第2章\设置序列的入、出点 |
| 难易指数 | ★★★★★ |
| 技术掌握 | 设置序列的入、出点 |

扫码深度学习

### 操作思路

本实例讲解了在Premiere Pro中设置序列入、出点的方法。

### 操作步骤

01 在菜单栏中执行"文件"｜"新建"｜"项目"命令，并在弹出的"新建项目"对话框中设置"名称"，接着单击"浏览"按钮设置保存路径，最后单击"确定"按钮，如图2-13所示。

图2-13

02 在"项目"面板空白处单击鼠标右键，执行"新建项目"｜"序列"命令。接着在弹出的"新建序列"对话框中选择DV-PAL文件夹下的"标准48kHz"，如图2-14所示。

图2-14

03 在"项目"面板空白处双击鼠标左键，选择所需的"01.jpg"～"04.jpg"素材文件，最后单击"打开"按钮，将它们进行导入，如图2-15所示。

图2-15

04 选择"项目"面板中的素材文件，并按住鼠标左键将它们拖曳到V1轨道上，如图2-16所示。

图2-16

05 在V1轨道上将时间轴拖动到所需要的位置，如图2-17所示。

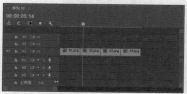

图2-17

06 此时在"项目"面板中单击"标记入点" ，将时间轴拖动到另一个位置，再单击"标记出点" ，如图2-18和图2-19所示。

图2-18

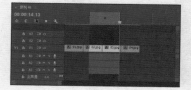

图2-19

## 实例014　设置源素材的入、出点

| 文件路径 | 第2章\设置源素材的入、出点 |
| --- | --- |
| 难易指数 | ★★★★★ |
| 技术掌握 | 设置源素材的入、出点 |

扫码深度学习

### 操作思路

本实例讲解了在Premiere Pro中设置源素材入、出点的方法。

### 操作步骤

01 在菜单栏中执行"文件"｜"新建"｜"项目"命令，并在弹出的"新建项目"对话框中设置"名称"，接着单击"浏览"按钮设置保存路径，最后单击"确定"按钮，如图2-20所示。

图2-20

02 在"项目"面板空白处单击鼠标右键，执行"新建项目"｜"序列"命令。接着在弹出的"新建序列"对话框中选择DV-PAL文件夹下的"标准48kHz"，如图2-21所示。

图2-21

03 在"项目"面板空白处双击鼠标左键，选择所需的"01.jpg"和"02.jpg"素材文件，最后单击"打开"按钮，将它们进行导入，如图2-22所示。

04 选择"项目"面板中的素材文件，并按住鼠标左键将它们拖曳到V1轨道上，如图2-23所示。

05 选择并双击V1轨道上的"01.jpg"素材文件，此时"源"监视器中会自动显现出素材，如图2-24所示。

06 将"源"监视器中的时间轴拖动到15帧时单击"标记入点" ，将时间轴拖动到3秒05帧时单击"标记出点" ，如图2-25所示。

图2-22

图2-23

图2-24

图2-25

| 实例015 | 快速定位素材的入、出点 |
|---|---|
| 文件路径 | 第2章\快速定位素材的入、出点 |
| 难易指数 | ⭐⭐⭐⭐⭐ |
| 技术掌握 | 快速定位素材的入、出点 |

🔍 扫码深度学习

💡 操作思路

　　本实例讲解了在Premiere Pro中快速定位素材入、出点的方法。

🎙 操作步骤

**01** 在菜单栏中执行"文件"｜"新建"｜"项目"命令，并在弹出的"新建项目"对话框中设置"名称"，接着单击"浏览"按钮设置保存路径，最后单击"确定"按钮，如图2-26所示。

图2-26

**02** 在"项目"面板空白处单击鼠标右键，执行"新建项目"｜"序列"命令。接着在弹出的"新建序列"对话框中选择DV-PAL文件夹下的"标准48kHz"，如图2-27所示。

图2-27

**03** 在"项目"面板空白处双击鼠标左键，选择所需的"01.jpg"素材文件，最后单击"打开"按钮，将其进行导入，如图2-28所示。

**04** 选择"项目"面板上的素材文件，并按住鼠标左键将其拖曳到V1轨道上，如图2-29所示。

图2-28

图2-29

**05** 将时间轴拖动到2秒的位置时，单击"标记入点" ⧯；将时间轴拖动到4秒20帧时，单击"标记出点" ⧯，如图2-30所示。

**06** 在菜单栏中执行"标记"｜"转到入点"或"转到出点"命令，这时时间轴会自动跳转到入点或出点，如图2-31所示。

图2-30　　　　　　　　　　图2-31

## 实例016　快速定位序列的入、出点

| 文件路径 | 第2章\快速定位序列的入、出点 |
| --- | --- |
| 难易指数 | ★★★★★ |
| 技术掌握 | 快速定位序列的入、出点 |

（扫码深度学习）

### 操作思路

本实例讲解了在Premiere Pro中快速定位序列入、出点的方法。

### 操作步骤

**01** 在菜单栏中执行"文件"｜"新建"｜"项目"命令，并在弹出的"新建项目"对话框中设置"名称"，接着单击"浏览"按钮设置保存路径，最后单击"确定"按钮，如图2-32所示。

图2-32

**02** 在"项目"面板空白处单击鼠标右键，执行"新建项目"｜"序列"命令。接着在弹出的"新建序列"对话框中选择DV-PAL文件夹下的"标准48kHz"，如图2-33所示。

**03** 在"项目"面板空白处双击鼠标左键，选择所需的"01.jpg"～"04.jpg"素材文件，最后单击"打开"按钮，将它们进行导入，如图2-34所示。

图2-33

图2-34

**04** 选择"项目"面板上的素材文件，并按住鼠标左键将它们拖曳到V1轨道上，如图2-35所示。

图2-35

**05** 将时间轴拖动到1秒的位置时，单击"标记入点"；将时间轴拖动到17秒时，单击"标记出点"，如图2-36所示。

**06** 在菜单栏中执行"标记"｜"转到入点"或"转到出点"命令，这时时间轴会自动跳转到入点或出点，如图2-37所示。

图2-36

图2-37

## 实例017　链接和解除视频、音频

| 文件路径 | 第2章 \ 链接和解除视频、音频 |
|---|---|
| 难易指数 | ★★★★★ |
| 技术掌握 | 链接和解除视频、音频 |

扫码深度学习

### 🔖操作思路

　　本实例讲解了在Premiere Pro中进行链接和解除视频、音频的方法。链接和解除视频、音频可以方便我们只对视频或只对音频进行删除、编辑等操作。

### 🎤操作步骤

**01** 在菜单栏中执行"文件"｜"新建"｜"项目"命令，并在弹出的"新建项目"对话框中设置"名称"，接着单击"浏览"按钮设置保存路径，最后单击"确定"按钮，如图2-38所示。

图2-38

**02** 在"项目"面板空白处单击鼠标右键，执行"新建项目"｜"序列"命令。接着在弹出的"新建序列"对话框中选择DV-PAL文件夹下的"标准48kHz"，如图2-39所示。

图2-39

**03** 在"项目"面板空白处双击鼠标左键，选择所需的"01.avi"视频文件，最后单击"打开"按钮，将其进行导入，如图2-40所示。

图2-40

**04** 选择"项目"面板中的视频文件，并按住鼠标左键将其拖曳到轨道上，如图2-41所示。

图2-41

**05** 选择V1和A1轨道上的文件，单击鼠标右键，执行"连接"命令，此时视频和音频文件便被连接在一起了，如图2-42所示。

**06** 选择V1轨道上的视频文件，单击鼠标右键，执行"取消连接"命令，此时视频和音频文件便被分开了，如图2-43所示。

图2-42

图2-43

## 实例018　嵌套序列

| 文件路径 | 第2章 \ 嵌套序列 |
|---|---|
| 难易指数 | ★★★★★ |
| 技术掌握 | 嵌套序列 |

扫码深度学习

### 🔖操作思路

　　本实例讲解了在Premiere Pro中进行嵌套操作。嵌套之后的素材变为一个新的素材，因此可以方便地对整体进行调整。双击素材还可以继续调整嵌套之前的每个素材。

### 🎤操作步骤

**01** 在菜单栏中执行"文件"｜"新建"｜"项目"命令，并在弹出的"新建项目"对话框中设置"名称"，接着单击"浏览"按钮设置保存路径，最后单击

"确定"按钮，如图2-44所示。

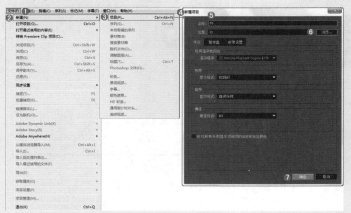

图2-44

02 在"项目"面板空白处单击鼠标右键，执行"新建项目" | "序列"命令。接着在弹出的"新建序列"对话框中选择DV-PAL文件夹下的"标准48kHz"，如图2-45所示。

图2-45

03 在"项目"面板空白处双击鼠标左键，选择所需的"01.jpg"～"04.jpg"素材文件，最后单击"打开"按钮，将它们进行导入，如图2-46所示。

04 选择"项目"面板中的素材文件，并按住鼠标左键将它们拖曳到V1轨道上，如图2-47所示。

图2-46

图2-47

05 选择V1轨道上需要嵌套在一起的素材文件，如图2-48所示。

06 在菜单栏中执行"剪辑" | "嵌套"命令，此时在弹出的"嵌套序列名称"对话框中设置名称，最后单击"确定"按钮，如图2-49所示。

图2-48

图2-49

07 此时两个素材文件已经嵌套在一起，如图2-50所示。

图2-50

| 实例019 | 设置标记点 |
|---|---|
| 文件路径 | 第2章\设置标记点 |
| 难易指数 | ★★★★★ |
| 技术掌握 | 设置标记点 |

🔍扫码深度学习

💡操作思路

本实例讲解了在Premiere Pro中设置标记点的方法。

🎤操作步骤

01 在菜单栏中执行"文件" | "新建" | "项目"命令，并在弹出的"新建项目"对话框中设置"名称"，接着单击"浏览"按钮设置保存路径，最后单击"确定"按钮，如图2-51所示。

图2-51

[02] 在"项目"面板空白处单击鼠标右键，执行"新建项目" | "序列"命令。接着在弹出的"新建序列"对话框中选择DV-PAL文件夹下的"标准48kHz"，如图2-52所示。

图2-52

[03] 在"项目"面板空白处双击鼠标左键，选择所需的"01.jpg" ~ "04.jpg"素材文件，最后单击"打开"按钮，将它们进行导入，如图2-53所示。

[04] 选择"项目"面板中的素材文件，并按住鼠标左键将它们拖曳到V1轨道上，如图2-54所示。

图2-53                    图2-54

[05] 将时间轴拖动到需要标记的位置，如图2-55所示。

[06] 在按钮编辑栏中单击"添加标记点" ■按钮，如图2-56所示。

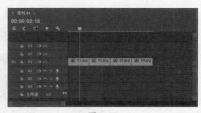

图2-55

图2-56

[07] 再次将时间轴拖动到一个位置，并单击"添加标记点" ■按钮，如图2-57所示。

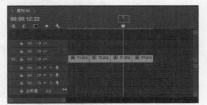

图2-57

| 实例020 | 素材场设置 |
|---|---|
| 文件路径 | 第2章\素材场设置 |
| 难易指数 | ★★★★★ |
| 技术掌握 | 素材场设置 |

🔍扫码深度学习

💡操作思路

本实例讲解了在Premiere Pro中进行素材场设置的方法。

🎤操作步骤

[01] 在菜单栏中执行"文件" | "新建" | "项目"命令，并在弹出的"新建项目"对话框中设置"名称"，接着单击"浏览"按钮设置保存路径，最后单击"确定"按钮，如图2-58所示。

[02] 在"项目"面板空白处单击鼠标右键，执行"新建项目" | "序列"命令。接着在弹出的"新建序列"

对话框中选择DV-PAL文件夹下的"标准48kHz"，如图2-59所示。

图2-58

图2-59

**03** 在"项目"面板空白处双击鼠标左键，选择所需的"01.jpg"素材文件，最后单击"打开"按钮，将其进行导入，如图2-60所示。

图2-60

**04** 选择"项目"面板中的素材文件，并按住鼠标左键将其拖曳到V1轨道上，如图2-61所示。

图2-61

**05** 选择V1轨道上的"01.jpg"素材文件，单击鼠标右键，在弹出的快捷菜单中执行"场选项"命令，并在弹出的"场选项"对话框中选择所需要处理的选项，如图2-62所示。

图2-62

| 实例021 | 素材的激活和失效 |
|---|---|
| 文件路径 | 第2章\素材的激活和失效 |
| 难易指数 | ★★★★★ |
| 技术掌握 | 素材的激活和失效 |

🔍扫码深度学习

**操作思路**

在Premiere Pro中可以对素材进行激活和失效，让其正常显示和不显示。本实例讲解了在Premiere Pro中进行素材的激活和失效的方法。

**操作步骤**

**01** 在菜单栏中执行"文件" | "新建" | "项目"命令，并在弹出的"新建项目"对话框中设置"名称"，接着单击"浏览"按钮设置保存路径，最后单击"确定"按钮，如图2-63所示。

图2-63

**02** 在"项目"面板空白处单击鼠标右键，执行"新建项目" | "序列"命令。接着在弹出的"新建序列"对话框中选择DV-PAL文件夹下的"标准48kHz"，如图2-64所示。

**03** 在"项目"面板空白处双击鼠标左键，选择所需的"01.jpg"和"02.jpg"素材文件，最后单击"打开"按钮，将它们进行导入，如图2-65所示。

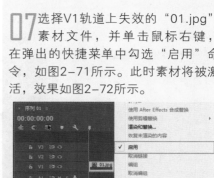
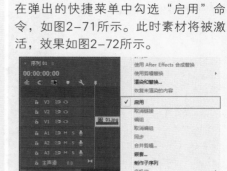

图2-64

04 选择"项目"面板中的素材文件,并按住鼠标左键将其拖曳到V1轨道上,如图2-66所示。

图2-65

图2-66

05 选择V1轨道上的"01.jpg"素材文件,如图2-67所示。效果如图2-68所示。

图2-67

图2-68

06 在菜单栏中执行"剪辑"|"启用"命令,取消其勾选状态,此时素材将失效,如图2-69所示。效果如图2-70所示。

图2-69

图2-70

07 选择V1轨道上失效的"01.jpg"素材文件,并单击鼠标右键,在弹出的快捷菜单中勾选"启用"命令,如图2-71所示。此时素材将被激活,效果如图2-72所示。

图2-71

图2-72

### 实例022　素材和特效的复制和粘贴

| 文件路径 | 第2章\素材和特效的复制和粘贴 |
| --- | --- |
| 难易指数 | ⭐⭐⭐⭐⭐ |
| 技术掌握 | 素材和特效的复制和粘贴 |

扫码深度学习

**操作思路**

　　本实例讲解了在Premiere Pro中进行素材和特效的复制和粘贴的方法。

**操作步骤**

01 在菜单栏中执行"文件"|"新建"|"项目"命令,并在弹出的"新建项目"对话框中设置"名称",接着单击"浏览"按钮设置保存路径,最后单击"确定"按钮,如图2-73所示。

02 在"项目"面板空白处单击鼠标右键,执行"新建项目"|"序

列"命令。接着在弹出的"新建序列"对话框中选择DV-PAL文件夹下的"标准48kHz",如图2-74所示。

图2-73

图2-74

03 在"项目"面板空白处双击鼠标左键,选择所需的"01.jpg"和"02.jpg"素材文件,最后单击"打开"按钮,将它们进行导入,如图2-75所示。

图2-75

04 选择"项目"面板中的素材文件,并按住鼠标左键将它们拖曳到V1轨道上,如图2-76所示。

图2-76

05 在"效果"面板中搜索"风车"转场,并按住鼠标左键将其拖曳到"01.jpg"和"02.jpg"素材文件中间,如图2-77所示。

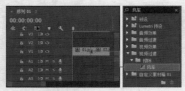

图2-77

06 选择V1轨道上的"01.jpg""02.jpg"素材文件和"风车"转场,如图2-78所示。

图2-78

07 在菜单栏中执行"编辑" | "复制"命令,如图2-79所示。

08 将时间轴拖动到需要粘贴的位置,并选择粘贴的轨道,如图2-80所示。

图2-79                      图2-80

09 然后在菜单栏中执行"编辑" | "粘贴"命令,如图2-81所示。

10 此时,素材会粘贴到所指定的位置,如图2-82所示。

图2-81                      图2-82

## 实例023 素材画面和当前项目的尺寸匹配

| | |
|---|---|
| 文件路径 | 第2章\素材画面和当前项目的尺寸匹配 |
| 难易指数 | ★★★★★ |
| 技术掌握 | "缩放为帧大小"命令 |

🔍扫码深度学习

### 🔧 操作思路

当素材导入到Premiere Pro的视频轨道中时,很多时候会出现素材的尺寸和画面大小不符。为了快速地将素材大小与画面自动匹配,可使用"缩放为帧大小"命令。本实例讲解了在Premiere Pro中进行素材画面和当前项目尺寸匹配的方法。

### 🎤 操作步骤

**01** 在菜单栏中执行"文件" | "新建" | "项目"命令,并在弹出的"新建项目"对话框中设置"名称",接着单击"浏览"按钮设置保存路径,最后单击"确定"按钮,如图2-83所示。

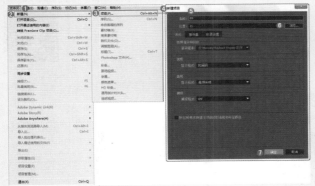

图2-83

**02** 在"项目"面板空白处单击鼠标右键,执行"新建项目" | "序列"命令。接着在弹出的"新建序列"对话框中选择DV-PAL文件夹下的"标准48kHz",如图2-84所示。

图2-84

**03** 在"项目"面板空白处双击鼠标左键,选择所需的"01.jpg"素材文件,最后单击"打开"按钮,将其进行导入,如图2-85所示。

**04** 选择"项目"面板上的素材文件,并按住鼠标左键依次将其拖曳到V1轨道上,如图2-86所示。

**05** 在V1轨道的"01.jpg"素材文件上单击鼠标右键,在弹出的快捷菜单中执行"缩放为帧大小"命令,如图2-87所示。

图2-85

图2-86　　　　　　　　　　　图2-87

**06** 此时画面大小与当前画幅的尺寸相当匹配,也可做适当调整,如"缩放"为103,效果如图2-88所示。

图2-88

## 实例024 素材属性查看

| | |
|---|---|
| 文件路径 | 第2章\素材属性查看 |
| 难易指数 | ★★★★★ |
| 技术掌握 | "属性"功能 |

🔍扫码深度学习

### 💡 操作思路

本实例讲解了在Premiere Pro中查看素材属性的功能。

## 操作步骤

**01** 在菜单栏中执行"文件"|"新建"|"项目"命令，并在弹出的"新建项目"对话框中设置"名称"，接着单击"浏览"按钮设置保存路径，最后单击"确定"按钮，如图2-89所示。

图2-89

**02** 在"项目"面板空白处单击鼠标右键，执行"新建项目"|"序列"命令。接着在弹出的"新建序列"对话框中选择DV-PAL文件夹下的"标准48kHz"，如图2-90所示。

图2-90

**03** 在"项目"面板空白处双击鼠标左键，选择所需的"01.jpg"和"02.jpg"素材文件，最后单击"打开"按钮，将它们进行导入，如图2-91所示。

图2-91

**04** 选择"项目"面板中的"02.jpg"素材文件，单击鼠标右键，在弹出的快捷菜单中执行"属性"命令，此时会弹出"属性"窗口，如图2-92所示。

图2-92

## 实例025　提升和提取编辑

| 文件路径 | 第 2 章 \ 提升和提取编辑 |
|---|---|
| 难易指数 | ★★★★★ |
| 技术掌握 | 提升和提取编辑 |

⌕扫码深度学习

## 操作思路

　　本实例讲解了在Premiere Pro中提升素材和提取素材的方法。

## 操作步骤

### 1. 提升素材

**01** 在菜单栏中执行"文件"|"新建"|"项目"命令，并在弹出的"新建项目"对话框中设置"名称"，接着单击"浏览"按钮设置保存路径，最后单击"确定"按钮，如图2-93所示。

图2-93

02 在"项目"面板空白处单击鼠标右键，执行"新建项目"｜"序列"命令。接着在弹出的"新建序列"对话框中选择DV-PAL文件夹下的"标准48kHz"，如图2-94所示。

图2-94

03 在"项目"面板空白处双击鼠标左键，选择所需的"01.jpg"素材文件，最后单击"打开"按钮，将其进行导入，如图2-95所示。

04 选择"项目"面板中的素材文件，并按住鼠标左键将其拖曳到V1轨道上，如图2-96所示。

图2-95

图2-96

05 将时间轴拖动到需要提取的位置，并使用快捷键I和O设置入点和出点，如图2-97所示。然后在菜单栏中执行"序列"｜"提升"命令。

06 此时，V1轨道上的素材从入点到出点的部分已经被删除，如图2-98所示。

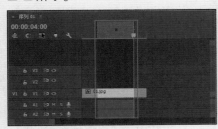
图2-97

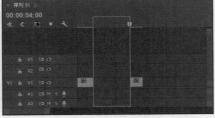
图2-98

### 2. 提取素材

01 将时间轴拖动到需要提取的位置，并使用快捷键I和O设置入点和出点，如图2-99所示。然后在菜单栏中执行"序列"｜"提取"命令。

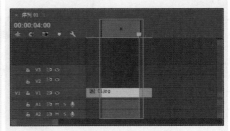
图2-99

02 此时，V1轨道上的素材从入点到出点的部分已经被删除，如图2-100所示。

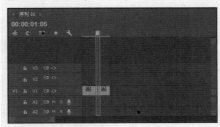
图2-100

| 实例026 | 替换素材 |
|---|---|
| 文件路径 | 第2章\替换素材 |
| 难易指数 | ⭐⭐⭐⭐⭐ |
| 技术掌握 | 替换素材 |

🔍扫码深度学习

💡 操作思路

　　由于删除了Premiere Pro中使用的素材或移动了该素材的位置，可能会导致该素材无法显示。或者想重新更换一下当前的素材，那么都可以使用替换素材功能。

🎤 操作步骤

01 在菜单栏中执行"文件"｜"新建"｜"项目"命令，并在弹出的"新建项目"对话框中设置"名称"，接着单击"浏览"按钮设置保存路径，最后单击"确定"按钮，如图2-101所示。

02 在"项目"面板空白处单击鼠标右键，执行"新建项目"｜"序列"命令。接着在弹出的"新建序列"对话框中选择DV-PAL文件夹下的"标准48kHz"，如图2-102所示。

图2-101

图2-102

图2-104

图2-105

**03** 在"项目"面板空白处双击鼠标左键，选择所需的"01.jpg"素材文件，最后单击"打开"按钮，将其进行导入，如图2-103所示。

图2-103

**04** 选择"项目"面板中的"01.jpg"素材文件，单击鼠标右键，在弹出的快捷菜单中执行"替换素材"命令，并在弹出的对话框中选中"02.jpg"素材文件，最后单击"选择"按钮，如图2-104所示。

**05** 此时，"项目"面板中的"01.jpg"素材文件已经被替换为"02.jpg"素材文件，如图2-105所示。

## 实例027 调节音频素材的音量

| 文件路径 | 第2章\调节音频素材的音量 |
| --- | --- |
| 难易指数 | ★★★★★ |
| 技术掌握 | "音频增益"功能 |

扫码深度学习

### 操作思路

本实例讲解了在Premiere Pro中使用"音频增益"功能调节音频素材的音量大小的方法。

### 操作步骤

**01** 在菜单栏中执行"文件"|"新建"|"项目"命令，并在弹出的"新建项目"对话框中设置"名称"，接着单击"浏览"按钮设置保存路径，最后单击"确定"按钮，如图2-106所示。

图2-106

**02** 在"项目"面板空白处单击鼠标右键，执行"新建项目""序列"命令。接着在弹出的"新建序列"对话框中选择DV-PAL文件夹下的"标准48kHz"，如图2-107所示。

图2-107

**03** 在"项目"面板空白处双击鼠标左键，选择所需的"01.mp3"音频文件，最后单击"打开"按钮，将其进行导入，如图2-108所示。

图2-108

**04** 选择"项目"面板中的音频文件，并按住鼠标左键将其拖曳到A1轨道上，如图2-109所示。

图2-109

**05** 选择A1轨道上的音频文件，单击鼠标右键，在弹出的快捷菜单中执行"音频增益"命令，并在弹出的"音频增益"对话框中选中"将增益设置为"单选按钮，并设置数值为10，此时音频声音已经调高，如图2-110所示。

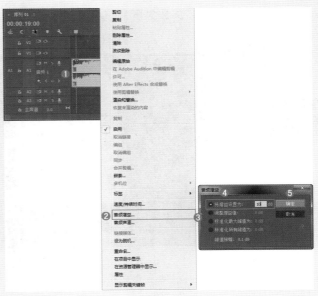

图2-110

---

**实例028　修改速度和时间**

| 文件路径 | 第2章 \ 修改速度和时间 |
|---|---|
| 难易指数 | ★★★★★ |
| 技术掌握 | "速度/持续时间"功能 |

🔍扫码深度学习

💡**操作思路**

　　本实例讲解了在Premiere Pro中使用"速度/持续时间"功能修改素材的速度和时间的方法。

🎙**操作步骤**

**01** 在菜单栏中执行"文件"|"新建"|"项目"命令，并在弹出的"新建项目"对话框中设置"名称"，接着单击"浏览"按钮设置保存路径，最后单击"确定"按钮，如图2-111所示。

图2-111

**02** 在"项目"面板空白处单击鼠标右键，执行"新建项目"|"序列"命令。接着在弹出的"新建序列"

对话框中选择DV-PAL文件夹下的"标准48kHz"，如图2-112所示。

图2-112

03 在"项目"面板空白处双击鼠标左键，选择所需的"01.AVI"视频文件，最后单击"打开"按钮，将其进行导入，如图2-113所示。

图2-113

04 选择"项目"面板中的视频素材，并按住鼠标左键将其拖曳到V1轨道上，此时会弹出"剪辑不匹配警告"提示框，单击"更改序列设置"按钮，如图2-114所示。

图2-114

05 选择V1轨道上的视频文件，单击鼠标右键，在弹出的快捷菜单中执行"速度" | "持续时间"命令，并在弹出的"剪辑速度/持续时间"对话框中设置"速度"为200，如图2-115所示。

06 此时V1轨道上的视频素材文件长度缩短，播放速度变快，如图2-116所示。

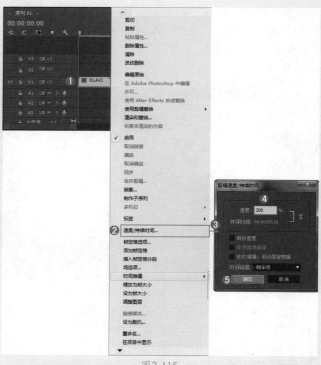

图2-115

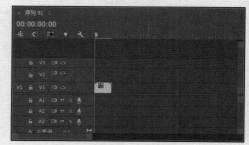

图2-116

## 实例029　在监视器窗口添加和删除素材

| 文件路径 | 第2章\在监视器窗口添加和删除素材 |
|---|---|
| 难易指数 | ★★★★★ |
| 技术掌握 | 在监视器窗口添加和删除素材 |

扫码深度学习

### 操作思路

本实例讲解了在监视器窗口中添加和删除素材的方法。

### 操作步骤

#### 1. 在监视器窗口添加素材

01 在菜单栏中执行"文件" | "新建" | "项目"命令，并在弹出的"新建项目"对话框中设置"名称"，接着单击"浏览"按钮设置保存路径，最后单击"确定"按钮，如图2-117所示。

中文版Premiere Pro视频编辑剪辑设计与制作全视频　实战228例

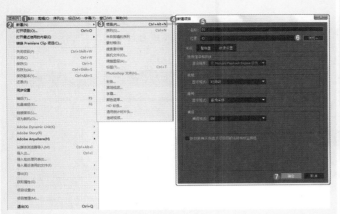

图2-117

02 在"项目"面板空白处单击鼠标右键，执行"新建项目" | "序列"命令。接着在弹出的"新建序列"对话框中选择DV-PAL文件夹下的"标准48kHz"，如图2-118所示。

图2-118

03 在"项目"面板空白处双击鼠标左键，选择所需的"01.jpg"和"02.jpg"素材文件，最后单击"打开"按钮，将它们进行导入，如图2-119所示。

图2-119

04 选择"项目"面板中的素材文件，并按住鼠标左键将它们拖曳到"节目"监视器上，如图2-120所示。

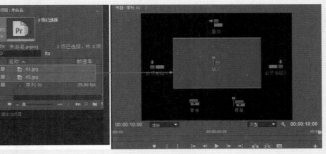

图2-120

05 此时素材会自动以选择时的顺序排列到时间轴轨道上，如图2-121所示。

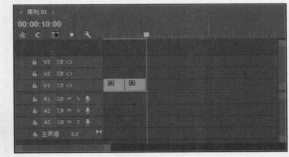

图2-121

### 2. 删除素材

01 在时间轴轨道上选择需要删除的素材，按Delete键便可删除，如图2-122所示。

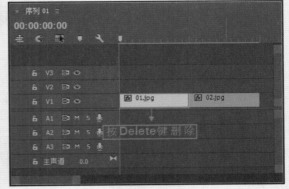

图2-122

02 此时被删除的素材，在监视器窗口中也会被删除，如图2-123所示。

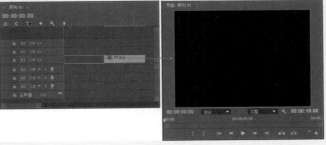

图2-123

# 实例030　帧混合

| 文件路径 | 第 2 章 \ 帧混合 |
|---|---|
| 难易指数 | ⭐⭐⭐⭐⭐ |
| 技术掌握 | 帧混合 |

扫码深度学习

## 💡 操作思路

　　在素材进行放慢或者放快的时候会出现抖动、卡顿的现象，而在开启"帧混合"之后可大大改善这种问题，使视频变得更连贯。本实例讲解了在Premiere Pro中进行帧混合的方法。

## 操作步骤

01 在菜单栏中执行"文件"｜"新建"｜"项目"命令，并在弹出的"新建项目"对话框中设置"名称"，接着单击"浏览"按钮设置保存路径，最后单击"确定"按钮，如图2-124所示。

图2-124

02 在"项目"面板空白处单击鼠标右键，执行"新建项目"｜"序列"命令。接着在弹出的"新建序列"对话框中选择DV-PAL文件夹下的"标准48kHz"，如图2-125所示。

图2-125

03 在"项目"面板空白处双击鼠标左键，选择所需的"01.avi"视频文件，最后单击"打开"按钮，将其进行导入，如图2-126所示。

图2-126

04 选择"项目"面板中的"01.avi"视频文件，并按住鼠标左键将其拖曳到V1轨道上，如图2-127所示。

图2-127

05 选择V1轨道上的"01.avi"视频文件，单击鼠标右键，在弹出的快捷菜单中执行"时间插值"｜"帧混合"命令，如图2-128所示。

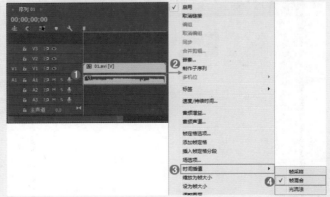

图2-128

艺境 中文版Premiere Pro视频编辑剪辑设计与制作全视频 实战228例

# 转场特效应用

**本章概述**　　转场特效是视频效果中应用非常广泛的一种表现手法。它特指过渡效果，是指从一个场景切换到另一个场景时画面的过渡形式。Premiere Pro转场可以产生多种切换的效果，使得两个画面过渡和谐，常用来制作电影、电视剧、广告、电子相册等画面间的切换效果。

**本章重点**
- ◆ 常用视频转场效果的应用
- ◆ 视频转场效果的参数设置

/ 佳 / 作 / 欣 / 赏 /

| 文件路径 | 第3章 \ 圆划像效果 |
|---|---|
| 难易指数 | ★★★★★ |
| 技术掌握 | "圆划像"效果 |

## 操作思路

本实例讲解了在Premiere Pro中使用"圆划像"效果模拟制作转场动画。

## 操作步骤

**01** 在菜单栏中执行"文件"|"新建"|"项目"命令,并在弹出的"新建项目"对话框中设置"名称",接着单击"浏览"按钮设置保存路径,最后单击"确定"按钮,如图3-1所示。

图3-1

**02** 在"项目"面板空白处单击鼠标右键,执行"新建项目"|"序列"命令。接着在弹出的"新建序列"对话框中选择DV-PAL文件夹下的"标准48kHz",如图3-2所示。

图3-2

**03** 在"项目"面板空白处双击鼠标左键,选择所需的"01.jpg"和"02.jpg"素材文件,最后单击"打开"按钮,将它们进行导入,如图3-3所示。

**04** 选择"项目"面板中的素材文件,并按住鼠标左键将它们拖曳到V1轨道上,如图3-4所示。

图3-3

图3-4

**05** 分别选择V1轨道上的"01.jpg"和"02.jpg"素材文件,并在"效果控件"面板中设置"缩放"为110.0,如图3-5所示。

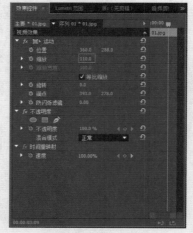

图3-5

**06** 在"效果"面板中搜索"圆划像"转场,并按住鼠标左键将其拖曳到"01.jpg"和"02.jpg"素材文件之间,如图3-6所示。

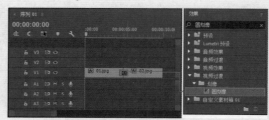

图3-6

**07** 拖动时间轴查看效果，如图3-7所示。

图3-7

## 实例032　油漆飞溅

| 文件路径 | 第3章 \ 油漆飞溅 |
| --- | --- |
| 难易指数 | ★★★★★ |
| 技术掌握 | "油漆飞溅"效果 |

### 操作思路

　　本实例讲解了在Premiere Pro中使用"油漆飞溅"效果模拟制作转场动画。

### 操作步骤

**01** 在菜单栏中执行"文件" | "新建" | "项目"命令，并在弹出的"新建项目"对话框中设置"名称"，接着单击"浏览"按钮设置保存路径，最后单击"确定"按钮，如图3-8所示。

图3-8

**02** 在"项目"面板空白处单击鼠标右键，执行"新建项目" | "序列"命令。接着在弹出的"新建序列"对话框中选择DV-PAL文件夹下的"标准48kHz"，如图3-9所示。

**03** 在"项目"面板空白处双击鼠标左键，选择所需的"01.jpg"和"02.jpg"素材文件，最后单击"打开"按钮，将它们导入，如图3-10所示。

**04** 选择"项目"面板中的素材文件，并按住鼠标左键将它们拖曳到V1轨道上，如图3-11所示。

图3-9

图3-10

图3-11

**05** 选择V1轨道上的"01.jpg"和"02.jpg"素材文件，并在"效果控件"面板中分别设置"缩放"为36.0和48.0，如图3-12所示。

图3-12

**06** 在"效果"面板中搜索"油漆飞溅"转场，并按住鼠标左键将其拖曳到"01.jpg"和"02.jpg"素材文件之间，如图3-13所示。

图3-13

**07** 拖动时间轴查看效果，如图3-14所示。

图3-14

| 实例033 | 页面剥落效果 |
|---|---|
| 文件路径 | 第3章\页面剥落效果 |
| 难易指数 | ★★★★★ |
| 技术掌握 | "页面剥落"效果 |

Q扫码深度学习

**操作思路**

本实例讲解了在Premiere Pro中使用"页面剥落"效果模拟制作转场动画。

**操作步骤**

**01** 在菜单栏中执行"文件"｜"新建"｜"项目"命令，并在弹出的"新建项目"对话框中设置"名称"，接着单击"浏览"按钮设置保存路径，最后单击"确定"按钮，如图3-15所示。

图3-15

**02** 在"项目"面板空白处单击鼠标右键，执行"新建项目"｜"序列"命令。接着在弹出的"新建序列"对话框中，选择DV-PAL文件夹下的"标准48kHz"，如图3-16所示。

图3-16

**03** 在"项目"面板空白处双击鼠标左键，选择所需的"01.jpg"和"02.jpg"素材文件，最后单击"打开"按钮，将它们进行导入，如图3-17所示。

图3-17

**04** 选择"项目"面板中的"01.jpg"和"02.jpg"素材文件，并按住鼠标左键将它们拖曳到V1轨道上，如图3-18所示。

图3-18

**05** 选择V1轨道上的"02.jpg"素材文件，在"效果控件"面板中展开"运动"效果，设置"缩放"为111，如图3-19所示。

**06** 在"效果"面板中搜索"页面剥落"效果，并按住鼠标左键将其拖曳到"01.jpg"和"02.jpg"素材文件上，如图3-20所示。

图3-19

图3-20

**07** 拖动时间轴查看效果,如图3-21所示。

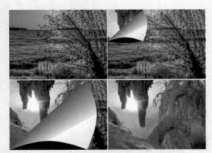

图3-21

| 实例034 | 随机块效果 |
|---|---|
| 文件路径 | 第3章\随机块效果 |
| 难易指数 | ⭐⭐⭐⭐⭐ |
| 技术掌握 | "随机块"效果 |

扫码深度学习

💡 **操作思路**

本实例讲解了在Premiere Pro中使用"随机块"效果模拟制作转场动画。

🎙 **操作步骤**

**01** 在菜单栏中执行"文件"|"新建"|"项目"命令,并在弹出的"新建项目"对话框中设置"名

称",接着单击"浏览"按钮设置保存路径,最后单击"确定"按钮,如图3-22所示。

图3-22

**02** 在"项目"面板空白处单击鼠标右键,执行"新建项目"|"序列"命令。接着在弹出的"新建序列"对话框中,选择DV-PAL文件夹下的"标准48kHz",如图3-23所示。

图3-23

**03** 在"项目"面板空白处双击鼠标左键,选择所需的"01.jpg"和"02.jpg"素材文件,最后单击"打开"按钮,将它们进行导入,如图3-24所示。

图3-24

**04** 选择"项目"面板中的素材文件,并按住鼠标左键将它们拖曳到V1轨道上,如图3-25所示。

图3-25

05 分别选择V1轨道上的"01.jpg"和"02.jpg"素材文件，并在"效果控件"面板中分别设置"缩放"为108.0和93.0，如图3-26所示。

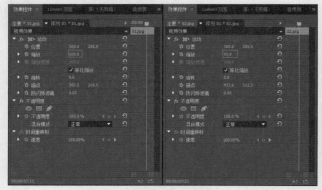

图3-26

06 在"效果"面板中搜索"随机块"转场，并按住鼠标左键将其拖曳到"01.jpg"和"02.jpg"素材文件之间，如图3-27所示。

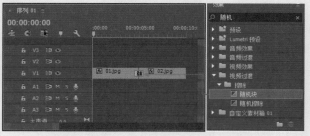

图3-27

07 拖动时间轴查看效果，如图3-28所示。

图3-28

## 实例035  水波块效果

| 文件路径 | 第3章\水波块效果 |
| --- | --- |
| 难易指数 | ★★★★★ |
| 技术掌握 | "水波块"效果 |

扫码深度学习

### 操作思路

本实例讲解了在Premiere Pro中使用"水波块"效果模拟制作转场动画。

### 操作步骤

01 在菜单栏中执行"文件"｜"新建"｜"项目"命令，并在弹出的"新建项目"对话框中设置"名称"，接着单击"浏览"按钮设置保存路径，最后单击"确定"按钮，如图3-29所示。

图3-29

02 在"项目"面板空白处单击鼠标右键，执行"新建项目"｜"序列"命令。接着在弹出的"新建序列"对话框中，选择DV-PAL文件夹下的"标准48kHz"，如图3-30所示。

图3-30

03 在"项目"面板空白处双击鼠标左键，选择所需的"01.jpg"和"02.jpg"素材文件，最后单击"打开"按钮，将它们进行导入，如图3-31所示。

04 选择V1轨道上的"01.jpg"和"02.jpg"素材文件，再分别在"效果控件"面板中设置"缩放"为54.0，

艺境 中文版Premiere Pro视频编辑剪辑设计与制作全视频 实战228例

如图3-32所示。

图3-31

图3-32

**05** 在"效果"面板中搜索"水波块"效果，并按住鼠标左键将其拖曳到"01.jpg"和"02.jpg"素材文件之间，如图3-33所示。

图3-33

**06** 单击V1轨道上的"01.jpg"和"02.jpg"素材文件之间的"水波块"效果，并在"效果控件"面板中单击"自定义"按钮，此时会弹出"水波块设置"对话框，设置"水平"为20，"垂直"为3，最后单击"确定"按钮，如图3-34所示。

**07** 拖动时间轴查看效果，如图3-35所示。

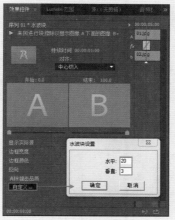

图3-34

图3-35

## 实例036 棋盘效果

| 文件路径 | 第3章\棋盘效果 |
| --- | --- |
| 难易指数 | ★★★★★ |
| 技术掌握 | "棋盘"效果 |

Q 扫码深度学习

### 操作思路

本实例讲解了在Premiere Pro中使用"棋盘"效果模拟制作转场动画。

### 操作步骤

**01** 在菜单栏中执行"文件"｜"新建"｜"项目"命令，并在弹出的"新建项目"对话框中设置"名称"，接着单击"浏览"按钮设置保存路径，最后单击"确定"按钮，如图3-36所示。

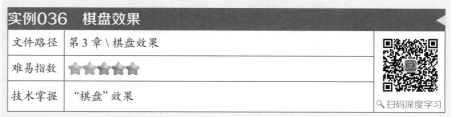

图3-36

**02** 在"项目"面板空白处单击鼠标右键，执行"新建项目"｜"序列"命令。接着在弹出的"新建序列"对话框中选择DV-PAL文件夹下的"标准48kHz"，如图3-37所示。

**03** 在"项目"面板空白处双击鼠标左键，选择所需的"01.jpg"和"02.jpg"素材文件，最后单击"打开"按钮，将它们进行导入，如图3-38所示。

**04** 选择"项目"面板中的素材文件，并按住鼠标左键将它们拖曳到V1轨道上，如图3-39所示。

图3-37

图3-38

图3-39

**05** 分别选择V1轨道上的"01.jpg"和"02.jpg"素材文件，并在"效果控件"面板中设置"缩放"为109.0，如图3-40所示。

图3-40

**06** 在"效果"面板中搜索"棋盘"转场，并按住鼠标左键将其拖曳到"01.jpg"和"02.jpg"素材文件之间，如图3-41所示。

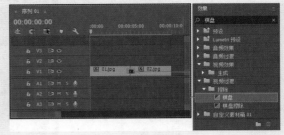

图3-41

**07** 拖动时间轴查看效果，如图3-42所示。

图3-42

## 实例037　菱形划像效果

| 文件路径 | 第3章\菱形划像效果 |
| --- | --- |
| 难易指数 | ★★★★★ |
| 技术掌握 | "菱形划像"效果 |

Q扫码深度学习

### 操作思路

本实例讲解了在Premiere Pro中使用"菱形划像"效果模拟制作转场动画。

### 操作步骤

**01** 在菜单栏中执行"文件"|"新建"|"项目"命令，并在弹出的"新建项目"对话框中设置"名称"，接着单击"浏览"按钮设置保存路径，最后单击"确定"按钮，如图3-43所示。

**02** 在"项目"面板空白处单击鼠标右键，执行"新建项目"|"序列"命令。接着在弹出的"新建序列"对话框中选择DV-PAL文件夹下的"标准48kHz"，如图3-44所示。

**03** 在"项目"面板空白处双击鼠标左键，选择所需的"01.jpg"～"03.jpg"素材文件，最后单击"打开"按钮，将它们进行导入，如图3-45所示。

艺境 中文版Premiere Pro视频编辑剪辑设计与制作全视频 实战228例

图3-43

图3-44

图3-45

04 选择"项目"面板中的"01.jpg"和"02.jpg"素材文件，并按住鼠标左键将它们拖曳到V1轨道上，如图3-46所示。

图3-46

05 分别选择V1轨道上的"01.jpg"和"02.jpg"素材文件，并在"效果控件"面板中展开"运动"效果，分别设置"缩放"为84.0，如图3-47所示。

图3-47

06 在"效果"面板中搜索"菱形划像"效果，并按住鼠标左键将其拖曳到"01.jpg"和"02.jpg"素材文件之间，如图3-48所示。

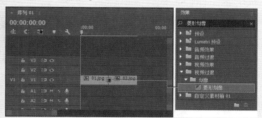

图3-48

07 选择"项目"面板中的"03.jpg"素材文件，按住鼠标左键将其拖曳到V2轨道上，并设置结束帧为4秒10帧，如图3-49所示。

图3-49

08 选择V2轨道上的"03.jpg"素材文件，并将时间轴拖动到初始位置。在"效果控件"面板中展开"运动"效果，单击"缩放"和"旋转"前面的 ◎，创建关键帧。设置"缩放"为0.0，"旋转"为0.0；将时间轴拖动到2秒15帧，设置"旋转"为1x0.0；将时间轴拖动到4秒05帧，设置"缩放"为50.0、"不透明度"为100%；将时间轴拖动到4秒10帧位置，设置"缩放"为55.0、"不透明度"为0，如图3-50所示。

09 拖动时间轴查看效果，如图3-51所示。

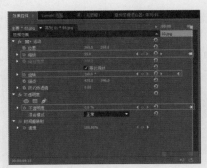

图3-50

图3-51

| 实例038 | 立方体旋转效果 | |
|---|---|---|
| 文件路径 | 第3章\立方体旋转效果 | |
| 难易指数 | ★★★★★ | 扫码深度学习 |
| 技术掌握 | "立方体旋转"效果 | |

### 操作思路

本实例讲解了在Premiere Pro中使用"立方体旋转"效果模拟制作转场动画。

### 操作步骤

**01** 在菜单栏中执行"文件"|"新建"|"项目"命令，并在弹出的"新建项目"对话框中设置"名称"，接着单击"浏览"按钮设置保存路径，最后单击"确定"按钮，如图3-52所示。

图3-52

**02** 在"项目"面板空白处单击鼠标右键，执行"新建项目"|"序列"命令。接着在弹出的"新建序列"对话框中选择DV-PAL文件夹下的"标准48kHz"，如图3-53所示。

图3-53

**03** 在"项目"面板空白处双击鼠标左键，选择所需的"01.jpg"和"02.jpg"素材文件，最后单击"打开"按钮，将它们进行导入，如图3-54所示。

图3-54

**04** 选择"项目"面板中的素材文件，并按住鼠标左键将它们拖曳到V1轨道上，如图3-55所示。

图3-55

**05** 分别选择V1轨道上的"01.jpg"和"02.jpg"素材文件，并在"效果控件"面板中设置"缩放"为49.0，如图3-56所示。

**06** 在"效果"面板中搜索"立方体旋转"转场，并按住鼠标左键将其拖曳到"01.jpg"和"02.jpg"素材文件之间，如图3-57所示。

图3-56

图3-57

07 拖动时间轴查看效果，如图3-58所示。

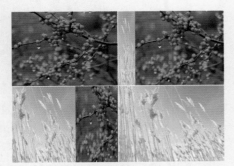

图3-58

| 实例039 | 胶片溶解效果 |
|---|---|
| 文件路径 | 第3章＼胶片溶解效果 |
| 难易指数 | ⭐⭐⭐⭐⭐ |
| 技术掌握 | "胶片溶解"效果 |

🔍扫码深度学习

## 操作思路

　　本实例讲解了在Premiere Pro中使用"胶片溶解"效果模拟制作转场动画。

## 操作步骤

01 在菜单栏中执行"文件"｜"新建"｜"项目"命令，并在弹出的"新建项目"对话框中设置"名

称"，接着单击"浏览"按钮设置保存路径，最后单击"确定"按钮，如图3-59所示。

图3-59

02 在"项目"面板空白处单击鼠标右键，执行"新建项目"｜"序列"命令。接着在弹出的"新建序列"对话框中选择DV-PAL文件夹下的"标准48kHz"，如图3-60所示。

图3-60

03 在"项目"面板空白处双击鼠标左键，选择所需的"01.jpg"和"02.jpg"素材文件，最后单击"打开"按钮，将它们进行导入，如图3-61所示。

图3-61

04 选择"项目"面板中的素材文件，并按住鼠标左键将它们拖曳到V1轨道上，如图3-62所示。

图3-62

05 分别选择V1轨道上的"01.jpg"和"02.jpg"素材文件,并在"效果控件"面板中分别设置"缩放"为50.0,如图3-63所示。

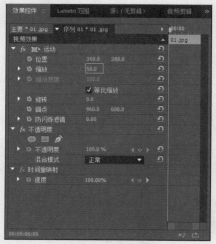

图3-63

06 在"效果"面板中搜索"胶片溶解"转场,并按住鼠标左键将其拖曳到"01.jpg"和"02.jpg"素材文件之间,如图3-64所示。

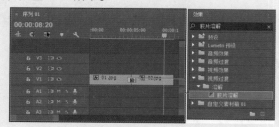

图3-64

07 拖动时间轴查看效果,如图3-65所示。

图3-65

## 实例040　交叉缩放效果

| 文件路径 | 第3章 \ 交叉缩放效果 |
|---|---|
| 难易指数 | ★★★★★ |
| 技术掌握 | "交叉缩放"效果 |

🔍扫码深度学习

### 操作思路

本实例讲解了在Premiere Pro中使用"交叉缩放"效果模拟制作转场动画。

### 操作步骤

01 在菜单栏中执行"文件"|"新建"|"项目"命令,并在弹出的"新建项目"对话框中设置"名称",接着单击"浏览"按钮设置保存路径,最后单击"确定"按钮,如图3-66所示。

图3-66

02 在"项目"面板空白处单击鼠标右键,执行"新建项目"|"序列"命令。接着在弹出的"新建序列"对话框中选择DV-PAL文件夹下的"标准48kHz",如图3-67所示。

图3-67

03 在"项目"面板空白处双击鼠标左键,选择所需的"01.jpg"和"02.jpg"素材文件,最后单击"打开"按钮,将它们进行导入,如图3-68所示。

04 选择"项目"面板中的"01.jpg"和"02.jpg"素材文件,并按住鼠标左键将它们拖曳到V1轨道上,如图3-69所示。

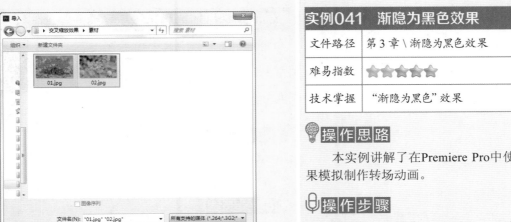

图3-68

图3-69

**05** 在"效果"面板中搜索"交叉缩放"效果,并按住鼠标左键将其拖曳到"01.jpg"和"02.jpg"素材文件之间,如图3-70所示。

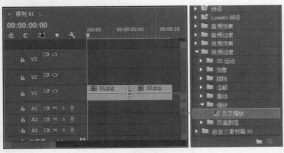

图3-70

**06** 拖动时间轴查看效果,如图3-71所示。

图3-71

## 实例041 渐隐为黑色效果

| 文件路径 | 第3章\渐隐为黑色效果 |
|---|---|
| 难易指数 | ★★★★★ |
| 技术掌握 | "渐隐为黑色"效果 |

🔍 扫码深度学习

### 💡 操作思路

　　本实例讲解了在Premiere Pro中使用"渐隐为黑色"效果模拟制作转场动画。

### 🎤 操作步骤

**01** 在菜单栏中执行"文件"|"新建"|"项目"命令,并在弹出的"新建项目"对话框中设置"名称",接着单击"浏览"按钮设置保存路径,最后单击"确定"按钮,如图3-72所示。

图3-72

**02** 在"项目"面板空白处单击鼠标右键,执行"新建项目"|"序列"命令。接着在弹出的"新建序列"对话框中选择DV-PAL文件夹下的"标准48kHz",如图3-73所示。

图3-73

**03** 在"项目"面板空白处双击鼠标左键,选择所需的"01.jpg"和"02.jpg"素材文件,最后单击"打开"按钮,将它们进行导入,如图3-74所示。

**04** 选择"项目"面板中的"01.jpg"和"02.jpg"素材文件,并按住鼠标左键将它们拖曳到V1轨道上,如图3-75所示。

图3-74

图3-75

**05** 在"效果"面板中搜索"渐隐为黑色"效果,并按住鼠标左键将其拖曳到"01.jpg"和"02.jpg"素材文件之间,如图3-76所示。

图3-76

**06** 拖动时间轴查看效果,如图3-77所示。

图3-77

## 实例042 渐隐为白色效果

| 文件路径 | 第3章 \ 渐隐为白色效果 |
|---|---|
| 难易指数 | ★★★★★ |
| 技术掌握 | "渐隐为白色"效果 |

Q 扫码深度学习

### 操作思路

本实例讲解了在Premiere Pro中使用"渐隐为白色"效果模拟制作转场动画。

### 操作步骤

**01** 在菜单栏中执行"文件"|"新建"|"项目"命令,并在弹出的"新建项目"对话框中设置"名称",接着单击"浏览"按钮设置保存路径,最后单击"确定"按钮,如图3-78所示。

图3-78

**02** 在"项目"面板空白处单击鼠标右键,执行"新建项目"|"序列"命令。接着在弹出的"新建序列"对话框中选择DV-PAL文件夹下的"标准48kHz",如图3-79所示。

图3-79

**03** 在"项目"面板空白处双击鼠标左键,选择所需的"01.jpg"和"02.jpg"素材文件,最后单击"打开"按钮,将它们进行导入,如图3-80所示。

**04** 选择"项目"面板中的"01.jpg"和"02.jpg"素材文件，并按住鼠标左键将它们拖曳到V1轨道上，如图3-81所示。

图3-80

图3-81

**05** 在"效果"面板中搜索"渐隐为白色"效果，并按住鼠标左键将其拖曳到"01.jpg"和"02.jpg"素材文件之间，如图3-82所示。

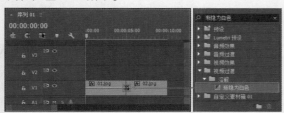

图3-82

**06** 拖动时间轴查看效果，如图3-83所示。

图3-83

---

| 实例043 | 渐变擦除效果 |
| --- | --- |
| 文件路径 | 第3章\渐变擦除效果 |
| 难易指数 | ★★★★★ |
| 技术掌握 | "渐变擦除"效果 |

扫码深度学习

**操作思路**

本实例讲解了在Premiere Pro中使用"渐变擦除"效果模拟制作转场动画。

**操作步骤**

**01** 在菜单栏中执行"文件"｜"新建"｜"项目"命令，并在弹出的"新建项目"中设置"名称"，接着单击"浏览"按钮设置保存路径，最后单击"确定"按钮，如图3-84所示。

图3-84

**02** 在"项目"面板空白处单击鼠标右键，执行"新建项目"｜"序列"命令。接着在弹出的"新建序列"对话框中选择DV-PAL文件夹下的"标准48kHz"，如图3-85所示。

图3-85

**03** 在"项目"面板空白处双击鼠标左键，选择所需的"01.jpg"和"02.jpg"素材文件，最后单击"打开"按钮，将它们进行导入，如图3-86所示。

**04** 选择"项目"面板中的"01.jpg"和"02.jpg"素材文件，并按住鼠标左键将它们拖曳到V1轨道上，如图3-87所示。

图3-86

图3-87

**05** 在"效果"面板中搜索"渐变擦除"效果，并按住鼠标左键将其拖曳到"01.jpg"和"02.jpg"素材文件之间，如图3-88所示。

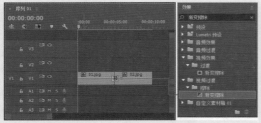

图3-88

**06** 选择V1轨道上"01.jpg"和"02.jpg"素材文件之间的"渐变擦除"效果，在"效果控件"面板中单击"自定义"，此时会弹出"渐变擦除设置"对话框，设置"柔和度"为127，最后单击"确定"按钮，如图3-89所示。

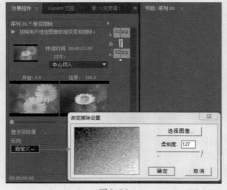

图3-89

**07** 拖动时间轴查看效果，如图3-90所示。

图3-90

## 实例044 滑动效果

| 文件路径 | 第3章\滑动效果 |
|---|---|
| 难易指数 | ★★★★★ |
| 技术掌握 | "滑动"效果 |

扫码深度学习

### 操作思路

本实例讲解了在Premiere Pro中使用"滑动"效果模拟制作转场动画。

### 操作步骤

**01** 在菜单栏中执行"文件"|"新建"|"项目"命令，并在弹出的"新建项目"对话框中设置"名称"，接着单击"浏览"按钮设置保存路径，最后单击"确定"按钮，如图3-91所示。

图3-91

**02** 在"项目"面板空白处单击鼠标右键，执行"新建项目"|"序列"命令。接着在弹出的"新建序列"对话框中选择DV-PAL文件夹下的"标准48kHz"，如图3-92所示。

**03** 在"项目"面板空白处双击鼠标左键，选择所需的"01.jpg"和"02.jpg"素材文件，最后单击"打开"按钮，将它们进行导入，如图3-93所示。

艺圃 中文版Premiere Pro视频编辑剪辑设计与制作全视频 实战228例

图3-92

图3-93

**04** 选择"项目"面板中的"01.jpg"和"02.jpg"素材文件，并按住鼠标左键将它们拖曳到V1轨道上，如图3-94所示。

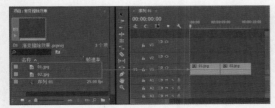

图3-94

**05** 在"效果"面板中搜索"滑动"效果，并按住鼠标左键将其拖曳到"01.jpg"和"02.jpg"素材文件之间，如图3-95所示。

图3-95

**06** 拖动时间轴查看效果，如图3-96所示。

图3-96

## 实例045　划出效果

| 文件路径 | 第3章\划出效果 |
| --- | --- |
| 难易指数 | ★★★★★ |
| 技术掌握 | "划出"效果 |

扫码深度学习

**操作思路**

本实例讲解了在Premiere Pro中使用"划出"效果模拟制作转场动画。

**操作步骤**

**01** 在菜单栏中执行"文件"｜"新建"｜"项目"命令，并在弹出的"新建项目"对话框中设置"名称"，接着单击"浏览"按钮设置保存路径，最后单击"确定"按钮，如图3-97所示。

图3-97

**02** 在"项目"面板空白处单击鼠标右键，执行"新建项目"｜"序列"命令。接着在弹出的"新建序列"对话框中选择DV-PAL文件夹下的"标准48kHz"，如图3-98所示。

**03** 在"项目"面板空白处双击鼠标左键，选择所需的"01.jpg"和"02.jpg"素材文件，最后单击"打开"按钮，将它们进行导入，如图3-99所示。

图3-98

图3-102

图3-103

图3-99

| 实例046 | 风车效果 |
| --- | --- |
| 文件路径 | 第3章\风车效果 |
| 难易指数 | ⭐⭐⭐⭐⭐ |
| 技术掌握 | "风车"效果 |

**操作思路**

本实例讲解了在Premiere Pro中使用"风车"效果模拟制作转场动画。

**操作步骤**

**04** 选择"项目"面板中的"01.jpg"和"02.jpg"素材文件,并按住鼠标左键将它们拖曳到V1轨道上,如图3-100所示。

图3-100

**05** 分别选择V1轨道上的"01.jpg"和"02.jpg"素材文件,再在"效果控件"面板中分别设置"缩放"为110.0,如图3-101所示。

**06** 在"效果"面板中搜索"划出"效果,并按住鼠标左键将其拖曳到"01.jpg"和"02.jpg"素材文件之间,如图3-102所示。

**07** 拖动时间轴查看效果,如图3-103所示。

**01** 在菜单栏中执行"文件"|"新建"|"项目"命令,并在弹出的"新建项目"中设置"名称",接着单击"浏览"按钮设置保存路径,最后单击"确定"按钮,如图3-104所示。

图3-101

图3-104

02 在"项目"面板空白处单击鼠标右键，执行"新建项目"|"序列"命令。接着在弹出的"新建序列"对话框中选择DV-PAL文件夹下的"标准48kHz"，如图3-105所示。

图3-105

03 在"项目"面板空白处双击鼠标左键，选择所需的"01.jpg"和"02.jpg"素材文件，最后单击"打开"按钮，将它们进行导入，如图3-106所示。

图3-106

04 选择"项目"面板中的素材文件，并按住鼠标左键将它们拖曳到V1轨道上，如图3-107所示。

图3-107

05 分别选择V1轨道上的"01.jpg"和"02.jpg"素材文件，并在"效果控件"面板中分别设置"缩放"为111.0和105.0，如图3-108所示。

06 在"效果"面板中搜索"风车"转场，并按住鼠标左键将其拖曳到"01.jpg"和"02.jpg"素材文件之间，如图3-109所示。

图3-108

图3-109

提示 调节楔形数量

单击两个素材之间的"风车"效果，在"效果控件"面板中会显现"风车"效果的一些参数设置，再单击"自定义"按钮，此时会弹出"风车设置"对话框，即可设置"楔形数量"，如图3-110所示。查看效果如图3-111所示。

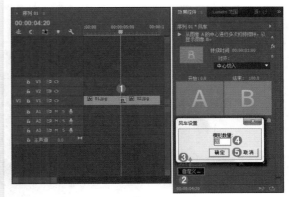

图3-110

图3-111

**07** 拖动时间轴查看效果，如图3-112所示。

图3-112

图3-114

图3-115

---

## 实例047 翻页效果

| 文件路径 | 第3章\翻页效果 |
| --- | --- |
| 难易指数 | ★★★★★ |
| 技术掌握 | "翻页"效果 |

⌕扫码深度学习

### 操作思路

本实例讲解了在Premiere Pro中使用"翻页"效果模拟制作转场动画。

### 操作步骤

**01** 在菜单栏中执行"文件"|"新建"|"项目"命令，并在弹出的"新建项目"对话框中设置"名称"，接着单击"浏览"按钮设置保存路径，最后单击"确定"按钮，如图3-113所示。

图3-113

**02** 在"项目"面板空白处单击鼠标右键，执行"新建项目"|"序列"命令。接着在弹出的"新建序列"对话框中选择DV-PAL文件夹下的"标准48kHz"，如图3-114所示。

**03** 在"项目"面板空白处双击鼠标左键，选择所需的"01.jpg"和"02.jpg"素材文件，最后单击"打开"按钮，将它们进行导入，如图3-115所示。

**04** 选择"项目"面板中的素材文件，并按住鼠标左键将它们拖曳到V1轨道上，如图3-116所示。

图3-116

**05** 选择V1轨道上的"02.jpg"素材文件，并在"效果控件"面板中设置"缩放"为79.0，如图3-117所示。

**06** 在"效果"面板中搜索"翻页"转场，并按住鼠标左键将其拖曳到"01.jpg"和"02.jpg"素材文件之间，如图3-118所示。

**07** 拖动时间轴查看效果，如图3-119所示。

图3-117

图3-118

图3-119

## 实例048 带状擦除效果

| 文件路径 | 第 3 章 \ 带状擦除效果 |
|---|---|
| 难易指数 | ★★★★★ |
| 技术掌握 | "带状擦除" 效果 |

扫码深度学习

### 操作思路

本实例讲解了在Premiere Pro中使用 "带状擦除" 效果模拟制作转场动画。

### 操作步骤

**01** 在菜单栏中执行 "文件" | "新建" | "项目" 命令，并在弹出的 "新建项目" 对话框中设置 "名称"，接着单击 "浏览" 按钮设置保存路径，最后单击 "确定" 按钮，如图3-120所示。

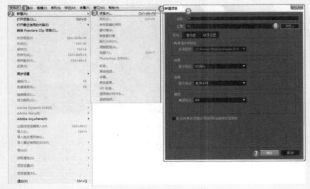

图3-120

**02** 在 "项目" 面板空白处单击鼠标右键，执行 "新建项目" | "序列" 命令。接着在弹出的 "新建序列" 对话

框中选择DV-PAL文件夹下的 "标准48kHz"，如图3-121所示。

图3-121

**03** 在 "项目" 面板空白处双击鼠标左键，选择所需的 "01.jpg" 和 "02.jpg" 素材文件，最后单击 "打开" 按钮，将它们进行导入，如图3-122所示。

图3-122

**04** 选择 "项目" 面板中的素材文件，并按住鼠标左键将它们拖曳到V1轨道上，如图3-123所示。

图3-123

**05** 在 "效果" 面板中搜索 "带状擦除" 效果，并按住鼠标左键将其拖曳到 "01.jpg" 和 "02.jpg" 素材文件之间，如图3-124所示。

**06** 选择V1轨道上 "01.jpg" 和 "02.jpg" 素材文件之间的 "带状擦除" 效果，并拖动 "效果控件" 面板中A下面的滑块，单击 "自定义" 按钮，此时会弹出 "带状擦除设置" 对话框，设置 "带数量" 为30，最后单击 "确定" 按钮，如图3-125所示。

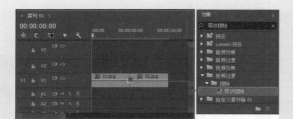

图3-124

**07** 拖动时间轴查看效果，如图3-126所示。

图3-125

图3-126

| 实例049 | 拆分效果 |
|---|---|
| 文件路径 | 第3章\拆分效果 |
| 难易指数 | ★★★★★ |
| 技术掌握 | "拆分"效果 |

扫码深度学习

**操作思路**

本实例讲解了在Premiere Pro中使用"拆分"效果模拟制作转场动画。

**操作步骤**

**01** 在菜单栏中执行"文件"｜"新建"｜"项目"命令，并在弹出的"新建项目"对话框中设置"名称"，接着单击"浏览"按钮设置保存路径，最后单击"确定"按钮，如图3-127所示。

图3-127

**02** 在"项目"面板空白处单击鼠标右键，执行"新建项目"｜"序列"命令。接着在弹出的"新建序列"对话框中选择DV-PAL文件夹下的"标准48kHz"，如图3-128所示。

图3-128

**03** 在"项目"面板空白处双击鼠标左键，选择所需的"01.jpg"和"02.jpg"素材文件，最后单击"打开"按钮，将它们进行导入，如图3-129所示。

图3-129

**04** 选择"项目"面板中的素材文件，并按住鼠标左键将其拖曳到V1轨道上，如图3-130所示。

图3-130

**05** 选择V1轨道上的"01.jpg"素材文件，在"效果控件"面板中展开"运动"效果，设置"缩放"为109.0，如图3-131所示。

**06** 在"效果"面板中搜索"拆分"效果，并按住鼠标左键将其拖曳到"01.jpg"和"02.jpg"素材文件之间，如图3-132所示。

艺境 中文版Premiere Pro视频编辑剪辑设计与制作全视频 实战228例

图3-131

图3-132

07 拖动时间轴查看效果，如图3-133所示。

图3-133

| 实例050 | 百叶窗效果 |
|---|---|
| 文件路径 | 第3章\百叶窗效果 |
| 难易指数 | ⭐⭐⭐⭐⭐ |
| 技术掌握 | "百叶窗"效果 |

🔍扫码深度学习

💡 操作思路

本实例讲解了在Premiere Pro中使用"百叶窗"效果模拟制作转场动画。

🎤 操作步骤

01 在菜单栏中执行"文件" | "新建" | "项目"命令，并在弹出的"新建项目"对话框中设置"名

称"，接着单击"浏览"按钮设置保存路径，最后单击"确定"按钮，如图3-134所示。

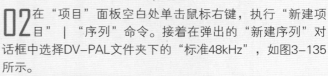

图3-134

02 在"项目"面板空白处单击鼠标右键，执行"新建项目" | "序列"命令。接着在弹出的"新建序列"对话框中选择DV-PAL文件夹下的"标准48kHz"，如图3-135所示。

图3-135

03 在"项目"面板空白处双击鼠标左键，选择所需的"01.jpg"和"02.jpg"素材文件，最后单击"打开"按钮，将它们进行导入，如图3-136所示。

图3-136

04 选择"项目"面板中的素材文件，并按住鼠标左键将它们拖曳到V1轨道上，如图3-137所示。

图3-137

05 选择V1轨道上的"02.jpg"素材文件，并在"效果控件"面板中设置"缩放"为79.0，如图3-138所示。

图3-138

06 在"效果"面板中搜索"百叶窗"转场，并按住鼠标左键将其拖曳到"01.jpg"和"02.jpg"素材文件之间，如图3-139所示。

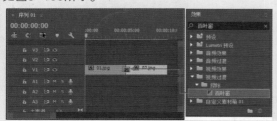

图3-139

**提示** 如何调节百叶窗带数量

单击两个素材之间的"百叶窗"效果，在"效果控件"面板中会显现出"百叶窗"效果的参数设置。单击"自定义"按钮，此时会弹出"百叶窗设置"对话框，即可设置"带数量"，如图3-140所示。

图3-140

07 拖动时间轴查看效果，如图3-141所示。

图3-141

# 第 **4** 章

# 视频特效应用

**本章概述**

在Premiere Pro中内置了很多视频效果。视频效果可以单独使用，也可以与其他效果一起使用。使用各种视频特效可以使作品产生丰富的视觉效果，增加画面冲击力。在影视作品中，使用视频特效可以突出作品的主题和情感。熟练掌握各种视频特效，可以方便、快捷地制作出各种特殊效果。

**本章重点**

◆ 常用视频效果的应用
◆ 利用视频效果的综合应用制作复杂特效

| 佳 / 作 / 欣 / 赏 |

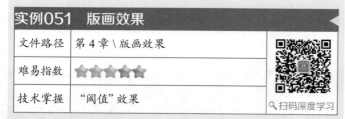

## 实例051 版画效果

| | | |
|---|---|---|
| 文件路径 | 第 4 章 \ 版画效果 | 扫码深度学习 |
| 难易指数 | ★★★★★ | |
| 技术掌握 | “阈值”效果 | |

### 操作思路

本实例讲解了在Premiere Pro中使用“阈值”效果模拟制作版画效果。

### 操作步骤

01 在菜单栏中执行“文件”|“新建”|“项目”命令，并在弹出的“新建项目”对话框中设置“名称”，接着单击“浏览”按钮设置保存路径，最后单击“确定”按钮，如图4-1所示。

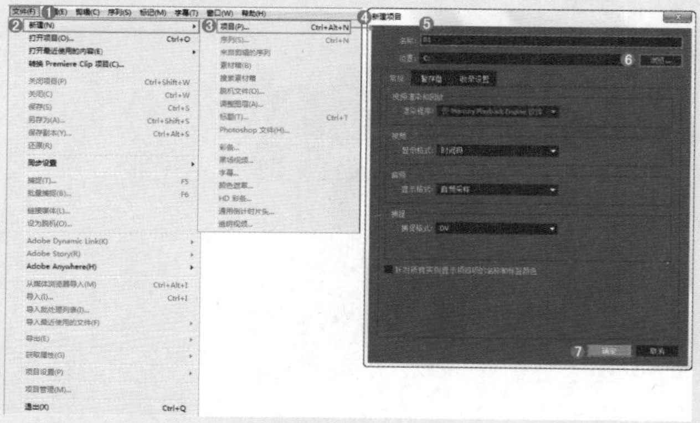

图4-1

02 在“项目”面板空白处单击鼠标右键，执行“新建项目”|“序列”命令。接着在弹出的“新建序列”对话框中选择DV-PAL文件夹下的“标准48kHz”，如图4-2所示。

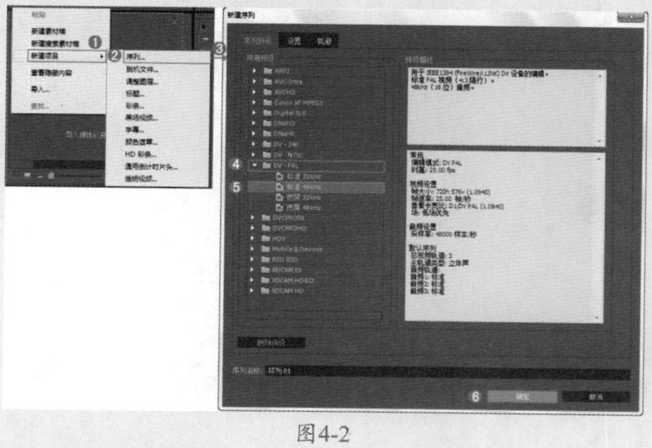

图4-2

03 在“项目”面板空白处双击鼠标左键，选择所需的“01.jpg”素材文件，最后单击“打开”按钮，将其进行导入，如图4-3所示。

04 选择“项目”面板中的“01.jpg”素材文件，并按住鼠标左键将其拖曳到V1轨道上，如图4-4所示。

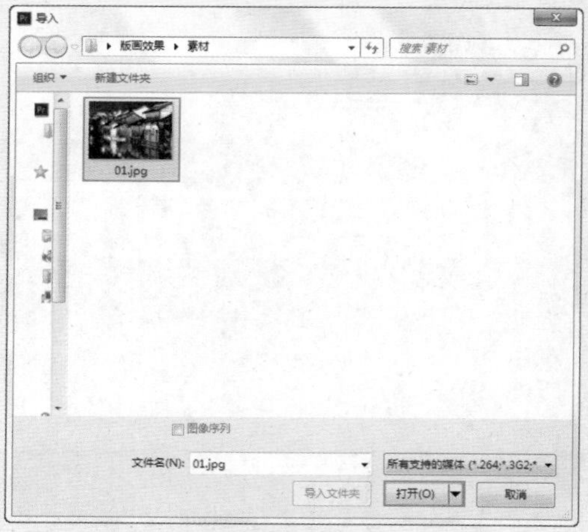

图4-3

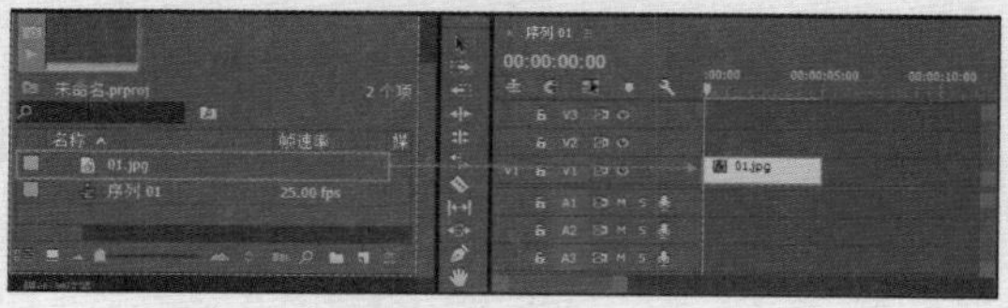

图4-4

05 选择V1轨道上的“01.jpg”素材文件，在“效果”面板中搜索“阈值”效果，并按住鼠标左键将其拖曳到“01.jpg”素材文件上，如图4-5所示。

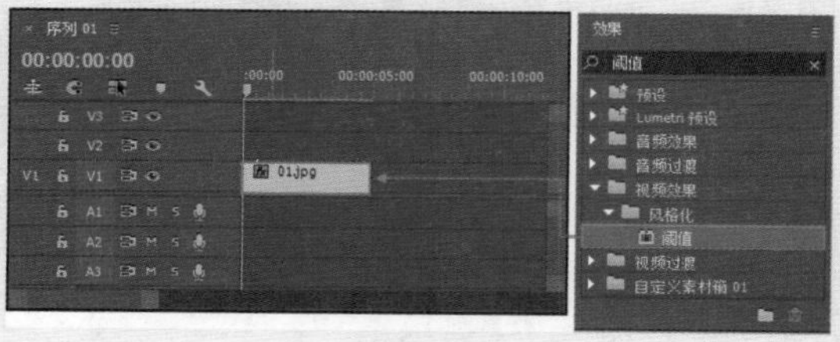

图4-5

06 在“效果控件”面板中展开“阈值”效果，再展开“级别”，适当拖动滑块■，设置“不透明度”为90.0%，如图4-6所示。

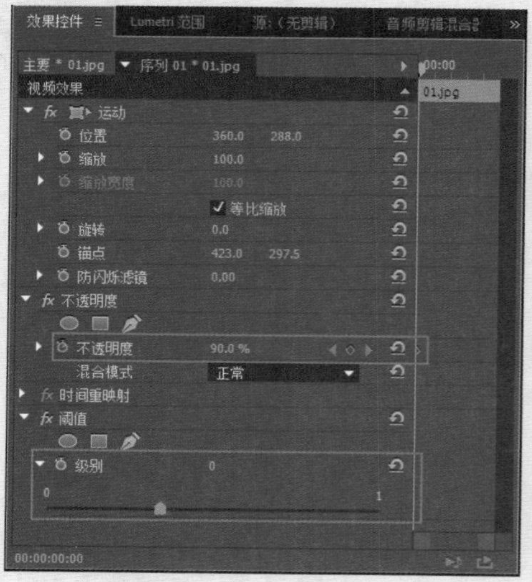

图4-6

提示

**透明度的关键帧**

将时间轴滑动到一个位置时，设置"不透明度"数值，时间轴会自动生成关键帧，不是一定要单击"不透明度"前面的（📷）创建关键帧，如图4-7所示。

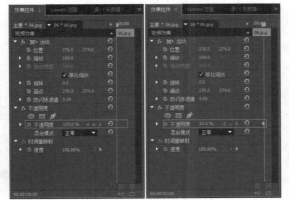

图4-7

对话框中选择DV-PAL文件夹下的"标准48kHz"，如图4-10所示。

图4-9

**07** 拖动时间轴查看效果，如图4-8所示。

图4-8

图4-10

**03** 在"项目"面板空白处双击鼠标左键，选择所需的"01.jpg"素材文件，最后单击"打开"按钮，将其进行导入，如图4-11所示。

| 实例052 | 彩色边框效果 |
|---|---|
| 文件路径 | 第4章 \ 彩色边框效果 |
| 难易指数 | ★★★★★ |
| 技术掌握 | ● "圆形"效果　● "投影"效果 |

🔍扫码深度学习

**操作思路**

本实例讲解了在Premiere Pro中使用"圆形"效果、"投影"效果制作彩色边框，并使用文字工具创建文字。

**操作步骤**

**01** 在菜单栏中执行"文件" | "新建" | "项目"命令，并在弹出的"新建项目"对话框中设置"名称"，接着单击"浏览"按钮设置保存路径，最后单击"确定"按钮，如图4-9所示。

**02** 在"项目"面板空白处单击鼠标右键，执行"新建项目" | "序列"命令。接着在弹出的"新建序列"

图4-11

**04** 在"项目"面板的空白处单击鼠标右键，执行"新建项目" | "黑场视频"命令，此时会弹出"新建黑场视频"对话框，单击"确定"按钮，如图4-12所示。

**05** 选择"项目"面板中的"黑场视频"，并按住鼠标左键将其拖曳到V2轨道上，如图4-13所示。

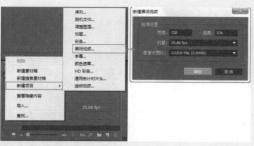

图4-12

图4-13

**06** 选择V2轨道上的"黑场视频"，在"效果"面板中搜索"圆形"效果，并按住鼠标左键将其拖曳到"黑场视频"上，如图4-14所示。

图4-14

**07** 在"效果控件"面板中展开"圆形"效果，设置"中心"为（445.0,276.0）、"半径"为245.0，设置"颜色"为黄色，如图4-15和图4-16所示。

图4-15

图4-16

**08** 选择V2轨道上的"黑场视频"，并按住鼠标左键将其拖曳复制到V3轨道上，如图4-17所示。

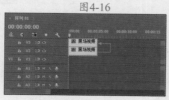

图4-17

**09** 选择V3轨道上的"黑场视频"，并在"效果控件"面板中展开"圆形"效果，设置"半径"为239.0、"边缘"为"厚度"、"厚度"为79.0，设置"颜色"为红色，如图4-18所示。查看效果，如图4-19所示。

图4-18

图4-19

**10** 选择V3轨道上的"黑场视频"，并按住鼠标左键将其拖曳复制到V4轨道上，如图4-20所示。

**11** 选择V4轨道上的"黑场视频"，并在"效果控件"面板中展开"圆形"效果，设置"半径"为263.0，设置"颜色"为蓝色，如图4-21所示。

图4-20

图4-21

**12** 选择V4轨道上的"黑场视频"，在"效果"面板中搜索"投影"效果，并按住鼠标左键将其拖曳到"黑场视频"上，如图4-22所示。

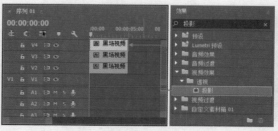

图4-22

**13** 在"效果控件"面板中展开"投影"效果，设置"不透明度"为30%、"方向"为221.0°、"距离"为22.0、"柔和度"为77.0，如图4-23所示。查看效果，如图4-24所示。

图4-23

图4-24

**14** 选择"项目"面板中的"01.jpg"素材文件，并按住鼠标左键将其拖曳到V1轨道上，如图4-25所示。

图4-25

**15** 选择V1轨道上的"01.jpg"素材文件，在"效果控件"面板中展开"运动"效果，设置"位置"为（372.0,270.0），"缩放"为28.0，如图4-26所示。查看效果，如图4-27所示。

图4-26

图4-27

**16** 在菜单栏中执行"字幕"|"新建字幕"|"默认静态字幕"命令，并在弹出的"新建字幕"对话框设置"名称"，最后单击"确定"按钮，如图4-28所示。

**17** 在工具箱中单击"文字工具"按钮 **T**，并在工作区域输入英文，设置"字体系列"为Embassy BT、"字体大小"为70.0，设置"颜色"为深红色，最后适当调整英文位置，如图4-29所示。

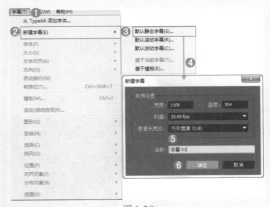

图4-28

图4-29

**18** 拖动时间轴查看效果，如图4-30所示。

图4-30

---

### 实例053　倒影效果

| 文件路径 | 第 4 章 \ 倒影效果 |
|---|---|
| 难易指数 | ★★★★★ |
| 技术掌握 | ● "垂直翻转"效果　● "线性擦除"效果<br>● "快速模糊"效果 |

**操作思路**

　　本实例讲解了在Premiere Pro中使用"垂直翻转"效果、"线性擦除"效果和"快速模糊"效果制作倒影。

## 操作步骤

**01** 在菜单栏中执行"文件"|"新建"|"项目"文件,并在弹出的"新建项目"对话框中设置"名称",接着单击"浏览"按钮设置保存路径,最后单击"确定"按钮,如图4-31所示。

图4-31

**02** 在"项目"面板空白处单击鼠标右键,执行"新建项目"|"序列"命令。接着在弹出的"新建序列"对话框中选择DV-PAL文件夹下的"标准48kHz",如图4-32所示。

图4-32

**03** 在"项目"面板空白处双击鼠标左键,选择所需的"01.png""02.png"和"背景.jpg"素材文件,最后单击"打开"按钮,将它们进行导入,如图4-33所示。

图4-33

**04** 选择"项目"面板中的"背景.jpg"素材文件,并按住鼠标左键将其拖曳到V1轨道上,如图4-34所示。

图4-34

**05** 选择V1轨道上的"背景.jpg"素材文件,在"效果控件"面板中展开"运动"效果,并设置"位置"为(360.0,150.0)、"缩放"为125.0,如图4-35所示。查看效果,如图4-36所示。

图4-35                    图4-36

**06** 选择"项目"面板中的"02.png"素材文件,并按住鼠标左键将其拖曳到V2轨道上,如图4-37所示。

图4-37

**07** 选择V2轨道上的"02.png"素材文件,在"效果控件"面板中展开"运动"效果,并设置"位置"为(360.0,332.0),"缩放"为25.0,再展开"不透明度"效果,设置"混合模式"为"颜色加深",如图4-38所示。查看效果,如图4-39所示。

**08** 选择"项目"面板中的"01.png"素材文件,并按住鼠标左键将其拖曳到V3轨道上,如图4-40所示。

**09** 选择V3轨道上的"01.png"素材文件,在"效果控件"面板中展开"运动"效果,并设置"位置"为(360.0,165.0)、"缩放"为13.0,如图4-41所示。查看效果,如图4-42所示。

图4-38

图4-39

图4-40

图4-41

图4-42

10 选择V3轨道上的"01.png"素材文件，并按住鼠标左键将其拖曳到V4轨道上，将其复制，如图4-43所示。

图4-43

**提示**

**如何复制素材文件**

除了直接可以拖曳复制素材文件外，还可以选择轨道上的素材文件，单击鼠标右键，并在弹出的快捷菜单中选择"复制"命令，然后选择另一个轨道，按Ctrl+V快捷键粘贴，如图4-44所示。

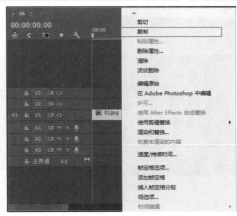

图4-44

11 选择V4轨道上的"01.png"素材文件，在"效果控件"面板中展开"运动"效果，并设置"位置"为（360.0,413.0）、"缩放"为13.0，如图4-45所示。查看效果，如图4-46所示。

图4-45

图4-46

12 在"效果"面板中搜索"垂直翻转"效果，并按住鼠标左键将其拖曳到V4轨道中的"01.png"素材文件上，如图4-47所示。查看效果，如图4-48所示。

图4-47

图4-48

**13** 在"效果"面板中搜索"线性擦除"效果，并按住鼠标左键将其拖曳到V4轨道中的"01.png"素材文件上，如图4-49所示。

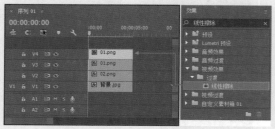

图4-49

**14** 选择V4轨道上的"01.png"素材文件，在"效果控件"面板中展开"线性擦除"效果，并设置"过渡完成"为35%、"羽化"为600.0，如图4-50所示。查看效果，如图4-51所示。

图4-50

图4-51

**15** 在"效果"面板中搜索"快速模糊"效果，并按住鼠标左键将其拖曳到V4轨道中的"01.png"素材文件上，如图4-52所示。

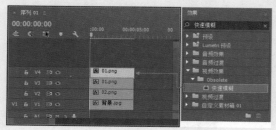

图4-52

**16** 选择V4轨道上的"01.png"素材文件，在"效果控件"面板中展开"快速模糊"效果，并设置"模糊度"为30.0、"模糊维度"为"水平和垂直"，如图4-53所示。查看效果，如图4-54所示。

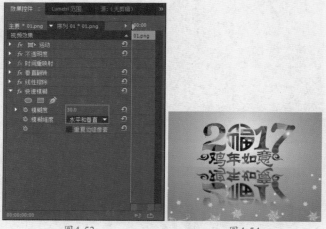

图4-53　　　　　　　　　图4-54

## 实例054　电流效果

| 文件路径 | 第4章\电流效果 |
|---|---|
| 难易指数 | ★★★★★ |
| 技术掌握 | ● "闪电"效果　　● 文字工具 |

🔍扫码深度学习

💡 **操作思路**

　　本实例讲解了在Premiere Pro中使用"闪电"效果、文字工具制作电流效果。

🎤 **操作步骤**

**01** 在菜单栏中执行"文件"|"新建"|"项目"命令，并在弹出的"新建项目"对话框中设置"名称"，接着单击"浏览"按钮设置保存路径，最后单击"确定"按钮，如图4-55所示。

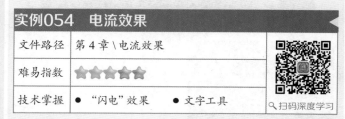

图4-55

**02** 在"项目"面板空白处单击鼠标右键，执行"新建项目"|"序列"命令。接着在弹出的"新建序列"

对话框中选择DV-PAL文件夹下的"标准48kHz",如图4-56所示。

图4-56

**03** 在"项目"面板空白处双击鼠标左键,选择所需的"01.jpg"素材文件,最后单击"打开"按钮,将其进行导入,如图4-57所示。

图4-57

**04** 选择"项目"面板中的"01.jpg"素材文件,并按住鼠标左键将其拖曳到V1轨道上,如图4-58所示。

图4-58

**05** 选择V1轨道上的"01.png"素材文件,在"效果"面板中搜索"闪电"效果,并按住鼠标左键将其拖曳到"01.jpg"素材文件上,如图4-59所示。

**06** 选择V1轨道上的"01.jpg"素材文件,在"效果控件"面板中展开"闪电"效果,并设置"起始点"为(365.0,450.0)、"结束点"为(750.0,400.0)、"分段"为16、"细节级别"为6、"分支段"为4、"分支宽度"为0.700,如图4-60所示。

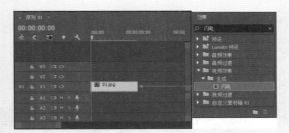

图4-59

图4-60

**07** 选择"闪电"效果,按Ctrl+C快捷键复制"闪电",再按Ctrl+V快捷键将其粘贴到V1轨道中的"01.jpg"素材文件上,如图4-61所示。

图4-61

**08** 在"效果控件"面板中展开复制的"闪电"效果,再设置"起始点"为(292.0,397.0)、"结束点"为(760.0,507.0),如图4-62所示。查看效果,如图4-63所示。

**09** 在菜单栏中执行"字幕"|"新建字幕"|"默认静态字幕"命令,并在"新建字幕"对话框中设置"名称",最后单击"确定"按钮,如图4-64所示。

图4-62

图4-63

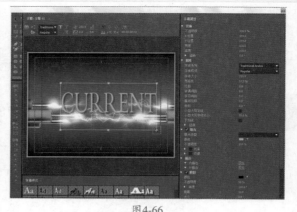

图4-66

**11** 再次单击"直线工具"按钮,并在工作区域中画出边框,如图4-67所示。

图4-64

**10** 单击文字工具按钮 **T**,然后在工作区域中输入英文"CURRENT",再设置"字体系列"为Traditional Arabic,"字体大小"为80.0,设置"颜色"为蓝色,勾选"阴影"复选框,如图4-65所示。

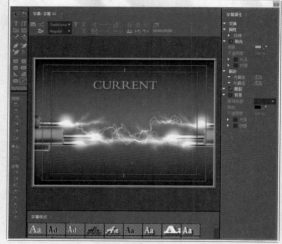

图4-67

**12** 关闭字幕窗口。选择"项目"面板中的"字幕01",按住鼠标左键将其拖曳到V2轨道上,如图4-68所示。

图4-65

图4-68

**13** 拖动时间轴查看效果,如图4-69所示。

**提示** **如何调整文字大小**

调整文字大小时,除了调整数值来改变文字大小,还可以在工作区域直接拖曳矩形框来改变文字大小,如图4-66所示。

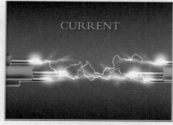

图4-69

## 实例055　分色效果

| 文件路径 | 第4章 \ 分色效果 |
| --- | --- |
| 难易指数 | ★★★★★ |
| 技术掌握 | "分色"效果 |

扫码深度学习

### 操作思路

本实例讲解了在Premiere Pro中使用"分色"效果只保留单一颜色的方法。

### 操作步骤

**01** 在菜单栏中执行"文件"|"新建"|"项目"命令，并在弹出的"新建项目"对话框中设置"名称"，接着单击"浏览"按钮设置保存路径，最后单击"确定"按钮，如图4-70所示。

图4-70

**02** 在"项目"面板空白处单击鼠标右键，执行"新建项目"|"序列"命令。接着在弹出的"新建序列"对话框中选择DV-PAL文件夹下的"标准48kHz"，如图4-71所示。

图4-71

**03** 在"项目"面板空白处双击鼠标左键，选择所需的"01.jpg"素材文件，最后单击"打开"按钮，将其进行导入，如图4-72所示。

图4-72

**04** 选择"项目"面板中的"01.jpg"素材文件，并按住鼠标左键将其拖曳到V1轨道上。再在轨道上选择"01.jpg"素材文件，单击鼠标右键，执行"缩放为帧大小"命令，如图4-73和图4-74所示。

图4-73

图4-74

**05** 选择V1轨道上的"01.jpg"素材文件，在"效果"面板中搜索"分色"效果，并按住鼠标左键将其拖曳到"01.jpg"素材文件上，如图4-75所示。

图4-75

**06** 在"效果控件"面板中展开"分色"效果，单击"要保留的颜色"后面的吸管，在"节目"监视器素材上吸取所要保留的颜色，并设置"脱色量"为100.0%，如图4-76所示。

实战228例

图4-76

提示 如何提取独立颜色

如果在素材中想要保留一种颜色，可以为素材文件加载"分色"效果，然后便可单击"要保留的颜色"后面的吸管，吸取想要保留的色彩，如图4-77所示。

图4-77

**07** 拖动时间轴查看效果，如图4-78所示。

图4-78

## 实例056 合成效果

| 文件路径 | 第4章\合成效果 |
|---|---|
| 难易指数 | ★★★★★ |
| 技术掌握 | "效果控件"面板 |

扫码深度学习

### 操作思路

本实例讲解了在Premiere Pro中使用"效果控件"面板修改素材的基本属性，如位移、缩放、旋转等。

### 操作步骤

**01** 在菜单栏中执行"文件"｜"新建"｜"项目"命令，并在弹出的"新建项目"对话框中设置"名称"，接着单击"浏览"按钮设置保存路径，最后单击"确定"按钮，如图4-79所示。

图4-79

**02** 在"项目"面板空白处单击鼠标右键，执行"新建项目"｜"序列"命令。接着在弹出的"新建序列"对话框中选择DV-PAL文件夹下的"标准48kHz"，如图4-80所示。

图4-80

**03** 在"项目"面板空白处双击鼠标左键，选择所需的"01.jpg""02.jpg"和"背景.jpg"素材文件，最后单击"打开"按钮，将它们进行导入，如图4-81所示。

图4-81

04 选择"项目"面板中的"背景.jpg"素材文件，并按住鼠标左键将其拖曳到V1轨道上，如图4-82所示。

05 选择V1轨道上的"背景.jpg"素材文件，在"效果控件"面板中展开"运动"效果，设置"位置"为（351.0,288.0）、"缩放"为86.0，如图4-83所示。

图4-83

图4-82

06 选择"项目"面板中的"01.jpg"和"02.jpg"素材文件，并按住鼠标左键依次将它们拖曳到V2和V3轨道上，如图4-84所示。

07 选择V2轨道上的"01.jpg"素材文件，在"效果控件"面板中展开"运动"效果，设置"位置"为（553.0,188.0）、"缩放"为17.0、"旋转"为-11.0°，如图4-85所示。

图4-85

图4-84

**提示 如何设置素材的高度和宽度**

在"效果控件"面板中展开"运动"效果，取消选中"等比缩放"复选框，此时便激活了"缩放高度"和"缩放宽度"选项，如图4-86所示。

图4-86

08 选择V3轨道上的"02.jpg"素材文件，在"效果控件"面板中展开"运动"效果，设置"位置"为（658.0,141.0）、"缩放"为18.0、"旋转"为-22.0°，如图4-87所示。

图4-87

09 拖动时间轴查看效果，如图4-88所示。

图4-88

**实例057 怀旧照片效果**

| 文件路径 | 第4章\怀旧照片效果 |
|---|---|
| 难易指数 | ★★★★★ |
| 技术掌握 | "效果控件"面板 |

🔍扫码深度学习

**💡操作思路**

本实例讲解了在Premiere Pro中使用"效果控件"面板设置"缩放"和"不透明度"参数。

## 操作步骤

**01** 在菜单栏中执行"文件"｜"新建"｜"项目"命令，并在弹出的"新建项目"对话框中设置"名称"，接着单击"浏览"按钮设置保存路径，最后单击"确定"按钮，如图4-89所示。

图4-89

**02** 在"项目"面板空白处单击鼠标右键，执行"新建项目"｜"序列"命令。接着在弹出的"新建序列"对话框中选择DV-PAL文件夹下的"标准48kHz"，如图4-90所示。

图4-90

**03** 在"项目"面板空白处双击鼠标左键，选择所需的"01.png""02.png"和"背景.jpg"素材文件，最后单击"打开"按钮，将它们进行导入，如图4-91所示。

**04** 选择"项目"面板中的素材文件，并按住鼠标左键依次将其拖曳到V1、V2和V3轨道上，如图4-92所示。

图4-91

图4-92

**05** 选择V1轨道上"背景.jpg"素材文件，将时间轴拖动到初始位置，在"效果控件"面板中单击"缩放"和"不透明度"前面的，创建关键帧，并设置"缩放"为230.0、"不透明度"为0.0；将时间轴拖动到1秒05帧的位置，设置"缩放"为79.0、"不透明度"为100.0%，如图4-93所示。

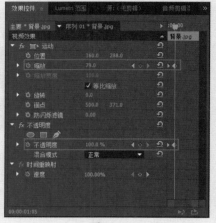

图4-93

**06** 选择V2轨道上的"01.png"素材文件，将时间轴拖动到1秒05帧的位置，在"效果控件"面板中单击"缩放"和"不透明度"前面的，创建关键帧，并设置"缩放"为170.0、"不透明度"为0.0；将时间轴拖动到2秒10帧的位置，设置"缩放"为79.0、"不透明度"为100.0%，如图4-94所示。

图4-94

**07** 选择V3轨道上的"02.png"素材文件，将时间轴拖动到2秒10帧的位置，在"效果控件"面板中单击"缩放"和"不透明度"前面的，创建关键帧。并设置"缩放"为180.0、"不透明度"为0.0；将时间轴拖动到3秒20帧的位置时，设置"缩放"为79.0、"不透明度"为100.0%，如图4-95所示。

图4-95

08 拖动时间轴查看效果，如图4-96所示。

图4-96

| 实例058 | 镜头光晕效果 |
|---|---|
| 文件路径 | 第4章\镜头光晕效果 |
| 难易指数 | ★★★★★ |
| 技术掌握 | ● "镜头光晕"效果<br>● Lumetri Color 效果 |

扫码深度学习

操作思路

本实例讲解了在Premiere Pro中使用"镜头光晕"效果、Lumetri Color效果模拟制作镜头光晕效果。

操作步骤

01 在菜单栏中执行"文件"|"新建"|"项目"命令，并在弹出的"新建项目"对话框中设置"名称"，接着单击"浏览"按钮设置保存路径，最后单击"确定"按钮，如图4-97所示。

图4-97

02 在"项目"面板空白处单击鼠标右键，执行"新建项目"|"序列"命令。接着在弹出的"新建序列"对话框中选择DV-PAL文件夹下的"标准48kHz"，如图4-98所示。

图4-98

03 在"项目"面板空白处双击鼠标左键，选择所需的"01.jpg"素材文件，最后单击"打开"按钮，将其进行导入，如图4-99所示。

04 选择"项目"面板中的"01.jpg"素材文件，并按住鼠标左键将其拖曳到V1轨道上，如图4-100所示。

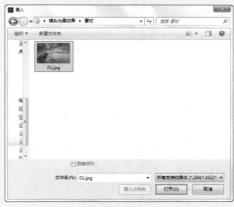

图4-99

图4-100

**05** 选择V1轨道上的"01.jpg"素材文件，在"效果控件"面板中展开"运动"效果，设置"缩放"为52.0，如图4-101所示。

图4-101

**06** 在"效果"面板中搜索"镜头光晕"效果，并按住鼠标左键将其拖曳到"01.jpg"素材文件上，如图4-102所示。

图4-102

**07** 在"效果控件"面板中展开"镜头光晕"效果，设置"光晕中心"为（1165.0,555.0）、"镜头类型"为"50-300毫米变焦"，如图4-103所示。查看效果，如图4-104所示。

图4-103

**08** 在"效果"面板中搜索Lumetri Color效果，并按住鼠标左键将其

拖曳到"01.jpg"素材文件上，如图4-105所示。

图4-104

图4-105

**09** 在"效果控件"面板中展开Lumetri Color效果，再展开"基本校正" | "白平衡"，并设置"色温"为25.0，如图4-106所示。

**10** 拖动时间轴查看效果，如图4-107所示。

图4-106

图4-107

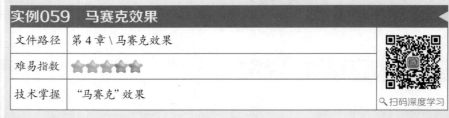

**实例059　马赛克效果**

| 文件路径 | 第4章\马赛克效果 |
|---|---|
| 难易指数 | ★★★★★ |
| 技术掌握 | "马赛克"效果 |

🔍扫码深度学习

**操作思路**

　　本实例讲解了在Premiere Pro中使用"马赛克"效果，并设置马赛克出现的位置，从而产生局部马赛克效果。

**操作步骤**

**01** 在菜单栏中执行"文件" | "新建" | "项目"命令，并在弹出的"新建项目"对话框中设置"名称"，接着单击"浏览"按钮设置保存路径，最后单击"确定"按钮，如图4-108所示。

**02** 在"项目"面板空白处单击鼠标右键，执行"新建项目" | "序列"命令。接着在弹出的"新建序列"对话框中选择DV-PAL文件夹下的"标准48kHz"，如图4-109所示。

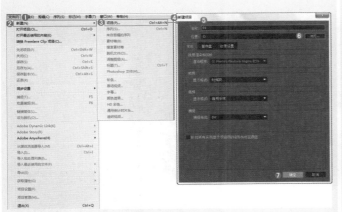

图4-108

图4-109

03 在"项目"面板空白处双击鼠标左键，选择所需的"01.jpg"素材文件，最后单击"打开"按钮，将其进行导入，如图4-110所示。

图4-110

04 选择"项目"面板中的"01.jpg"素材文件，并按住鼠标左键将其拖曳到V1轨道上，如图4-111所示。

05 选择V1轨道上的"01.jpg"素材文件，在"效果"面板中搜索"马赛克"效果，并按住鼠标左键将其拖曳到"01.jpg"素材文件上，如图4-112所示。

图4-111

图4-112

06 在"效果控件"面板中展开"马赛克"效果，单击其下面的椭圆形蒙版，并在"节目"监视器中将椭圆形蒙版移动到船上，如图4-113所示。

图4-113

提示 **马赛克反转效果**

在"蒙版（1）"下面勾选"已反转"复选框，此时椭圆形蒙版范围以外呈现马赛克现象，如图4-114所示。

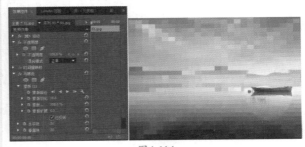

图4-114

07 在"马赛克"效果下设置"水平块"为30、"垂直块"为30，最后勾选"锐化颜色"复选框，如图4-115所示。

08 拖动时间轴查看效果，如图4-116所示。

图4-115　　　　　　　　　图4-116

## 实例060　扭曲风景效果

| 文件路径 | 第4章\扭曲风景效果 |
|---|---|
| 难易指数 | ★★★★★ |
| 技术掌握 | "紊乱置换"效果 |

扫码深度学习

### 操作思路

　　本实例讲解了在Premiere Pro中使用"紊乱置换"效果模拟制作扭曲的抽象风景。

### 操作步骤

**01** 在菜单栏中执行"文件"|"新建"|"项目"命令，并在弹出的"新建项目"对话框中设置"名称"，接着单击"浏览"按钮设置保存路径，最后单击"确定"按钮，如图4-117所示。

图4-117

**02** 在"项目"面板空白处单击鼠标右键，执行"新建项目"|"序列"命令。接着在弹出的"新建序列"对话框中选择DV-PAL文件夹下的"标准48kHz"，如图4-118所示。

**03** 在"项目"面板空白处双击鼠标左键，选择所需的"01.jpg"素材文件，最后单击"打开"按钮，将其进行导入，如图4-119所示。

图4-118

图4-119

**04** 选择"项目"面板中的"01.jpg"素材文件，并按住鼠标左键将其拖曳到V1轨道上，如图4-120所示。

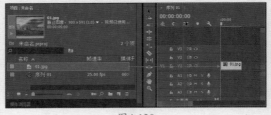

图4-120

**05** 选择V1轨道上的"01.jpg"素材文件，在"效果"面板中展开"紊乱置换"效果，并按住鼠标左键将其拖曳到V1轨道上，如图4-121所示。

图4-121

**06** 在"效果控件"面板中展开"紊乱置换"效果，设置"置换"为"湍流较平滑"、"数量"为63.0、"偏

艺境 中文版Premiere Pro视频编辑剪辑设计与制作全视频 实战228例

Premiere Pro

移（湍流）"为（531.0,364.5）、"复杂度"为4.0、"演化"为52.0°，如图4-122所示。

**07** 拖动时间轴查看效果，如图4-123所示。

图4-122

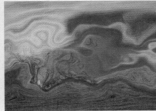
图4-123

**提示** **置换效果的种类**

　　"置换"效果有9种类型，分别是湍流、凸出、扭转等，每种类型都有着奇特的变换效果，如图4-124所示。

图4-124

## 实例061　汽车运动效果

| 文件路径 | 第4章\汽车运动效果 |
|---|---|
| 难易指数 | ★★★★★ |
| 技术掌握 | "方向模糊"效果 |

扫码深度学习

### 操作思路

　　本实例讲解了在Premiere Pro中使用"方向模糊"效果，并设置模糊区域，从而模拟制作汽车运动效果。

### 操作步骤

**01** 在菜单栏中执行"文件" | "新建" | "项目"命令，并在弹出的"新建项目"对话框中设置"名称"，接着单击"浏览"按钮设置保存路径，最后单击"确定"按钮，如图4-125所示。

**02** 在"项目"面板空白处单击鼠标右键，执行"新建项目" | "序列"命令。接着在弹出的"新建序列"对话框中选择DV-PAL文件夹下的"标准48kHz"，如图4-126所示。

图4-125

图4-126

**03** 在"项目"面板空白处双击鼠标左键，选择所需的"01.jpg"素材文件，最后单击"打开"按钮，将其进行导入，如图4-127所示。

图4-127

**04** 选择"项目"面板中的"01.jpg"素材文件，并按住鼠标左键将其拖曳到V1轨道上，如图4-128所示。

**05** 选择V1轨道上的"01.jpg"素材文件，在"效果"面板中搜索"方向模糊"效果，并按住鼠标左键将其拖曳到该素材文件上，如图4-129所示。

图4-128

图4-129

**06** 选择V1轨道上的"01.jpg"素材文件,在"效果控件"面板中展开"方向模糊"效果,并单击"自由绘制贝塞尔曲线"按钮,在"节目"监视器中绘制出所需要的区域,并设置"蒙版不透明度"为83.0%、"方向"为83.0°、"模糊长度"为17.0,如图4-130和图4-131所示。

图4-130

图4-131

**07** 拖动时间轴查看效果,如图4-132所示。

图4-132

---

艺境 中文版Premiere Pro视频编辑剪辑设计与制作全视频 实战228例

---

**实例062　日出效果**

| 文件路径 | 第4章\日出效果 |
|---|---|
| 难易指数 | ⭐⭐⭐⭐⭐ |
| 技术掌握 | ● "镜头光晕"效果<br>● "RGB曲线"效果 |

扫码深度学习

### 操作思路

　　本实例讲解了在Premiere Pro中使用"镜头光晕"效果、"RGB曲线"效果模拟制作日出效果。

### 操作步骤

**01** 在菜单栏中执行"文件"|"新建"|"项目"命令,并在弹出的"新建项目"对话框中设置"名称",接着单击"浏览"按钮设置保存路径,最后单击"确定"按钮,如图4-133所示。

图4-133

**02** 在"项目"面板空白处单击鼠标右键,执行"新建项目"|"序列"命令。接着在弹出的"新建序列"对话框中选择DV-PAL文件夹下的"标准48kHz",如图4-134所示。

图4-134

**03** 在"项目"面板空白处双击鼠标左键,选择所需的"01.jpg"素材文件,最后单击"打开"按钮,将其进行导入,如图4-135所示。

**04** 选择"项目"面板中的"01.jpg"素材文件,并按住鼠标左键将其拖曳到V1轨道上,如图4-136所示。

图4-135

图4-136

**05** 选择V1轨道上的"01.jpg"素材文件，在"效果控件"面板中展开"运动"效果，并设置"缩放"为36.0，如图4-137所示。查看效果，如图4-138所示。

图4-137

图4-138

**06** 在"效果"面板中搜索"镜头光晕"效果，并按住鼠标左键将其拖曳到"01.jpg"素材文件上，如图4-139所示。

图4-139

**07** 选择V1轨道上的"01.jpg"素材文件，在"效果控件"面板中展开"镜头光晕"效果，并设置"光晕中

心"为（1280.0,790.0）、"镜头类型"为"105毫米定焦"，如图4-140所示。查看效果，如图4-141所示。

图4-140

图4-141

**提示** **"镜头光晕"效果的作用**

"镜头光晕"效果的作用很多，可以制作出照射效果，还可以制作出光斑效果等。

**08** 在"效果"面板中搜索"RGB曲线"效果，并按住鼠标左键将其拖曳到"01.jpg"素材文件上，如图4-142所示。

图4-142

**09** 选择V1轨道上的"01.jpg"素材文件，在"效果控件"面板中展开"RGB曲线"效果，再适当调整"红色"和"蓝色"，如图4-143所示。

**10** 拖动时间轴查看效果，如图4-144所示。

图4-143

图4-144

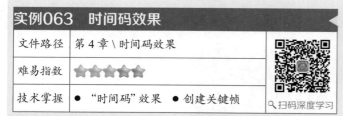

## 实例063 时间码效果

| 文件路径 | 第4章 \ 时间码效果 |
|---|---|
| 难易指数 | ★★★★★ |
| 技术掌握 | ● "时间码"效果　● 创建关键帧 |

扫码深度学习

### 操作思路

本实例讲解了在Premiere Pro中使用"时间码"效果创建时间，并制作关键帧动画。

### 操作步骤

**01** 在菜单栏中执行"文件"｜"新建"｜"项目"命令，并在弹出的"新建项目"对话框中设置"名称"，接着单击"浏览"按钮设置保存路径，最后单击"确定"按钮，如图4-145所示。

图4-145

**02** 在"项目"面板空白处双击鼠标左键，选择所需的"背景.jpg"素材文件，最后单击"打开"按钮，将其进行导入，如图4-146所示。

图4-146

**03** 选择"项目"面板中的"背景.jpg"素材文件，并按住鼠标左键将其拖曳到V1轨道上，如图4-147所示。

**04** 在"效果"面板中搜索"时间码"效果，并按住鼠标左键将其拖曳到V1轨道中的"背景.jpg"素材文件上，如图4-148所示。

图4-147

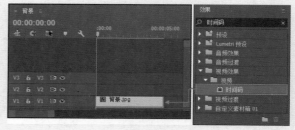

图4-148

**05** 选择V1轨道上的"背景.jpg"素材文件，在"效果控件"面板中展开"时间码"效果，并设置"位置"为（630,645.9），如图4-149所示。

图4-149

### 提示 时间码的格式设置

时间码有4种格式可供选择设置，如图4-150所示。

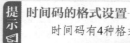

图4-150

**06** 将时间轴拖动到初始位置，并单击"时间码"下"位置"前面的 ⏱，创建关键帧。将时间轴滑动到10帧，设置"位置"为（520.0,645.9）；将时间轴拖动到1秒，设置"位置"为（412.0,645.9）；将时间帧拖动到1秒15帧，设置"位置"为（305.0,645.9），如图4-151所示。

图4-151

**07** 拖动时间轴查看效果，如图4-152所示。

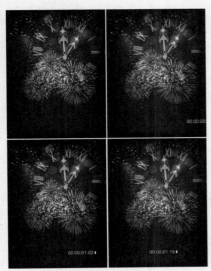

图4-152

---

### 实例064　旋转广告效果

| 文件路径 | 第4章 \ 旋转广告效果 |
|---|---|
| 难易指数 | ★★★★★ |
| 技术掌握 | ● "边角定位"效果　● 文字工具　● 关键帧动画 |

扫码深度学习

#### 操作思路

本实例讲解了在Premiere Pro中使用"边角定位"效果、文字工具、关键帧动画制作旋转广告。

---

#### 操作步骤

**01** 在菜单栏中执行"文件" | "新建" | "项目"命令，并在弹出的"新建项目"对话框中设置"名称"，接着单击"浏览"按钮设置保存路径，最后单击"确定"按钮，如图4-153所示。

图4-153

**02** 在"项目"面板空白处双击鼠标左键，选择所需的"01.jpg" "01.png"和"02.jpg"素材文件，最后单击"打开"按钮，将它们进行导入，如图4-154所示。

图4-154

**03** 选择"项目"面板中的素材文件，并按住鼠标左键依照顺序将它们拖曳到轨道V1～V3上，如图4-155所示。

图4-155

**04** 选择V2轨道上"01.png"素材文件，在"效果控件"面板中展开"运动"效果，设置"位置"为（315.0,308.0）、

"混合模式"为"柔光",如图4-156所示。

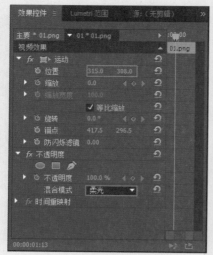

图4-156

05 在"效果控件"面板中展开"运动"效果，将时间轴拖动到初始位置，单击"缩放"和"旋转"前面的图，创建关键帧。并设置"缩放"为0.0、"旋转"为01x0.0°，将时间轴拖动到1秒10帧，设置"缩放"为92.0、"旋转"为1x0.0°，如图4-157所示。查看效果，如图4-158所示。

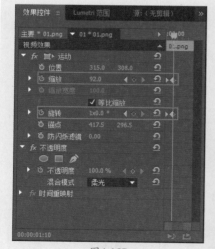

图4-157

图4-158

艺境 中文版Premiere Pro视频编辑剪辑设计与制作全视频 实战228例

提示

## 混合模式

"混合模式"有溶解、变暗、相乘等27种混合效果，能够创建出多种不同的变化效果，如图4-159所示。

图4-159

06 选择V3轨道上的"02.jpg"素材文件，设置"位置"为（310.0,264.0）、"缩放"为15.0；将时间轴拖动到1秒10帧，设置"不透明度"为0.0；将时间轴拖动到2秒，设置"不透明度"为100.0%，如图4-160所示。

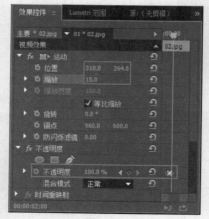

图4-160

07 选择V3轨道上的"02.jpg"素材文件，在"效果"面板中搜索"边角定位"效果，并按鼠标左键将

其拖曳到"02.jpg"素材文件上，如图4-161所示。

图4-161

08 在"效果控件"面板中展开"边角定位"效果，设置"右上"为（2001.0,0.0）、"左下"为（0.0,1234.0）、"右下"为（2000.0,1236.0），如图4-162所示。

图4-162

09 在菜单栏中执行"字幕"｜"新建字幕"｜"默认静态字幕"命令，并在弹出的"新建字幕"对话框中设置"名称"，最后单击"确定"按钮，如图4-163所示。

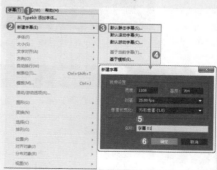

图4-163

10 在工具箱中单击"文字工具"按钮 T，并在工作区域输入LAPTOP、设置"字体系列"为Adobe

Arabic、"字体大小"为100.0，设置"颜色"为白色，勾选"阴影"复选框，设置"颜色"为浅蓝色，最后再适当调整字体位置，如图4-164所示。

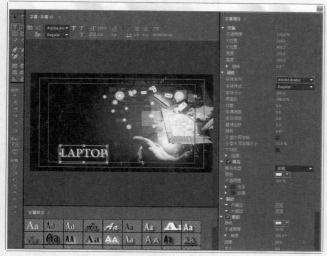

图4-164

**11** 关闭字幕窗口。选择"项目"面板中的"字幕01"，并按住鼠标左键将其拖曳到V4轨道上，如图4-165所示。

图4-165

**12** 选择V4轨道上的"字幕01"，并将时间轴拖动到1秒10帧的位置，设置"不透明度"为0.0；将时间轴拖动到2秒，设置"不透明度"为100.0%，如图4-166所示。

图4-166

**13** 拖动时间轴查看效果，如图4-167所示。

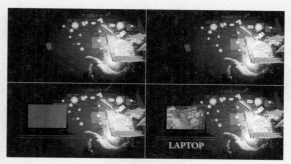

图4-167

### 实例065 圆形点缀背景效果

| 文件路径 | 第4章\圆形点缀背景效果 |
| --- | --- |
| 难易指数 | ★★★★★ |
| 技术掌握 | ● "圆形"效果 　● 文字工具 |

扫码深度学习

**操作思路**

本实例讲解了在Premiere Pro中使用"圆形"效果、文字工具制作圆形点缀背景效果。

**操作步骤**

**01** 在菜单栏中执行"文件"｜"新建"｜"项目"命令，并在弹出的"新建项目"对话框中设置"名称"，接着单击"浏览"按钮设置保存路径，最后单击"确定"按钮，如图4-168所示。

图4-168

**02** 在"项目"面板空白处单击鼠标右键，执行"新建项目"｜"序列"命令。接着在弹出的"新建序列"对话框中选择DV-PAL文件夹下的"标准48kHz"，如图4-169所示。

**03** 在"项目"面板空白处双击鼠标左键，选择所需的"背景.jpg"和"02.png"素材文件，最后单击"打开"按钮，将它们进行导入，如图4-170所示。

**04** 选择"项目"面板中的"背景.jpg"素材文件，按住鼠标左键将其拖曳到V1轨道上，如图4-171所示。

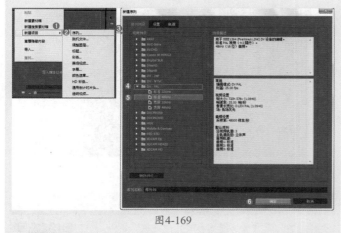

图4-169

图4-172

图4-170

图4-173

图4-174

图4-171

图4-175

**05** 选择V1轨道上的"背景.jpg"素材文件，在"效果控件"面板中展开"运动"效果，设置"缩放"为86.0，如图4-172所示。

**06** 在"项目"面板的空白处单击鼠标右键，执行"新建项目"|"黑场视频"命令，此时会弹出"新建黑场视频"对话框，单击"确定"按钮，如图4-173所示。

**07** 选择"项目"面板中的"黑场视频"，按住鼠标左键将其拖曳到V2轨道上，如图4-174所示。

**08** 选择V2轨道上的"黑场视频"，在"效果"面板中搜索"圆形"效果，并按住鼠标左键将其拖曳到"黑场视频"上，如图4-175所示。

 提示

**黑场视频**

黑场视频不仅可以制作图形样式，还可以制作过渡效果。

**09** 在"效果控件"面板中展开"圆形"效果，设置"中心"为（214.0,225.0）、"半径"为153.0、"颜色"为蓝色、"不透明度"为60.0%，如图4-176所示。查看效果，如图4-177所示。

艺境 中文版Premiere Pro视频编辑剪辑设计与制作全视频 实战228例

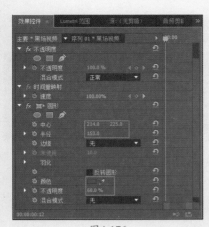

图4-176

图4-177

10 选择"项目"面板中的"02.png"素材文件，并按住鼠标左键将其拖曳到V3轨道上，如图4-178所示。

图4-178

11 选择V3轨道上的"02.png"素材文件，在"效果控件"面板中展开"运动"效果，设置"位置"为（141.0,221.0）、"缩放"为80.0；再展开"不透明度"效果，设置"混合模式"为"浅色"，如图4-179所示。查看效果，如图4-180所示。

图4-179

图4-180

12 选择V2轨道上的"黑场视频"，按住Alt键的同时按住鼠标左键将其拖曳复制到V4轨道上，如图4-181所示。

图4-181

13 选择V4轨道上的"黑场视频"，在"效果控件"面板中展开"不透明度"效果，设置"混合模式"为"正常"；再展开"圆形"效果，设置"中心"为（192.0,225.0）、"半径"为153.0、"颜色"为橘红色，如图4-182所示。查看效果，如图4-183所示。

图4-182

图4-183

14 选择V3轨道上的"02.png"素材文件，按住Alt键的同时按住鼠标左键将其拖曳复制到V5轨道上，如图4-184所示。

图4-184

15 选择V5轨道上的"02.png"素材文件，在"效果控件"面板中展开"运动"效果，设置"位置"为（141.0,221.0）、"缩放"为80.0；再展开"不透明度"效果，设置"混合模式"为"柔光"，如图4-185所示。查看效果，如图4-186所示。

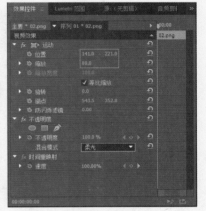

图4-185

图4-186

16 在菜单栏中执行"字幕"｜"新建字幕"｜"默认静态字幕"命令，并在弹出的"新建字幕"对话框中设置"名称"，单击"确定"按钮，如图4-187所示。

17 在工具箱中单击"文字工具"按钮 T，并在工作区域输入"W.B.Yeats"，设置"字体系列"为Adobe Arabic、"字体大小"为115.0，"颜色"为白色，勾选"阴影"复选框，设置"角度"为135.0°、"扩展"为30.0，适当调整文字位置，如图4-188所示。

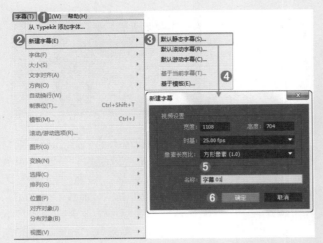

图4-187

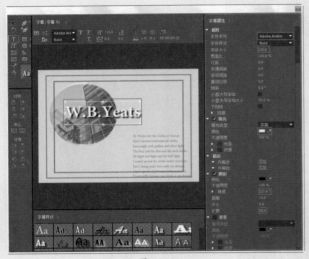

图4-188

**18** 再次单击"文字工具"按钮**T**，并在工作区域输入英文，设置"字体系列"为Adobe Arabic、"字体大小"为28.5、"宽高比"为72.4%、"颜色"为灰色，适当调整文字位置，如图4-189所示。

图4-189

**19** 关闭字幕窗口。选择"项目"面板中的"字幕01"，并按住鼠标左键将其拖曳到V6轨道上，如图4-190所示。

图4-190

**20** 拖动时间轴查看效果，如图4-191所示。

图4-191

| 实例066 | 彩虹效果 | |
|---|---|---|
| 文件路径 | 第4章\彩虹效果 | |
| 难易指数 | ★★★★★ | |
| 技术掌握 | ● 新建黑场视频 ● "圆形"效果 | |

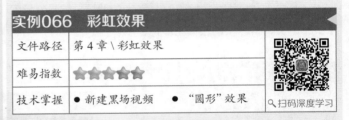

扫码深度学习

**操作思路**

本实例讲解了在Premiere Pro中使用新建黑场视频、"圆形"效果模拟制作彩虹效果。

**操作步骤**

**01** 在菜单栏中执行"文件"|"新建"|"项目"命令，并在弹出的"新建项目"对话框中设置"名称"，接着单击"浏览"按钮设置保存路径，最后单击"确定"按钮，如图4-192所示。

图4-192

02 在"项目"面板空白处单击鼠标右键,执行"新建项目"|"序列"命令。接着在弹出的"新建序列"对话框中选择DV-PAL文件夹下的"标准48kHz",如图4-193所示。

图4-193

03 在"项目"面板空白处双击鼠标左键,选择所需的"01.png"~"04.png"素材文件,最后单击"打开"按钮,将它们进行导入,如图4-194所示。

图4-194

04 选择"项目"面板中的"02.png"素材文件,并按住鼠标左键将它们拖曳到V1轨道上,如图4-195所示。

图4-195

05 选择V1轨道上的"02.png"素材文件,在"效果控件"面板中展开"运动"效果,设置"位置"为(360.0,289.0)、"缩放"为90.0,如图4-196所示。

图4-196

提示 ◁

**在"节目"监视器中显现视频效果轨迹**

在"效果控件"面板中单击效果(如运动、边角定位),"节目"监视器则会显现轨迹,如图4-197所示。

图4-197

06 选择"项目"面板中的"01.png"素材文件,并按住鼠标左键将其拖曳到V6轨道上,如图4-198所示。

图4-198

07 选择V6轨道上的"01.png"素材文件,在"效果控件"面板中展开"运动"效果,设置"缩放"为90.0,如图4-199所示。

图4-199

08 在"项目"面板空白处单击鼠标右键，并在弹出的快捷菜单中执行"新建项目"｜"黑场视频"命令，此时会弹出"新建黑场视频"对话框，最后单击"确定"按钮，如图4-200所示。

图4-200

09 选择"项目"面板中的"黑场视频"，并按住鼠标左键将其拖曳到V2轨道上，如图4-201所示。

图4-201

10 选择V2轨道上的"黑场视频"，在"效果"面板中搜索"圆形"效果，并按住鼠标左键将其拖曳到"黑场视频"上，如图4-202所示。

图4-202

11 在"效果控件"面板中展开"圆形"效果，设置"半径"为276.0、"边缘"为"厚度"、"厚度"为23.0；"颜色"为红色；再展开"运动"效果，设置"位置"为（356.0,597.0）、"缩放"为156.0，如图4-203所示。查看效果，如图4-204所示。

12 选择V2轨道上的"黑场视频"，并按住鼠标左键将其拖曳复制到V3、V4和V5轨道上，如图4-205所示。

图4-203

图4-204

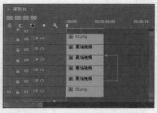

图4-205

13 选择V3轨道上的"黑场视频"，在"效果控件"面板中展开"圆形"效果，设置"半径"为254.0、"颜色"为黄色，如图4-206所示。查看效果，如图4-207所示。

图4-206　　　　图4-207

14 选择V4轨道上的"黑场视频"，在"效果控件"面板中展开"圆形"效果，设置"半径"为232.0、"颜色"为绿色，如图4-208所示。查看效果，如图4-209所示。

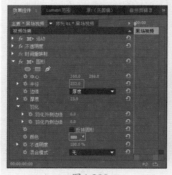

图4-208

图4-209

15 选择V5轨道上的"黑场视频"，在"效果控件"面板中展开"圆形"效果，设置"半径"为211.0、"羽化内侧边缘"为20.0、"颜色"为蓝色，如图4-210所示。查看效果，如图4-211所示。

图4-210

图4-211

16 选择"项目"面板中的"03.png"和"04.png"素材文件，并按住鼠标左键将其分别拖曳到V7和V8轨道上，如图4-212所示。

图4-212

17 选择V7轨道上的"03.png"素材文件，在"效果控件"面板中展开"运动"效果，设置"位置"为（413.0,391.0）、"缩放"为53.0，如图4-213所示。

18 选择V8轨道上的"04.png"素材文件，在"效果控件"面板中展开"运动"效果，设置"位置"为（376.0,404.0）、"缩放"为60.0，如图4-214所示。

图4-213　　　　　　　　图4-214

19 拖动时间轴查看效果，如图4-215所示。

图4-215

### 实例067　抽象画效果

| 文件路径 | 第4章\抽象画效果 |
| --- | --- |
| 难易指数 | ★★★★★ |
| 技术掌握 | "紊乱置换"效果 |

Q扫码深度学习

操作思路

本实例讲解了在Premiere Pro中使用"紊乱置换"效果模拟制作抽象画效果。

操作步骤

01 在菜单栏中执行"文件" | "新建" | "项目"命令，并在弹出的"新建项目"对话框中设置"名称"，接着单击"浏览"按钮设置保存路径，最后单击"确定"按钮，如图4-216所示。

图4-216

02 在"项目"面板空白处单击鼠标右键，执行"新建项目" | "序列"命令。接着在弹出的"新建序列"对话框中选择DV-PAL文件夹下的"标准48kHz"，如图4-217所示。

图4-217

03 在"项目"面板空白处双击鼠标左键，选择所需的"01.png"和"背景.jpg"素材文件，最后单击"打开"按钮，将它们进行导入，如图4-218所示。

图4-218

04 选择"项目"面板中所需要的素材文件，依次将其拖曳到轨道V1～V2上，如图4-219所示。

图4-219

05 选择V1轨道上的"背景.jpg"素材文件，在"效果控件"面板中展开"运动"效果，并设置"缩放"为101.0，如图4-220所示。

06 选择V2轨道上的"01.png"素材文件，在"效果"面板中搜索"紊乱置换"效果，并按住鼠标左键将其拖曳到"01.png"素材文件上，如图4-221所示。

图4-220

图4-221

图4-223

图4-224

图4-225

**提示**

**成功为素材文件加载视频效果**

为素材文件添加视频效果，此时小拳头图标后面变加号，说明素材已经成功加载视频效果，如图4-222所示。

图4-222

07 选择V2轨道上的"01.png"素材文件，在"效果控件"面板中展开"运动"效果，设置"位置"为（76.0,485.0）、"缩放"为30.0；再展开"紊乱置换"效果，设置"数量"为120.0、"大小"为94.0，如图4-223所示。

08 选择并按住V2轨道上的"01.png"素材文件，将其拖曳复制到V3轨道上，并设置"位置"为（661.0,422.0）、"缩放"为24.0，再设置"数量"为-191.0、"大小"为73.0，如图4-224和图4-225所示。

09 选择并按住V3轨道上的"01.png"素材文件，将其拖曳复制到V4轨道上，并设置"位置"为（189.0,330.0）、"缩放"为40.0，再设置"数量"为88.0、"大小"为40.0，如图4-226和图4-227所示。

图4-226

10 拖动时间轴查看效果，如图4-228所示。

图4-227

图4-228

| 实例068 | 灯光效果 |
| --- | --- |
| 文件路径 | 第4章\灯光效果 |
| 难易指数 | ★★★★★ |
| 技术掌握 | "光照效果"效果 |

🔍扫码深度学习

💡 **操作思路**

　　本实例讲解了在Premiere Pro中使用"光照效果"效果模拟制作灯光照明效果。

🎙 **操作步骤**

**01** 在菜单栏中执行"文件" | "新建" | "项目"命令，并在弹出的"新建项目"对话框中设置"名称"，接着单击"浏览"按钮设置保存路径，最后单击"确定"按钮，如图4-229所示。

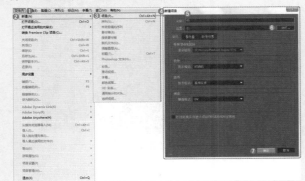

图4-229

**02** 在"项目"面板空白处单击鼠标右键，执行"新建项目" | "序列"命令。接着在弹出的"新建序列"对话框中选择DV-PAL文件夹下的"标准48kHz"，如图4-230所示。

**03** 在"项目"面板空白处双击鼠标左键，选择所需的"01.jpg"素材文件，最后单击"打开"按钮，将其进行导入，如图4-231所示。

图4-230

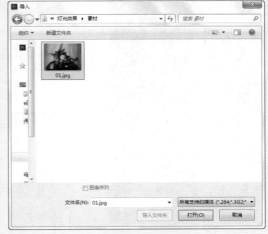

图4-231

**04** 选择"项目"面板中的"01.jpg"素材文件，并按住鼠标左键将其拖曳到V1轨道上，如图4-232所示。

图4-232

**05** 选择V1轨道上的"01.jpg"素材文件，在"效果"面板中搜索"光照效果"效果，并按住鼠标左键将其拖曳到"01.jpg"素材文件上，如图4-233所示。

图4-233

**06** 选择V1轨道上的"01.jpg"素材文件，在"效果控件"面板中展开"光照效果"，再展开"光照1"，设置"光照类型"为"点光源"。"中央"为（501.0,367.5）、"主要半径"为25.0、"次要半径"为25.0、"强度"为15.0、"聚焦"为46.0。再设置"环境光照强度"为12.0、"表面光泽"为−100.0、"表面材质"为45.0、"曝光"为6.0，如图4-234所示。

图4-234

**调节灯光颜色**

为素材文件添加"光照效果"，设置"光照颜色"可以改变"节目"监视器中照射颜色；设置"环境光照射颜色"可以改变"节目"监视器中环境光颜色，如图4-235所示。

图4-235

**07** 拖动时间轴查看效果，如图4-236所示。

图4-236

**实例069　放大效果**

| 文件路径 | 第4章 \ 放大效果 |
|---|---|
| 难易指数 | ★★★★★ |
| 技术掌握 | ● "放大"效果　● "投影"效果 |

扫码深度学习

**操作思路**

本实例讲解了在Premiere Pro中使用"放大"效果、"投影"效果模拟制作局部放大镜效果。

**操作步骤**

**01** 在菜单栏中执行"文件"|"新建"|"项目"命令，并在弹出的"新建项目"对话框中设置"名称"，接着单击"浏览"按钮设置保存路径，最后单击"确定"按钮，如图4-237所示。

图4-237

**02** 在"项目"面板空白处单击鼠标右键，执行"新建项目"|"序列"命令。接着在弹出的"新建序列"对话框中选择DV-PAL文件夹下的"标准48kHz"，如图4-238所示。

**03** 在"项目"面板空白处双击鼠标左键，选择所需的"01.png"和"背景.jpg"素材文件，最后单击"打开"按钮，将它们进行导入，如图4-239所示。

**04** 选择"项目"面板中的"背景.jpg"和"01.png"素材文件，并按住鼠标左键依次将它们拖曳到V1和V2轨道上，如图4-240所示。

图4-238

图4-239

图4-240

**05** 选择V1轨道上"背景.jpg"素材文件，在"效果控件"面板中展开"运动"效果，设置"缩放"为55.0，如图4-241所示。

图4-241

**06** 在"效果"面板中搜索"放大"效果，并按住鼠标左键将其拖曳到"背景.jpg"素材文件上，如图4-242所示。

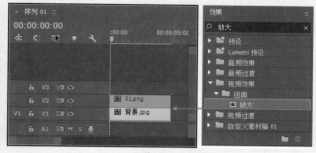

图4-242

**07** 在"效果控件"面板中展开"放大"效果，设置"中央"为（942.0,808.0）、"放大率"为179.0、"大小"为129.0，如图4-243所示。

图4-243

**08** 选择V2轨道上的"01.png"素材文件，在"效果控件"面板中展开"运动"效果，设置"位置"为（365.0,481.0）、"缩放"为43.0，如图4-244所示。

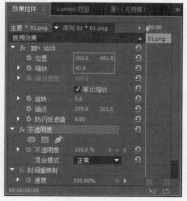

图4-244

**09** 在"效果"面板中搜索"投影"效果，并按住鼠标左键将其拖曳到"01.png"素材文件上，如图4-245所示。

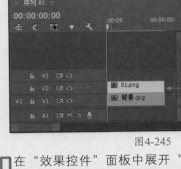

图4-245

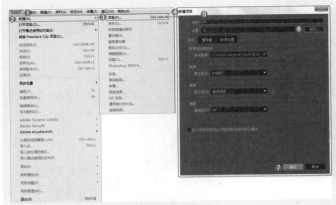

图4-248

10 在"效果控件"面板中展开"投影"效果，设置"不透明度"为81%、"方向"为120.0°、"柔和度"为45.0，如图4-246所示。

11 拖动时间轴查看效果，如图4-247所示。

图4-246          图4-247

图4-249

03 在"项目"面板空白处双击鼠标左键，选择所需的"01.png""02.png"和"背景.jpg"素材文件，最后单击"打开"按钮，将它们进行导入，如图4-250所示。

## 实例070 光照效果

| | |
|---|---|
| 文件路径 | 第4章\光照效果 |
| 难易指数 | ★★★★★ |
| 技术掌握 | "光照效果"效果 |

（扫码深度学习）

### 操作思路

本实例讲解了在Premiere Pro中使用光照效果模拟制作真实灯光效果，并创建关键帧动画模拟制作灯光位置晃动效果。

### 操作步骤

01 在菜单栏中执行"文件"｜"新建"｜"项目"命令，并在弹出的"新建项目"对话框中设置"名称"，接着单击"浏览"按钮设置保存路径，最后单击"确定"按钮，如图4-248所示。

02 在"项目"面板空白处单击鼠标右键，执行"新建项目"｜"序列"命令。接着在弹出的"新建序列"对话框中选择DV-PAL文件夹下的"标准48kHz"，如图4-249所示。

图4-250

04 选择"项目"面板中的"背景.jpg"素材文件，并按住鼠标左键依次将它拖曳到V1、V2和V3轨道上，如图4-251所示。

图4-251

**05** 选择V1轨道上的"背景.jpg"素材文件，在"效果控件"面板中展开"运动"效果，设置"位置"为（292.0,288.0）、"缩放"为74.0，如图4-252所示。

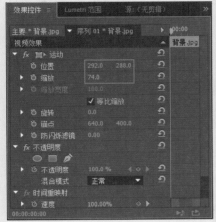

图4-252

**06** 选择V2轨道上的"01.png"素材文件，在"效果控件"面板中展开"运动"效果，设置"位置"为（358.0,254.0）、"缩放"为60.0，"混合模式"为"点光"。将时间轴拖动到初始位置，设置"不透明度"为0.0；将时间轴拖动到20帧，设置"不透明度"为100.0%，如图4-253所示。

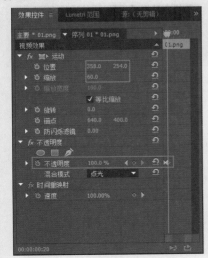

图4-253

**07** 选择V3轨道上的"02.png"素材文件，设置"位置"为（262.1,332.1）。将时间轴拖动到20帧的位置，并单击"缩放"前面的 ，创建关键帧，设置"缩放"为0.0。将时间轴拖动到1秒16帧的位置，设置"缩放"为67.0，如图4-254所示。

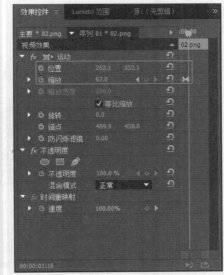

图4-254

**08** 选择V1轨道上的"背景.jpg"素材文件，在"效果"面板中搜索"光照效果"，并按住鼠标左键将其拖曳到"背景.jpg"素材文件上，如图4-255所示。

图4-255

**09** 选择V1轨道上的"背景.jpg"素材文件，在"效果控件"面板中展开"光照效果"，设置"光照类型"为"点光源"、"主要半径"为30.0、"次要半径"为20.0、"强度"为18.0，如图4-256所示。

**10** 将时间轴拖动到初始位置，单击"中央""角度"和"聚焦"前面的 ，创建关键帧。设置"中央"为（909.0,378.0）、"角度"为332.0°、"聚焦"为100.0；将时间

轴拖动到20帧位置，设置"中央"为（602.0,378.0）、"角度"为219.0°、"聚焦"为59.0，如图4-257所示。

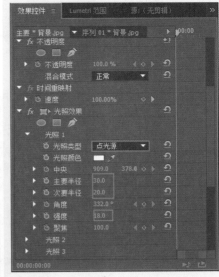

图4-256

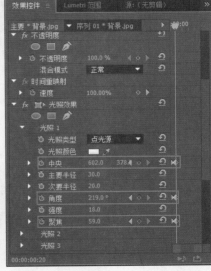

图4-257

**11** 拖动时间轴看效果，如图4-258所示。

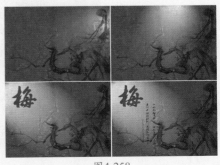

图4-258

## 实例071　户外广告

| | |
|---|---|
| 文件路径 | 第4章 \ 户外广告 |
| 难易指数 | ★★★★★ |
| 技术掌握 | "边角定位"效果 |

### 操作思路

本实例讲解了在Premiere Pro中使用"边角定位"效果将广告素材的上下左右准确地对位到广告牌上，模拟制作户外广告。

### 操作步骤

**01** 在菜单栏中执行"文件"|"新建"|"项目"命令，并在弹出的"新建项目"对话框中设置"名称"，接着单击"浏览"按钮设置保存路径，最后单击"确定"按钮，如图4-259所示。

图4-259

**02** 在"项目"面板空白处单击鼠标右键，执行"新建项目"|"序列"命令。接着在弹出的"新建序列"对话框中选择DV-PAL文件夹下的"标准48kHz"，如图4-260所示。

图4-260

**03** 在"项目"面板空白处双击鼠标左键，选择所需的"01.jpg"和"02.jpg"素材文件，最后单击"打开"按钮，将它们进行导入，如图4-261所示。

**04** 选择"项目"面板中的素材文件，并按住鼠标左键，依次将它们拖曳到轨道V1和V2上，如图4-262所示。

图4-261

图4-262

**05** 选择V1轨道上的"01.jpg"素材文件，在"效果控件"面板中展开"运动"效果，并设置"缩放"为79.0，如图4-263所示。查看效果，如图4-264所示。

图4-263　　　　　　　图4-264

**06** 选择V2轨道上的"02.jpg"素材文件，在"效果"面板中搜索"边角定位"效果，并按住鼠标左键将其拖曳到"02.jpg"素材文件上，如图4-265所示。

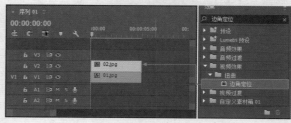

图4-265

艺境 中文版Premiere Pro视频编辑剪辑设计与制作全视频　实战228例

07 选择V2轨道上的"02.jpg"素材文件，在"效果控件"面板中展开"边角定位"效果，并设置"左上"为（0.0,10.0）、"右上"为（278.0,10.0）、"左下"为（0.0,140.0）、"右下"为（278.0,140.0），如图4-266所示。

08 拖动时间轴查看效果，如图4-267所示。

图4-266　　　　　　　　　　图4-267

## 实例072　混合模式效果

| 文件路径 | 第4章 \ 混合模式效果 |
|---|---|
| 难易指数 | ★★★★★ |
| 技术掌握 | ● 文字工具　　　● "效果控件"面板 |

🔍扫码深度学习

### 操作思路

本实例讲解了在Premiere Pro中使用文字工具、"效果控件"面板修改参数、制作具有科技感的混合模式效果。

### 操作步骤

01 在菜单栏中执行"文件"｜"新建"｜"项目"命令，并在弹出的"新建项目"对话框中设置"名称"，接着单击"浏览"按钮设置保存路径，最后单击"确定"按钮，如图4-268所示。

图4-268

02 在"项目"面板空白处单击鼠标右键，执行"新建项目"｜"序列"命令。接着在弹出的"新建序列"对话框中选择DV-PAL文件夹下的"标准48kHz"，如图4-269所示。

图4-269

03 在"项目"面板空白处双击鼠标左键，选择所需的"01.jpg"素材文件，最后单击"打开"按钮将其进行导入，如图4-270所示。

图4-270

04 选择"项目"面板中的"01.jpg"素材文件，并按住鼠标左键将其拖曳到V1轨道上，如图4-271所示。

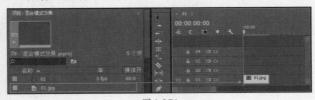

图4-271

05 在菜单栏中执行"字幕"｜"新建字幕"｜"默认静态字幕"命令，并在弹出的"新建字幕"对话框中设置"名称"，最后单击"确定"按钮，如图4-272所示。

06 在工具箱中单击"文字工具"按钮 T，并在工作区域输入"&."，设置"字体系列"为Adobe Arabic、

"字体大小"为98.0、"宽高比"为100.0%，设置"颜色"为白色。再单击"外描边"后面的"添加"按钮，设置"类型"为"边缘"，填充"颜色"为白色，如图4-273所示。

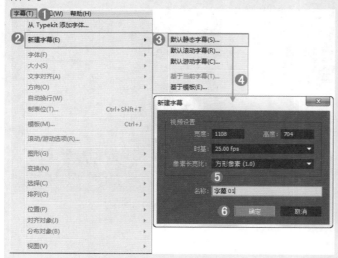

图4-272

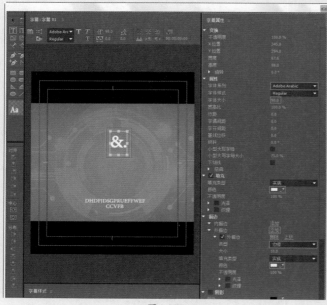

图4-273

**07** 单击"文字工具"按钮**T**，在工作区域输入字体，设置"字体系列"为Adobe Arabic、"字体大小"为30.0、"行距"为–8.0，设置"颜色"为白色，再单击"外描边"后面的"添加"按钮，设置"类型"为"边缘"，填充"颜色"为白色，关闭字幕窗口，如图4-274所示。

**08** 如上所示创建字幕02。在工具箱中单击"文字工具"按钮**T**，并在工作区域输入"WREMPRO"，设置"字体系列"为Adobe Arabic、"字体大小"为90.0，设置"颜色"为蓝色，如图4-275所示。

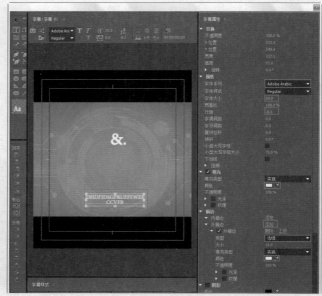

图4-274

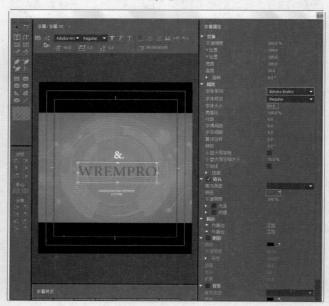

图4-275

**09** 关闭字幕窗口。选择"项目"面板中的"字幕01"和"字幕02"，分别将其拖曳到V2和V3轨道上，如图4-276所示。

图4-276

**10** 选择V2轨道上的"字幕01"，并在"效果控件"面板中设置"缩放"为79.0，如图4-277所示。

图4-277

11 选择V3轨道上的"字幕02",并在"效果控件"面板中设置"位置"为（360.0,299.0）；展开"不透明度"效果,设置"混合模式"为"线性减淡",如图4-278所示。

图4-278

12 拖动时间轴查看效果,如图4-280所示。

图4-280

## 实例073 立体效果画

| 文件路径 | 第4章\立体效果画 | |
|---|---|---|
| 难易指数 | ★★★★★ | |
| 技术掌握 | ● "纹理化"效果<br>● "镜头光晕"效果 | ● "亮度与对比度"效果 |

扫码深度学习

**操作思路**

本实例讲解了在Premiere Pro中使用"纹理化"效果制作画面纹理,使用"亮度与对比度"效果改变画面明度,使用"镜头光晕"效果增加光晕效果。

**操作步骤**

01 在菜单栏中执行"文件"|"新建"|"项目"命令,并在弹出的"新建项目"对话框中设置"名称",接着单击"浏览"按钮设置保存路径,最后单击"确定"按钮,如图4-281所示。

图4-281

02 在"项目"面板空白处双击鼠标左键,选择所需的"01.jpg"和"背景.jpg"素材文件,最后单击"打开"按钮,将它们进行导入,如图4-282所示。

图4-282

**03** 选择"项目"面板中的素材文件,并按住鼠标左键依次将它们拖曳到轨道V1和V2上,如图4-283所示。

图4-283

**04** 选择V1轨道上的"背景.jpg"素材文件,在"效果"面板中搜索"纹理化"效果,并按住鼠标左键将其拖曳到"背景.jpg"素材文件上,如图4-284所示。

**05** 在"效果控件"面板中展开"纹理化"效果,并设置"纹理图层"为"视频1"、"纹理对比度"为2.0,如图4-285所示。

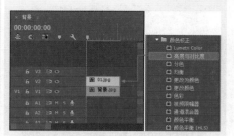

图4-288

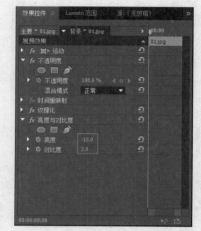

图4-289

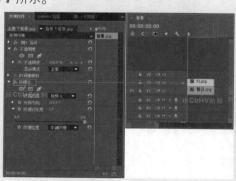

图4-284

图4-285

**06** 选择"效果控件"面板中的"纹理化"效果,按住Ctrl+C快捷键复制,并粘贴到V2轨道"01.jpg"素材文件上,如图4-286所示。

**07** 选择V2轨道上的"01.jpg"素材文件,设置"缩放"为125.0,如图4-287所示。

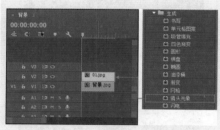

图4-290

**11** 在"效果控件"面板中展开"镜头光晕"效果,并设置"光晕中心"为(758.1,58.9)、"镜头类型"为"105毫米定焦",如图4-291所示。

图4-286

图4-287

**08** 在"效果"面板中搜索"亮度与对比度"效果,并按住鼠标左键将其拖曳到"01.jpg"素材文件上,如图4-288所示。

**09** 在"效果控件"面板中展开"亮度与对比度"效果,并设置"亮度"为-15.0、"对比度"为2.0,如图4-289所示。

**10** 选择V2轨道上的"01.jpg"素材文件,在"效果"面板中搜索"镜头光晕"效果,并按住鼠标左键将其拖曳到"01.jpg"素材文件上,如图4-290所示。

图4-291

艺境 中文版Premiere Pro视频编辑剪辑设计与制作全视频 实战228例

**12** 拖动时间轴查看效果，如图4-292所示。

图4-292

💡**操作思路**

　　本实例讲解了在Premiere Pro中使用"高斯模糊"效果模拟背景模糊。

🎤**操作步骤**

**01** 在菜单栏中执行"文件"｜"新建"｜"项目"命令，并在弹出的"新建项目"对话框中设置"名称"，接着单击"浏览"按钮设置保存路径，最后单击"确定"按钮，如图4-293所示。

图4-293

**02** 在"项目"面板空白处单击鼠标右键，执行"新建项目"｜"序列"命令。接着在弹出的"新建序列"对话框中选择DV-PAL文件夹下的"标准48kHz"，如图4-294所示。

**03** 在"项目"面板空白处双击鼠标左键，选择所需的"背景.jpg"素材文件，最后单击"打开"按钮，将其进行导入，如图4-295所示。

**04** 选择"项目"面板中的"背景.jpg"素材文件，并按住鼠标左键将其拖曳到V1轨道上，如图4-296所示。

图4-294

图4-295

图4-296

**05** 在"时间轴"面板中选择该素材文件，然后在"效果控件"中设置"缩放"为48，如图4-297所示。此时画面效果如图4-298所示。

图4-297

图4-298

**06** 选择V1轨道上的"背景.jpg"素材文件，在"效果"面板中搜索"颜色平衡"效果，并按住鼠标左键将其拖拽到"背景.jpg"素材文件上，如图4-299所示。

图4-299

**07** 在"效果控件"面板中展开"颜色平衡"效果，设置"阴影红色平衡"为35，"阴影绿色平衡"为45，"阴影蓝色平衡"为2，"中间调红色平衡"为15，"中间调绿色平衡"为5，"中间调蓝色平衡"为−60，"高光红色平衡"为10，"高光绿色平衡"为−40，"高光蓝色平衡"为25，如图4-300所示。此时画面效果如图4-301所示。

图4-300　　　　　　　图4-301

| 实例075 | 企鹅镜像投影效果 |
|---|---|
| 文件路径 | 第4章 \ 企鹅镜像投影效果 |
| 难易指数 | ★★★★★ |
| 技术掌握 | "镜像"效果 |

扫码深度学习

### 操作思路

本实例讲解了在Premiere Pro中使用"镜像"效果模拟制作企鹅镜像投影效果。

### 操作步骤

**01** 在菜单栏中执行"文件"｜"新建"｜"项目"命令，并在弹出的"新建项目"对话框中设置"名称"，接着单击"浏览"按钮设置保存路径，最后单击"确定"按钮，如图4-302所示。

**02** 在"项目"面板空白处单击鼠标右键，执行"新建项目"｜"序列"命令。接着在弹出的"新建序列"对话框中选择DV-PAL文件夹下的"标准48kHz"，如图4-303所示。

**03** 在"项目"面板空白处双击鼠标左键，选择所需的"背景.jpg"素材文件，最后单击"打开"按钮，将其进行导入，如图4-304所示。

图4-302

图4-303

图4-304

**04** 选择"项目"面板中的"背景.jpg"素材文件，并按住鼠标左键将其拖曳到V1轨道上，如图4-305所示。

图4-305

艺境 中文版Premiere Pro视频编辑剪辑设计与制作全视频 实战228例

Premiere Pro

05 选择V1轨道上的"背景.jpg"素材文件，在"效果控件"面板中展开"运动"效果，并设置"位置"为（374.0,308.0）、"缩放"为128.0，如图4-306所示。

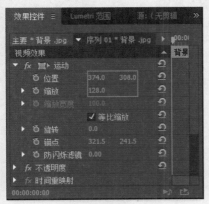

图4-306

06 选择V1轨道上的"背景.jpg"素材文件，在"效果"面板中搜索"镜像"效果，并按住鼠标左键将其拖曳到"背景.jpg"素材文件上，如图4-307所示。

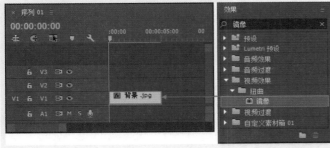

图4-307

07 选择V1轨道上的"背景.jpg"素材文件，在"效果控件"面板中展开"镜像"效果，设置"反射中心"为（309.0,241.5），如图4-308所示。

08 拖动时间轴查看效果，如图4-309所示。

图4-308　　　　图4-309

## 实例076　球面化效果

| 文件路径 | 第4章\球面化效果 | |
|---|---|---|
| 难易指数 | ★★★★★ | |
| 技术掌握 | ● "钝化蒙版"效果<br>● "球面化"效果<br>● "亮度与对比度"效果 | 扫码深度学习 |

💡 操作思路

本实例讲解了在Premiere Pro中使用"钝化蒙版"效果、"球面化"效果、"亮度与对比度"效果制作球面化特效。

🎤 操作步骤

01 在菜单栏中执行"文件"|"新建"|"项目"命令，并在弹出的"新建项目"对话框中设置"名称"，接着单击"浏览"按钮设置保存路径，最后单击"确定"按钮，如图4-310所示。

图4-310

02 在"项目"面板空白处双击鼠标左键，选择所需的"背景.jpg"素材文件，最后单击"打开"按钮，将其进行导入，如图4-311所示。

图4-311

03 选择"项目"面板中的"背景.jpg"素材文件，并按住鼠标左键将其拖曳到V1轨道上，如图4-312所示。

图4-312

04 选择V1轨道上的"背景.jpg"素材文件,在"效果"面板中搜索"钝化蒙版"效果,并按住鼠标左键将其拖曳到"背景.jpg"素材文件上,如图4-313所示。

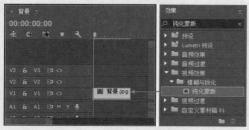

图4-313

05 在"效果控件"面板中展开"钝化蒙版"效果,并设置"数量"为150.0、"半径"为1.5,如图4-314所示。

图4-314

06 在"效果"面板中搜索"球面化"效果,并按住鼠标左键将其拖曳到"背景.jpg"素材文件上,如图4-315所示。

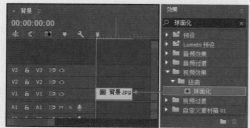

图4-315

07 在"效果控件"面板中展开"球面化"效果,并设置"半径"为387.0、"球面中心"为(381.0,450.0),如图4-316所示。

图4-316

08 在"效果"面板中搜索"亮度与对比度"效果,并按住鼠标左键将其拖曳到"背景.jpg"素材文件上,如图4-317所示。

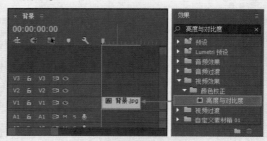

图4-317

09 在"效果控件"面板中展开"亮度与对比度"效果,单击其下面的"椭圆形蒙版"按钮 ,并在"节目"监视器中调节蒙版,再设置"蒙版羽化"为41.0,勾选"已反转"复选框,设置"亮度"为-55.0,如图4-318所示。查看效果如图4-319所示。

10 拖动时间轴查看效果,如图4-320所示。

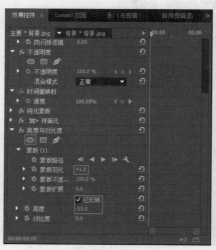

图4-318

艺境 中文版Premiere Pro视频编辑剪辑设计与制作全视频 实战228例

图4-319            图4-320

## 实例077 圣诞老人的倒影

| 文件路径 | 第4章\圣诞老人的倒影 |
| --- | --- |
| 难易指数 | ★★★★★ |
| 技术掌握 | ● "垂直翻转"效果<br>● "线性擦除"效果<br>● 文字工具 |

扫码深度学习

### 操作思路

本实例讲解了在Premiere Pro中使用"垂直翻转"效果、"线性擦除"效果制作圣诞老人和倒影效果,使用文字工具制作圣诞文字。

### 操作步骤

**01** 在菜单栏中执行"文件"|"新建"|"项目"命令,并在弹出的"新建项目"对话框中设置"名称",接着单击"浏览"按钮设置保存路径,最后单击"确定"按钮,如图4-321所示。

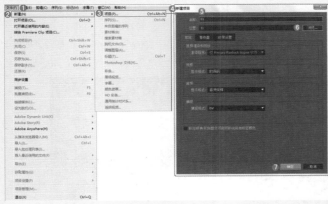

图4-321

**02** 在"项目"面板空白处双击鼠标左键,选择所需的"01.png""02.png"和"背景.jpg"素材文件,最后单击"打开"按钮,将它们进行导入,如图4-322所示。

**03** 选择"项目"面板中的"背景.jpg"素材文件,并按住鼠标左键将其拖曳到V1轨道上,如图4-323所示。

**04** 选择"项目"面板中的"01.png"素材文件,并按住鼠标左键将其拖曳到V2轨道上,如图4-324所示。

**05** 选择V2轨道上的"01.png"素材文件,在"效果控件"面板中展开"运动"效果,设置"位置"为(512.0,868.5)、"缩放"为41.0,如图4-325所示。查看效果如图4-326所示。

图4-322

图4-323

图4-324

图4-325           图4-326

**06** 在"效果"面板中搜索"垂直翻转"效果,并按住鼠标左键将其拖曳到"01.png"素材文件上,如图4-327所示。查看效果如图4-328所示。

图4-327

图4-328

**07** 在"效果"面板中搜索"线性擦除"效果，并按住鼠标左键将其拖曳到"01.png"素材文件上，如图4-329所示。

图4-329

**08** 在"效果控件"面板中展开"线性擦除"效果，设置"过渡完成"为50%、"擦除角度"为0.0、"羽化"为486.0，如图4-330所示。查看效果如图4-331所示。

图4-330

图4-331

### 倒影效果

该实例的倒影效果除了可以加载"线性擦除"效果外，还可以使用"不透明度"下面的椭圆形蒙版制作。

为素材文件加载完"垂直翻转"效果后，单击"不透明度"效果下面的"创建椭圆形蒙版"按钮，并在"节目"监视器中适当调整蒙版，最后再设置"蒙版羽化"为260.0、"不透明度"为75.0%，如图4-332所示。

图4-332

**09** 选择"项目"面板中的"01.png"素材文件，并按住鼠标左键再次将其拖曳到V3轨道上，如图4-333所示。

图4-333

**10** 选择V3轨道上的"01.png"素材文件，在"效果控件"面板中展开"运动"效果，设置"位置"为（512.0,505.5）、"缩放"为41.0，如图4-334所示。查看效果如图4-335所示。

图4-334  　图4-335

**11** 选择"项目"面板中的"02.png"素材文件，并按住鼠标左键将其拖曳到V4轨道上，如图4-336所示。

图4-336

**12** 选择V4轨道上的"02.png"素材文件，设置"位置"为（512.0,652.5），如图4-337所示。查看效果如图4-338所示。

图4-337　　　　　　　图4-338

**13** 在菜单栏中执行"字幕"|"新建字幕"|"默认静态字幕"命令，并在弹出的"新建字幕"对话框中设置"名称"，最后单击"确定"按钮，如图4-339所示。

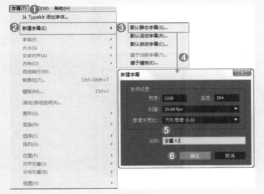

图4-339

**14** 在工具箱中单击"文字工具"按钮T，并在工作区域输入"Merry Christmas"，设置"字体系列"为Aparajita、"字体大小"为147.0、"宽高比"为77.3%，设置"颜色"为浅黄色，勾选"光泽"复选框，设置"颜色"为白色、"大小"为26.0、"角度"为49.0、"偏移"为-15.0。再单击"外描边"后面的"添加"，设置"类型"为"深度"、"大小"为22.0、"填充类型"为"实底"、"颜色"为褐色、"不透明度"为80%，如图4-340所示。设置"不透明度"为64%，"角度"为135°，"距离"为10，"扩展"为3，如图4-341所示。

图4-340　　　　　　　图4-341

**15** 关闭字幕窗口。选择"项目"面板中的"字幕01"，并按住鼠标左键将其拖曳到V5轨道上，如图4-342所示。

图4-342

**16** 拖动时间轴查看效果，如图4-343所示。

图4-343

### 实例078　撕裂效果

| 文件路径 | 第4章\撕裂效果 |
| --- | --- |
| 难易指数 | ★★★★★ |
| 技术掌握 | ● "亮度与对比度"效果<br>● "投影"效果 |

**操作思路**

本实例讲解了在Premiere Pro中使用"亮度与对比度"效果、"投影"效果制作撕裂效果。

**操作步骤**

**01** 在菜单栏中执行"文件"|"新建"|"项目"命令，并在弹出的"新建项目"对话框中设置"名称"，接着单击"浏览"按钮设置保存路径，最后单击"确定"按钮，如图4-344所示。

**02** 在"项目"面板空白处单击鼠标右键，执行"新建项目"|"序列"命令。接着在弹出的"新建序列"对话框中选择DV-PAL文件夹下的"标准48kHz"，如图4-345所示。

**03** 在"项目"面板空白处双击鼠标左键，选择所需的"01.png"和"背景.jpg"素材文件，最后单击"打开"按钮，将它们进行导入，如图4-346所示。

图4-344

图4-345

图4-346

04 选择"项目"面板中的"01.png"和"背景.jpg"素材文件，并按住鼠标左键依次将它们拖曳到时间轨道V2和V3上，如图4-347所示。

图4-347

05 选择V1轨道上的"背景.jpg"素材文件，在"效果控件"面板中展开"运动"效果，设置"位置"为（296.0,288.0）、"缩放"为54.0，如图4-348所示。

06 选择V2轨道上的"01.png"素材文件，在"效果控件"面板中展开"运动"效果，设置"缩放"为70.0，如图4-349所示。

图4-348

图4-349

07 在"效果"面板中搜索"亮度与对比度"效果，并按住鼠标左键将其拖曳到V3轨道上，如图4-350所示。

图4-350

08 在"效果控件"面板中展开"亮度与对比度"效果，设置"亮度"为-28.0、"对比度"为10.0，如图4-351所示。

图4-351

09 在"效果"面板中搜索"投影"效果，并按住鼠标左键将其拖曳到V3轨道上，如图4-352所示。

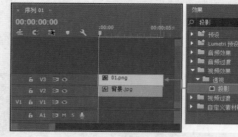

图4-352

提示

**为什么添加"投影"效果**

为素材文件添加"投影"效果，可以为文件塑造出阴影，让效果看起来会更加真实。

10 在"效果控件"面板中展开"投影"效果,设置"不
透明度"为70%、"方向"为141.0°、"距离"为
25.0、"柔和度"为85.0,如图4-353所示。

11 拖动时间轴查看效果,如图4-354所示。

图4-353

图4-354

## 实例079 艺术画效果

| 文件路径 | 第4章\艺术画效果 |
| --- | --- |
| 难易指数 | ★★★★★ |
| 技术掌握 | "画笔描边"效果 |

### 操作思路

本实例讲解了在Premiere Pro中使用"画笔描边"效果
模拟制作具有绘画笔触感的艺术画效果。

### 操作步骤

01 在菜单栏中执行"文件"|"新建"|"项目"命
令,并在弹出的"新建项目"对话框中设置"名
称",接着单击"浏览"按钮设置保存路径,最后单击
"确定"按钮,如图4-355所示。

图4-355

02 在"项目"面板空白处单击鼠标右键,执行"新建项
目"|"序列"命令。接着在弹出的"新建序列"
对话框中选择DV-PAL文件夹下的"标准48kHz",如
图4-356所示。

图4-356

03 在"项目"面板空白处双击鼠标左键,选择所需的
"01.jpg""01.png"和"02.jpg"素材文件,最后
单击"打开"按钮,将它们进行导入,如图4-357所示。

图4-357

04 选择"项目"面板中的"01.jpg"和"02.jpg"素材
文件,并按住鼠标左键将它们拖曳到V1轨道上,如
图4-358所示。

图4-358

05 分别选择V1轨道上的"01.jpg"和"02.jpg"素材文
件,再分别在"效果控件"面板中设置"缩放"为

134.0，如图4-359所示。

**06** 在"效果"面板中搜索"画笔描边"效果，并按住鼠标左键分别将其拖曳到V1轨道上的"01.jpg"和"02.jpg"素材文件上，如图4-360所示。

图4-359

图4-360

**07** 选择"项目"面板中的"01.png"素材文件，按住鼠标左键将其拖曳到V2轨道上，并设置结束帧为10秒，如图4-361所示。

图4-361

**08** 拖动时间轴查看效果，如图4-362所示。

图4-362

| 实例080 | 月亮移动效果 |
|---|---|
| 文件路径 | 第4章\月亮移动效果 |
| 难易指数 | ★★★★★ |
| 技术掌握 | ● 关键帧动画　● "镜头光晕"效果 |

扫码深度学习

**操作思路**

本实例讲解了在Premiere Pro中使用关键帧动画、"镜头光晕"效果制作月亮移动动画。

**操作步骤**

**01** 在菜单栏中执行"文件"｜"新建"｜"项目"命令，并在弹出的"新建项目"对话框中设置"名称"，接着单击"浏览"按钮设置保存路径，最后单击"确定"按钮，如图4-363所示。

图4-363

**02** 在"项目"面板空白处双击鼠标左键，选择所需的"01.png""02.png"和"背景.jpg"素材文件，最后单击"打开"按钮，将它们进行导入，如图4-364所示。

图4-364

**03** 选择"项目"面板中的素材文件，并按照鼠标左键依次将它们拖曳到轨道V1～V3上，如图4-365所示。

图4-365

**04** 选择V2轨道上的"02.png"素材文件，将时间轴拖动到初始位置，在"效果控件"面板中展开"运动"效果，单击"位置""缩放"和"不透明度"前面的◎，创建关键帧，并设置"位置"为（1637.0,640.2）、"缩放"为30.0、"不透明度"为50.0%；将时间轴拖动到1秒20帧的位置，设置"位置"为（1258.4,449.6）、"缩放"为50.0、"不透明度"为80.0%；将时间轴拖动到3秒的位置，设置"位置"为（704.8,382.1）、"缩放"为73.0、"不透明度"为90.0%，如图4-366所示。

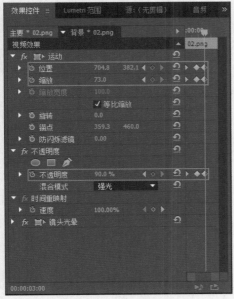

图4-366

05 选择V2轨道上的"02.png"素材文件，在"效果"面板中搜索"镜头光晕"效果，并按住鼠标左键将其拖曳到"02.png"素材文件上，如图4-367所示。

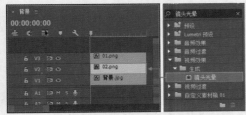

图4-367

06 在"效果控件"面板中展开"镜头光晕"效果，并设置"光晕中心"为（196.0,264.0）、"镜头类型"为"50-300毫米变焦"，如图4-368所示。

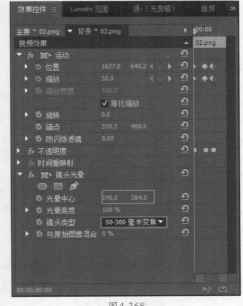

图4-368

07 拖动时间轴查看效果，如图4-369所示。

图4-369

# 第 **5** 章

# 文字效果

 本章概述　文字是视频中重要的组成部分，可以更快速地传递出作品的主旨内涵。Premiere Pro中的字幕窗口可以用来创建文字，并可对文字的字体、字号、颜色等属性进行修改。除此之外，还可以用于绘制图形。

 本章重点
- ◆ 文字的创建方法
- ◆ 文字的质感表现
- ◆ 三维文字的制作
- ◆ 文字动画的使用方法

/ 佳 / 作 / 欣 / 赏 /

## 实例081 彩虹条文字效果

| 文件路径 | 第5章 \ 彩虹条文字效果 | |
|---|---|---|
| 难易指数 | ★★★★★ | |
| 技术掌握 | ● 新建黑场视频 ● 矩形工具 ● 文字工具 | ● "渐变"效果 ● 默认静态字幕 |

扫码深度学习

### 操作思路

本实例讲解了在Premiere Pro中使用新建黑场视频、"渐变"效果、默认静态字幕、矩形工具、文字工具等操作制作彩虹条文字效果。

### 操作步骤

**01** 在菜单栏中执行"文件"|"新建"|"项目"命令，并在弹出的"新建项目"对话框中设置"名称"，接着单击"浏览"按钮设置保存路径，最后单击"确定"按钮，如图5-1所示。

图5-1

**02** 在"项目"面板空白处单击鼠标右键，执行"新建项目"|"序列"命令。接着在弹出的"新建序列"对话框中选择DV-PAL文件夹下的"标准48kHz"，如图5-2所示。

图5-2

**03** 在"项目"面板菜单栏中执行"新建项"|"黑场视频"命令，此时会弹出"新建黑场视频"对话框，最后单击"确定"按钮，如图5-3所示。

图5-3

**04** 选择"项目"面板中的"黑场视频"，并双击鼠标左键将其名称改为"背景"，如图5-4所示。

图5-4

**05** 选择"项目"面板中的"背景"，按住鼠标左键将其拖曳到V1轨道上，如图5-5所示。

图5-5

**06** 选择时间轴面板上的"背景"，在"效果"面板中搜索"渐变"效果，并按住鼠标左键将其拖曳到"背景"上，如图5-6所示。

图5-6

**07** 展开"效果控件"面板中的"渐变"效果，设置"渐变起点"为（360.0,288.0）、"起始颜色"为白色，再设置"渐变终点"为（360.0,742.0）、"结束颜色"为灰色、"渐变形状"为"径向渐变"，如图5-7所示。

**08** 在菜单栏中执行"字幕"|"新建字幕"|"默认静态字幕"命令，并在弹出的"新建字幕"对话框中设置"名称"，最后单击"确定"按钮，如图5-8所示。

**09** 在工具箱中单击"矩形工具"按钮▭，在工作区域画出7个矩形条，分别设置"颜色"为红色、橘色、黄色、绿色、青色、蓝色和紫色，再适当地调整位置，如图5-9所示。

图5-7

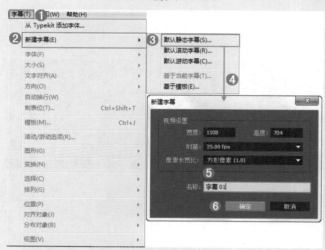

图5-8

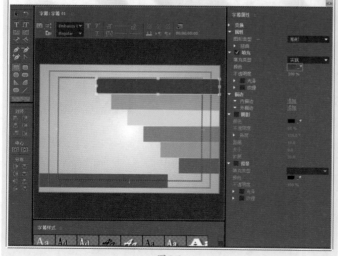

图5-9

**10** 同上的方法创建一些较细的矩形条，个别勾选"阴影"复选框，如图5-10所示。

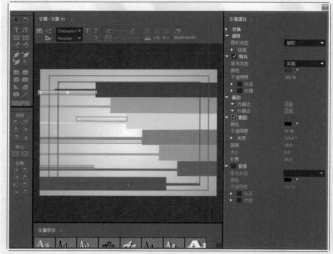

图5-10

提示

**矩形条的设置**

单击工具箱中的"矩形工具"按钮 ，并按住鼠标左键在工作区域中拖曳，便可创建矩形条。想要设置矩形条的宽窄，可以设置"高度"和"宽度"的数值，如图5-11所示。

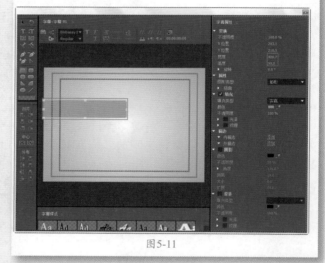

图5-11

**11** 单击工具箱中的"文字工具" ，并在工作区域输入"September" "November" "August" "January" "October" "March"和"December"，设置"字体系列"为Embassy、"字体大小"为59.4、"宽高比"为101.0%，设置"颜色"为白色，最后勾选"阴影"复选框，再适当调整字体位置，如图5-12所示。

**12** 拖动时间轴查看效果，如图5-13所示。

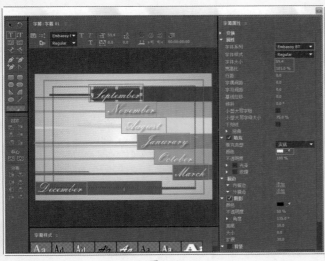

图5-12

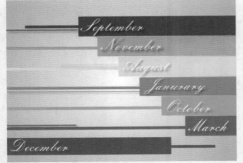

图5-13

图5-14

图5-15

图5-16

## 实例082 彩色文字效果——合成效果

| 文件路径 | 第5章\彩色文字效果 |
|---|---|
| 难易指数 | ★★★★★ |
| 技术掌握 | 关键帧动画 |

扫码深度学习

### 操作思路

本实例讲解了在Premiere Pro中使用关键帧动画设置素材的动画效果。

### 操作步骤

**01** 在菜单栏中执行"文件"|"新建"|"项目"命令，并在弹出的"新建项目"对话框中设置"名称"，接着单击"浏览"按钮设置保存路径，最后单击"确定"按钮，如图5-14所示。

**02** 在"项目"面板空白处双击鼠标左键，选择所需的"01.png"～"03.png"和"背景.jpg"素材文件，最后单击"打开"按钮，将它们进行导入，如图5-15所示。

**03** 选择"项目"面板中的素材文件，并按住鼠标左键依次将它们拖曳到轨道V1～V4上，如图5-16所示。

**04** 选择V2轨道上的"01.png"素材文件，将时间轴拖动到初始位置，并在"效果控件"面板中展开"运动"效果，单击"缩放"前面的 ，创建关键帧，设置"缩放"为0.0；将时间轴滑动到10帧的位置，设置"缩放"为100.0，如图5-17所示。

**05** 选择V3轨道上的"02.png"素材文件，将时间轴拖动到10帧的位置，单击"不透明度"前面的 ，创建关键帧，设置"不透明度"为0.0；将时间轴拖动到15帧位置，设置"缩放"为100.0、如图5-18所示。

**06** 选择V4轨道上的"03.png"素材文件，将时间轴拖动到15帧的位置，单击"位置"前面的 ，创建关键帧，设置"位置"为（250.0,128.0）；将时间轴拖动到1秒15帧的位置，设置"位置"为（250.0,350.0），如图5-19所示。

**07** 此时画面效果如图5-20所示。

图5-17　　　　　　　　　　图5-18

图5-19　　　　　　　　　　图5-20

色和红色，如图5-22所示。

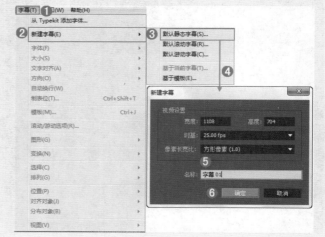

图5-21

图5-22

| 实例083 | 彩色文字效果——文字部分 |
|---|---|
| 文件路径 | 第5章 \ 彩色文字效果 |
| 难易指数 | ★★★★★ |
| 技术掌握 | ● 文字工具　　● 关键帧动画 |

## 🔲 操作思路

　　本实例讲解了在Premiere Pro中使用文字工具创建文字，使用关键帧动画创建文字动画。

## 🎙 操作步骤

**01** 在菜单栏中执行"字幕" | "新建字幕" | "默认静态字幕"命令，并在弹出的"新建字幕"对话框中设置"名称"，最后单击"确定"按钮，如图5-21所示。

**02** 在工具箱中单击"文字工具"按钮 **T**，并在工作区域输入英文，设置"字体系列"为DomLovesMaryPro、"字体大小"为26.0，设置"填充类型"为"四色渐变"，设置"颜色"为深蓝色、蓝色、粉

**03** 关闭字幕窗口。选择"项目"面板中的"字幕01"，并按住鼠标左键将其拖曳到V5轨道上，如图5-23所示。

图5-23

**04** 选择V5轨道上的"字幕01"，将时间轴拖动到1秒15帧的位置，单击"位置"前面的 **⊙**，创建关键帧，设置"位置"为（250.0,813.0）；将时间轴拖动到3秒10帧的位置，设置"位置"为（250.0,388.0），如图5-24所示。

**05** 拖动时间轴查看效果，如图5-25所示。

艺境 中文版Premiere Pro视频编辑剪辑设计与制作全视频 实战228例

图5-24

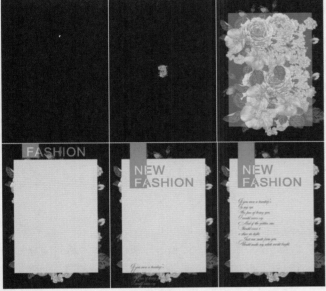

图5-25

## 实例084 创意清新合成效果——背景部分

| 文件路径 | 第5章\创意清新合成效果 |
|---|---|
| 难易指数 | ★★★★★ |
| 技术掌握 | 关键帧动画 |

扫码深度学习

### 操作思路

本实例讲解了在Premiere Pro中导入素材，并使用关键帧动画制作素材动画效果。

### 操作步骤

01 在菜单栏中执行"文件"｜"新建"｜"项目"命令，并在弹出的"新建项目"对话框中设置"名称"，接着单击"浏览"按钮设置保存路径，最后单击"确定"按钮，如图5-26所示。

图5-26

02 在"项目"面板空白处单击鼠标右键，执行"新建项目"｜"序列"命令。接着在弹出的"新建序列"对话框中选择DV-PAL文件夹下的"标准48kHz"，如图5-27所示。

图5-27

03 在"项目"面板空白处双击鼠标左键，选择所需的"01.png"～"04.png"和"背景.jpg"素材文件，最后单击"打开"按钮，将它们进行导入，如图5-28所示。

图5-28

04 选择"项目"面板中的素材文件，并按住鼠标左键将其拖曳到到轨道上，如图5-29所示。

图5-29

05 选择V1轨道上的"背景.jpg"素材文件，在"效果控件"面板中设置"缩放"为116.0，如图5-30所示。此时画面效果如图5-31所示。

图5-30　　　　　　　　图5-31

06 选择V2轨道上的"01.png"素材文件，将时间轴拖动到初始位置，单击"不透明度"前面的■，创建关键帧，设置"不透明度"为0.0；将时间轴拖动到20帧的位置，设置"不透明度"为100.0%，如图5-32所示。查看效果如图5-33所示。

图5-32　　　　　　　　图5-33

07 选择V3轨道上的"02.png"素材文件，设置"缩放"为106.0，将时间轴拖动到20帧的位置，单击"位置"前面的■，创建关键帧，设置"位置"为（357.0，209.0）；将时间轴拖动到1秒10帧的位置，设置"位置"为（357.0，265.0），如图5-34所示。查看效果如图5-35所示。

 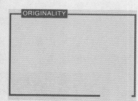

图5-34　　　　　　　　图5-35

08 选择V4轨道上的"03.png"素材文件，设置"位置"为（561.3，317.0），将时间轴拖动到1秒10

帧的位置，单击"缩放"前面的■，创建关键帧，设置"缩放"为0.0；将时间轴拖动到2秒05帧的位置，设置"缩放"为130.0，如图5-36所示。查看效果如图5-37所示。

图5-36　　　　　　　　图5-37

实例085　创意清新合成效果——文字部分

| 文件路径 | 第5章 \ 创意清新合成效果 | |
|---|---|---|
| 难易指数 | ★★★★★ |  |
| 技术掌握 | ● 关键帧动画　● 文字工具 | 扫码深度学习 |

操作思路

　　本实例讲解了在Premiere Pro中使用关键帧动画、文字工具制作文字的动画效果。

操作步骤

01 选择V5轨道上的"04.png"素材文件，将时间轴拖动到2秒05帧的位置，单击"位置"前面的■，创建关键帧，设置"位置"为（358.0，539.0）；将时间轴拖动到3秒05帧的位置，设置"位置"为（358.0，288.0），如图5-38所示。查看效果如图5-39所示。

图5-38　　　　　　　　图5-39

02 在菜单栏中执行"字幕" | "新建字幕" | "默认静态字幕"命令，并在弹出的"新建字幕"对话框中设

艺境 中文版Premiere Pro视频编辑剪辑设计与制作全视频 实战228例

置"名称",最后单击"确定"按钮,如图5-40所示。

图5-40

03 在工具箱中单击"文字工具"按钮█,并在工作区域输入"LIGHT",设置"字体系列"为Simplified Arabic Fixed、"字体大小"为147.0,设置"填充类型"为"线性渐变"、"颜色"为黄色和红色、"角度"为39,最后勾选"阴影"复选框,如图5-41所示。

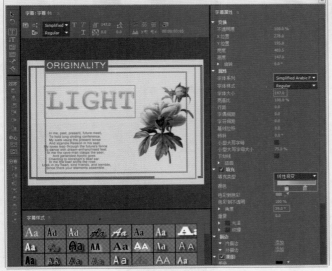

图5-41

04 关闭字幕窗口。选择"项目"面板中的"字幕01",并按住鼠标左键将其拖曳到V6轨道上,如图5-42所示。

图5-42

05 选择V6轨道上的"字幕01",并按住Alt键的同时按住鼠标左键将其拖曳复制到V7轨道上,如图5-43所示。

06 选择V6轨道上的"字幕01"素材文件,在"效果控件"面板中将时间线拖动到3秒05帧位置,单击"位置"前面的█,创建关键帧。并设置"位置"为(-79.0,288.0),将时间轴滑动到4秒05帧的位置,设置"位置"为(360.0,288.0),如图所5-44所示。

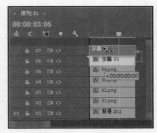

图5-43

07 选择V7轨道上复制的"字幕01",双击鼠标左键展开字幕窗口,将文字改为APPCC,设置"颜色"为红色和蓝色,如图5-45所示。

图5-44　　　　　　图5-45

08 关闭字幕窗口。在"效果控件"面板中展开"运动"效果,设置"位置"为(576.0,473.0)、"缩放"为37.0,如图5-46所示。

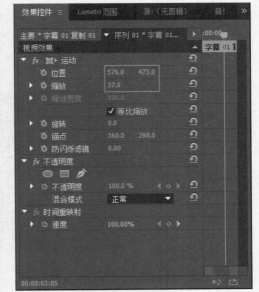

图5-46

09 拖动时间轴查看效果,如图5-47所示。

图5-47

## 实例086 电影海报——基础文字

| 文件路径 | 第5章 \ 电影海报 |
|---|---|
| 难易指数 | ⭐⭐⭐⭐⭐ |
| 技术掌握 | 文字工具 |

扫码深度学习

### 操作思路

本实例讲解了在Premiere Pro中使用文字工具制作普通的基础文字效果。

### 操作步骤

**01** 在菜单栏中执行"文件"｜"新建"｜"项目"命令，并在弹出的"新建项目"对话框中设置"名称"，接着单击"浏览"按钮设置保存路径，最后单击"确定"按钮，如图5-48所示。

图5-48

**02** 在"项目"面板空白处单击鼠标右键，执行"新建项目"｜"序列"命令。接着在弹出的"新建序列"对话框中选择DV-PAL文件夹下的"标准48kHz"，如图5-49所示。

图5-49

**03** 在"项目"面板空白处双击鼠标左键，选择所需的"01.jpg"素材文件，最后单击"打开"按钮，将其进行导入，如图5-50所示。

图5-50

**04** 在"项目"面板的菜单栏中执行"新建项"｜"黑场视频"命令，此时会弹出"新建黑场视频"对话框，单击"确定"，如图5-51所示。

图5-51

**05** 在"项目"面板中双击"黑场视频"，重命名为"背景"，如图5-52所示。

图5-52

**06** 选择"项目"面板中的"背景"，并按住鼠标左键将其拖曳到V1轨道上，如图5-53所示。

图5-53

07 选择V1轨道上的"背景",在"效果"面板中搜索"渐变"效果,并按住鼠标左键将其拖曳到"背景"上,如图5-54所示。

图5-54

08 在"效果控件"面板中展开"渐变"效果,设置"起始颜色"为绿色、"结束颜色"为黄色,如图5-55所示。

图5-55

09 继续在"效果"面板中搜索Lumetri Color效果,并按住鼠标左键将其拖曳到"背景"素材文件上,如图5-56所示。

图5-56

10 将"项目"面板中的"01.jpg"素材文件拖拽到时间轴面板中的V2轨道上,如图5-57所示。

11 选择V2轨道上的"01.jpg"素材文件,在"效果控件"面板中设置"缩放"为147.0,如图5-58所示。

图5-57　　　图5-58

12 在菜单栏中执行"字幕"|"新建字幕"|"默认静态字幕"命令,并在弹出的"新建字幕"对话框中设置"名称",单击"确定"按钮,如图5-59所示。

图5-59

13 在工具箱中单击"文字工具"按钮 T,并在工作区域拖曳绘制一个文本框,在文本框中输入合适的文字,并设置合适的"字体系列",选择前两行文字,设置"字体大小"为187.0,选择最后一行文字,设置"字体大小"为153.0,如图5-60所示。

图5-60

14 关闭字幕窗口。选择"项目"面板中的"字幕01",并按住鼠标左键将其拖曳到V3轨道上,如图5-61所示。

图5-61

15 此时文字效果如图5-62所示。

图5-62

## 实例087　电影海报——混合文字

| 文件路径 | 第5章\电影海报 |
| --- | --- |
| 难易指数 | ★★★★★ |
| 技术掌握 | ● "轨道遮罩键"效果<br>● Lumetri Color 效果 |

### 操作思路

本实例讲解了在Premiere Pro中使用"轨道遮罩键"效果、Lumetri Color效果制作混合文字效果。

### 操作步骤

**01** 选择V2轨道上的"01.jpg"素材文件，在"效果"面板中搜索"轨道遮罩键"，并按住鼠标左键将其拖曳到"01.jpg"素材文件上，如图5-63所示。

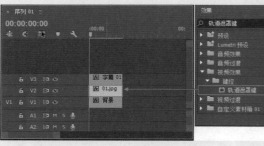

图5-63

**02** 在"效果控件"面板中展开"轨道遮罩键"效果，设置"遮罩"为"视频3"，如图5-64所示。

**03** 选择V1轨道上的"背景"，在"效果"面板中搜索Lumetri Color效果，并按住鼠标左键将其拖曳到"背景"上，如图5-65所示。

**04** 在"效果控件"面板中展开Lumetri Color效果，设置"数量"为-5.0、"中点"为25.0、"圆度"为51.0、"羽化"为65.0，如图5-66所示。

图5-64

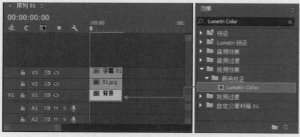

图5-65

**05** 拖动时间轴查看效果，如图5-67所示。

图5-66　　　　　图5-67

## 实例088　光影文字效果

| 文件路径 | 第5章\光影文字效果 |
| --- | --- |
| 难易指数 | ★★★★★ |
| 技术掌握 | ● 文字工具　● "Alpha 发光"效果 |

### 操作思路

本实例讲解了在Premiere Pro中使用文字工具、"Alpha发光"效果制作光影文字。

### 操作步骤

**01** 在菜单栏中执行"文件"|"新建"|"项目"命令，并在弹出的"新建项目"对话框中设置"名称"，接着单击"浏览"按钮设置保存路径，最后单击"确定"按钮，如图5-68所示。

图5-68

**02** 在"项目"面板空白处单击鼠标右键，执行"新建项目"|"序列"命令。接着在弹出的"新建序列"对话框中选择DV-PAL文件夹下的"标准48kHz"，如图5-69所示。

图5-69

03 在"项目"面板空白处双击鼠标左键，选择所需的"背景.jpg"素材文件，最后单击"打开"按钮，将其进行导入，如图5-70所示。

图5-70

04 选择"项目"面板中的"背景.jpg"素材文件，并按住鼠标左键将其拖曳到V1轨道上，如图5-71所示。

图5-71

05 选择V1轨道上的"背景.jpg"素材文件，在"效果控件"面板中展开"运动"效果，设置"位置"为（314.0,288.0）、"缩放"为82.0，如图5-72所示。

06 在菜单栏中执行"字幕" | "新建字幕" | "默认静态字幕"命令，并在弹出的"新建字幕"对话框中设置"名称"，最后单击"确定"按钮，如图5-73所示。

07 在工具箱中单击"文字工具"按钮，并在工作区域输入"STARLIGHT"，设置"字体系列"为

Aharoni、"字体大小"为173.0、"宽高比"为82.6%，设置"颜色"为白色，再单击"外描边"后面的"添加"，设置"类型"为"深度"、"大小"为17.0，如图5-74所示。

图5-72

图5-73

图5-74

08 关闭字幕窗口。选择"项目"面板中的"字幕01"，按住鼠标左键将其拖曳到V2轨道上，如图5-75所示。

图5-75

**09** 在"效果"面板中搜索"Alpha发光"效果,并按住鼠标左键将其拖曳到"字幕01"上,如图5-76所示。

图5-76

**10** 在"效果控件"面板中展开"Alpha发光"效果,设置"发光"为16、"亮度"为187、"起始颜色"为浅蓝色、"结束颜色"为深蓝色,如图5-77所示。

图5-77

**淡出的作用**

在本实例中,设置完一些参数后需要勾选"淡出"复选框,让光感有一个淡出的效果,如图5-78所示。如果不勾选该复选框,光感会显得较为突兀,没有质感,如图5-79所示。

图5-78

图5-79

**11** 拖动时间轴查看效果,如图5-80所示。

图5-80

| 实例089 | 海报文字效果——图像效果 |
|---|---|
| 文件路径 | 第5章\海报文字效果 |
| 难易指数 | ★★★★★ |
| 技术掌握 | "投影"效果 |

扫码深度学习

**操作思路**

本实例讲解了在Premiere Pro中为素材添加"投影"效果,并制作出柔和的阴影效果。

**操作步骤**

**01** 在菜单栏中执行"文件"|"新建"|"项目"命令,并在弹出的"新建项目"对话框中设置"名称",接着单击"浏览"按钮设置保存路径,最后单击"确定"按钮,如图5-81所示。

**02** 在"项目"面板空白处双击鼠标左键,选择所需的"01.png"和"背景.jpg"素材文件,最后单击"打开"按钮,它们其进行导入,如图5-82所示。

**03** 选择"项目"面板中的"01.png"和"背景.jpg"素材文件,并按住鼠标左键依次将它们拖曳到V1和V2轨道上,如图5-83所示。

**04** 选择V2轨道上的"01.png"素材文件,在"效果控件"面板中展开"运动"效果,设置"位置"为(384.5,547.0)、"缩放"为85.0,如图5-84所示。

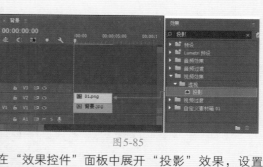

图5-81

图5-82

图5-83

图5-84

05 在"效果"面板中搜索"投影"效果,并按住鼠标左键将其拖曳到"01.png"素材文件上,如图5-85所示。

图5-85

06 在"效果控件"面板中展开"投影"效果,设置"阴影颜色"为灰色、"不透明度"为100%、"方向"为108.0°、"距离"为0.0、"柔和度"为86.0,如图5-86所示。

07 此时画面效果如图5-87所示。

图5-86　　　　　　　　图5-87

| 实例090 | 海报文字效果——文字效果 |
|---|---|
| 文件路径 | 第5章\海报文字效果 |
| 难易指数 | ★★★★★ |
| 技术掌握 | 文字工具 |

扫码深度学习

### 操作思路

本实例讲解了在Premiere Pro中使用文字工具创建文字,并通过修改参数使其产生三维金属质感的渐变文字效果。

### 操作步骤

01 在菜单栏中执行"字幕"|"新建字幕"|"默认静态字幕"命令,并在弹出的"新建字幕"对话框中设置"名称",最后单击"确定"按钮,如图5-88所示。

02 在工具箱中单击"文字工具"按钮 T,并在工作区域输入"optimistic",设置"字体系列"为Clarendon Blk BT,选择字体optimistic,设置"字体大小"为60.0,输入"ACTIVE",设置"字体大小"为136.0,如图5-89所示。

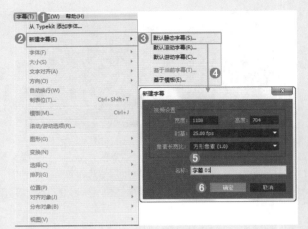

图5-88

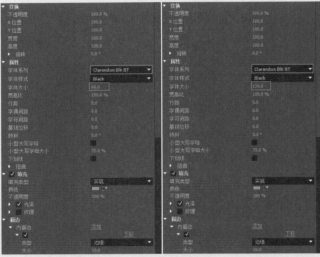

图5-89

03 选择工作区域的字体，设置"颜色"为橘黄色，勾选"光泽"复选框，设置光泽"颜色"为黄色，设置"大小"为57.0、"角度"为20.0、"偏移"为9.0，如图5-90所示。

图5-90

04 单击"内描边"后面的"添加"，设置"类型"为"边缘"、"颜色"为黄色；再次单击"外描边"后面的"添加"，设置"类型"为"深度"、"大小"为85.0、"角度"为30.0，设置"填充类型"为"实底"，"颜色"为褐色，如图5-91所示。

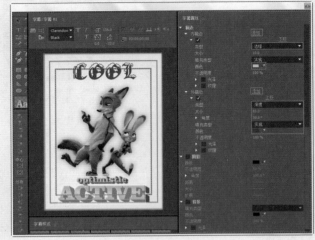

图5-91

05 再次单击"文字工具"按钮 T，并在工作区域输入"COOL"，设置"字体系列"为Gothic Winter，设置"颜色"为褐色，如图5-92所示。

图5-92

06 关闭字幕窗口。选择"项目"面板中的"字幕01"，并按住鼠标左键将其拖曳到V3轨道上，如图5-93所示。

图5-93

07 拖动时间轴查看效果，如图5-94所示。

图5-94

## 实例091　几何图形上的字体效果

| 文件路径 | 第5章\几何图形上的字体效果 |
|---|---|
| 难易指数 | ★★★★★ |
| 技术掌握 | ● 文字工具　　　　　● 矩形工具<br>● "波形变形"效果 |

扫码深度学习

### 操作思路

本实例讲解了在Premiere Pro中使用文字工具、矩形工具、"波形变形"效果制作几何图形上的字体效果。

### 操作步骤

**01** 在菜单栏中执行"文件"｜"新建"｜"项目"命令，并在弹出的"新建项目"对话框中设置"名称"，接着单击"浏览"按钮设置保存路径，最后单击"确定"按钮，如图5-95所示。

图5-95

**02** 在"项目"面板空白处单击鼠标右键，执行"新建项目"｜"序列"命令。接着在弹出的"新建序列"对话框中选择DV-PAL文件夹下的"标准48kHz"，如图5-96所示。

**03** 在"项目"面板空白处双击鼠标左键，选择所需的"01.png""02.png"和"背景.jpg"素材文件，最后单击"打开"按钮，将它们进行导入，如图5-97所示。

**04** 选择"项目"面板中的"背景.jpg"和"02.png"素材文件，并按住鼠标左键依次将它们拖曳到V1和V2轨道上，如图5-98所示。

图5-96

图5-97

图5-98

**05** 选择V2轨道上的"02.png"素材文件，在"效果控件"面板中展开"运动"效果，设置"位置"为（388.0,288.0）、"缩放"为87.0，如图5-99所示。

**06** 在菜单栏中执行"字幕"｜"新建字幕"｜"默认静态字幕"命令，并在弹出的"新建字幕"对话框中设置"名称"，最后单击"确定"按钮，如图5-100所示。

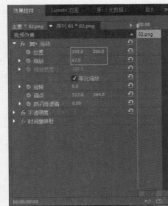

图5-99

图5-100

07 在工具箱中单击"文字工具"按钮 T，并在工作区域输入"MAGIC SQUARE"，设置"字体系列"为Vijaya、"字体大小"为39.0，勾选"小型大写字母"复选框，设置"旋转"为335.0°、"倾斜"为22.0°，设置"颜色"为白色，勾选"阴影"复选框，设置"角度"为135.0°、"扩展"为30.0，如图5-101所示。

图5-101

08 在工具箱中单击"矩形工具"按钮 ■，然后按住Shift键在工作区域画出等比例矩形，设置"颜色"为洋红色，单击"外描边"后面的"添加"，设置"类型"为"深度"、"大小"为16.0、"角度"为49.0°，再设置填充"颜色"为深粉色，最后设置"旋转"为353.0°，如图5-102所示。

提示 创建等比例矩形

在画矩形时，单击"矩形工具"按钮，再按住Shift键，可以画出等比例的矩形。

09 单击"文字工具"按钮 T，并在工作区域输入"A"，设置"字体系列"为Aharoni、"字体大小"为100.0，"旋转"为353.0°，设置"颜色"为灰色，如图5-103所示。

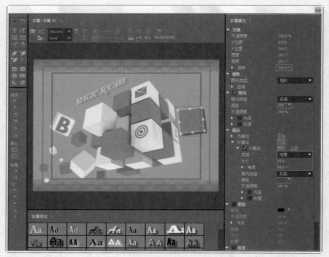

图5-102

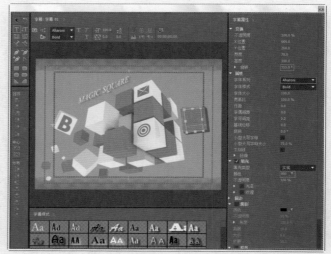

图5-103

10 按此方法制作出白色正方体和B字体，如图5-104所示。

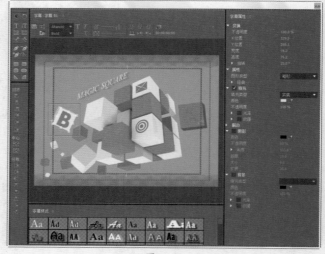

图5-104

中文版Premiere Pro视频编辑剪辑设计与制作全视频 实战228例

11 关闭字幕窗口。选择"项目"面板中的"字幕01"，并按住鼠标左键将其拖曳到V3轨道上，如图5-105所示。

图5-105

12 选择V1轨道上的"背景.jpg"素材文件，在"效果"面板中搜索"波形变型"，按住鼠标左键将其拖曳到"背景.jpg"素材文件上，如图5-106所示。

图5-106

13 在"效果控件"面板中展开"波形变形"效果，设置"波形高度"为150，如图5-107所示。

14 拖动时间轴查看效果，如图5-108所示。

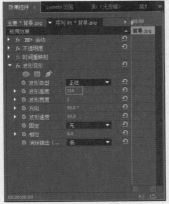

图5-107

图5-108

### 实例092　浪漫的条纹字体

| 文件路径 | 第5章\浪漫的条纹字体 |
|---|---|
| 难易指数 | ★★★★★ |
| 技术掌握 | ● 文字工具　　● "百叶窗"效果 |

Q扫码深度学习

#### 操作思路

本实例讲解了在Premiere Pro中使用文字工具创建文字，并使用"百叶窗"效果制作双色条纹字体。

#### 操作步骤

01 在菜单栏中执行"文件"｜"新建"｜"项目"命令，并在弹出的"新建项目"对话框中设置"名称"，接着单击"浏览"按钮设置保存路径，最后单击"确定"按钮，如图5-109所示。

图5-109

02 在"项目"面板空白处单击鼠标右键，执行"新建项目"｜"序列"命令。接着在弹出的"新建序列"对话框中选择DV-PAL文件夹下的"标准48kHz"，如图5-110所示。

图5-110

03 在"项目"面板空白处双击鼠标左键，选择所需的"背景.jpg"素材文件，最后单击"打开"按钮，将其进行导入，如图5-111所示。

图5-111

**04** 选择"项目"面板中的"背景.jpg"素材文件,并按住鼠标左键将其拖曳到V1轨道上,如图5-112所示。

图5-112

**05** 选择V1轨道上的"背景.jpg"素材文件,在"效果控件"面板中展开"运动"效果,设置"缩放"为154.0,如图5-113所示。

图5-113

**06** 在菜单栏中执行"字幕"|"新建字幕"|"默认静态字幕"命令,并在弹出的"新建字幕"对话框中设置"名称",最后单击"确定"按钮,如图5-114所示。

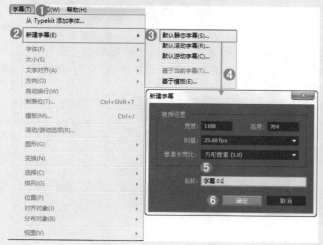

图5-114

**07** 在工具箱中单击"文字工具"按钮T,并在工作区域输入"ROMANTIC",设置"字体系列"为Cooper

Std、"字体大小"为154.0、"宽高比"为62.5%,设置"颜色"为黄色,再单击"外描边"后面的"添加",设置"类型"为"深度"、"大小"为32.0,设置填充"颜色"为深黄色,如图5-115所示。

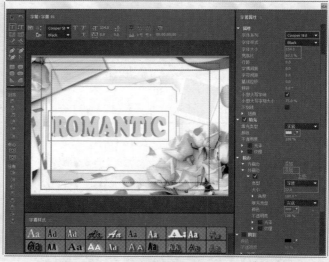

图5-115

**08** 关闭字幕窗口。选择"项目"面板中的"字幕01",并按住鼠标左键将其拖曳到V2轨道上,如图5-116所示。

图5-116

**09** 选择V2轨道上的"字幕01",按住Alt键的同时按住鼠标左键将其拖曳复制到V3轨道上,如图5-117所示。

**10** 选择V3轨道上的"字幕01复制01",双击展开此字幕窗口,设置"颜色"为绿色,设置填充"颜色"为深绿色,如图5-118所示。

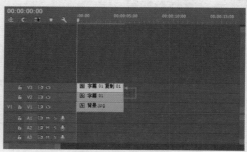

图5-117

**11** 在"效果"面板中搜索"百叶窗"效果,并按住鼠标左键将其拖曳到"字幕01复制01"上,如图5-119所示。

图5-118

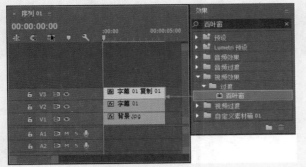

图5-119

**12** 在"效果控件"面板中展开"百叶窗"效果，设置"过渡完成"为40%、"方向"为51.0°、"宽度"为30，如图5-120所示。

> **提示**
>
> **"百叶窗"效果中参数的作用**
>
> 在"百叶窗"效果中，设置"过渡完成"数值可以调整条纹的宽度，设置"方向"数值可以调整条纹倾斜的方向，设置"宽度"数值可以调整条纹的宽度。

**13** 关闭字幕窗口。拖动时间轴查看效果，如图5-121所示。

图5-120          图5-121

# 实例093  立体文字效果

| | |
|---|---|
| 文件路径 | 第5章\立体文字效果 |
| 难易指数 | ★★★★★ |
| 技术掌握 | ● 文字工具     ● "投影"效果<br>● "球面化"效果  ● 关键帧动画 |

扫码深度学习

## 操作思路

本实例讲解了在Premiere Pro中使用文字工具、"投影"效果、"球面化"效果、关键帧动画制作立体文字动画效果。

## 操作步骤

**01** 在菜单栏中执行"文件"|"新建"|"项目"命令，并在弹出的"新建项目"对话框中设置"名称"，接着单击"浏览"按钮设置保存路径，最后单击"确定"按钮，如图5-122所示。

图5-122

**02** 在"项目"面板空白处单击鼠标右键，执行"新建项目"|"序列"命令。接着在弹出的"新建序列"对话框中选择DV-PAL文件夹下的"标准48kHz"，如图5-123所示。

图5-123

**03** 在"项目"面板空白处双击鼠标左键，选择所需的"背景.jpg"素材文件，最后单击"打开"按钮，将其进行导入，如图5-124所示。

图5-124

04 选择V1轨道上的"背景.jpg"素材文件,在"效果控件"面板中展开"运动"效果,设置"位置"为(554.0,352.0)、"缩放"为109.0,如图5-125所示。查看效果如图5-126所示。

图5-125　　　　　　　图5-126

05 在菜单栏中执行"字幕"|"新建字幕"|"默认静态字幕"命令,并在弹出的"新建字幕"对话框中设置"名称",最后单击"确定"按钮,如图5-127所示。

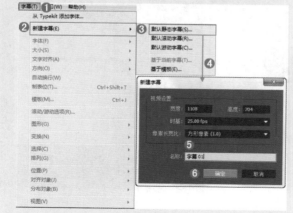

图5-127

06 在工具箱中单击"文字工具"按钮,并在工作区域输入"ART",设置"字体系列"为Cooper Std,

"字体大小"为239.0、"宽高比"为85.5%,设置"颜色"为绿色,再单击"外描边"后面的"添加",设置"类型"为"深度"、"大小"为24.0、"填充类型"为"实底"、"颜色"为黄色,如图5-128所示。

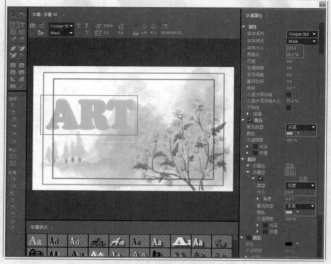

图5-128

07 关闭字幕窗口。选择"项目"面板中的"字幕01",按住鼠标左键将其拖曳到V2轨道上,如图5-129所示。

图5-129

08 选择V2轨道上的"字幕02",在"效果控件"面板中展开"运动"效果,设置"位置"为(554.0,352.0),如图5-130所示。

图5-130

09 选择V2轨道上的"字幕02",在"效果"面板中搜索"投影"效果,并按住鼠标左键将其拖曳到"字幕02"上,如图5-131所示。

图5-131

**10** 在"效果控件"面板中展开"投影"效果，设置"不透明度"为60%、"方向"为135.0°、"距离"为23.0、"柔和度"为8.0。将时间轴拖动到初始位置，设置"不透明度"为0.0；将时间轴拖动到4秒20帧的位置，设置"不透明度"为100.0%，如图5-132所示。

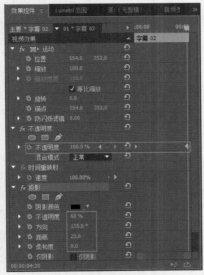

图5-132

**11** 在"效果"面板中搜索"球面化"效果，按住鼠标左键将其拖曳到V2轨道的"字幕02"上，如图5-133所示。

图5-133

**12** 在"效果控件"面板中展开"球面化"效果，将时间轴拖动到初始位置，单击"半径"前面的🕐，创建关键帧。设置"半径"为1717；将时间轴拖动到1秒时，设置"半径"为1393；将时间轴拖动到2秒时，设置"半径"为895；将时间轴拖动到3秒时，设置"半径"为280；将时间轴拖动到4秒，设置"半径"为232.0；最后将时间轴拖动到4秒20帧，设置"半径"为0.0，如图5-134所示。

图5-134

**13** 拖动时间轴查看效果，如图5-135所示。

图5-135

| 实例094 | 模糊字体效果 |
| --- | --- |

| 文件路径 | 第5章\模糊字体效果 | |
| --- | --- | --- |
| 难易指数 | ★★★★★ | |
| 技术掌握 | ● 文字工具<br>● "高斯模糊"效果 | ● "紊乱置换"效果<br>● 关键帧动画 |

🔍扫码深度学习

💡**操作思路**

本实例讲解了在Premiere Pro中使用文字工具、"紊乱置换"效果、"高斯模糊"效果、关键帧动画制作字体模糊动画效果。

🎤**操作步骤**

**01** 在菜单栏中执行"文件"｜"新建"｜"项目"命令，并在弹出的"新建项目"对话框中设置"名称"，接着单击"浏览"按钮设置保存路径，最后单击"确定"按钮，如图5-136所示。

**02** 在"项目"面板空白处单击鼠标右键，执行"新建项目"｜"序列"命令。接着在弹出的"新建序列"对话框中选择DV-PAL文件夹下的"标准48kHz"，如图5-137所示。

图 5-136

图 5-139

图 5-140

**06** 在工具箱中单击"文字工具"按钮 **T**，并在工作区域输入"SPRING"，设置"字体系列"为Beetlej、"字体大小"为76.0、"宽高比"为100.0%，设置"颜色"为白色，再勾选"阴影"复选框，如图5-141所示。

图 5-137

**03** 在"项目"面板空白处双击鼠标左键，选择所需的"01.jpg"素材文件，最后单击"打开"按钮，将其进行导入，如图5-138所示。

图 5-138

**04** 选择"项目"面板中的"01.jpg"素材文件，并按住鼠标左键将其拖曳到V1轨道上，如图5-139所示。

**05** 在菜单栏中执行"字幕"|"新建字幕"|"默认静态字幕"命令，并在弹出的"新建字幕"对话框中设置"名称"，最后单击"确定"按钮，如图5-140所示。

图 5-141

**07** 关闭字幕窗口。选择"项目"面板中的"字幕01"，并按住鼠标左键将其拖曳到V2轨道上，如图5-142所示。

图 5-142

中文版Premiere Pro视频编辑剪辑设计与制作全视频 实战228例

08 选择V2轨道上的"字幕01",将时间轴拖动到初始位置,再单击"效果控件"面板中"缩放"位置前面的 ,创建关键帧,并设置"缩放"为0.0。将时间轴拖动到15帧时,设置"缩放"为100.0,如图5-143所示。

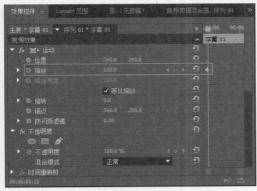

图5-143

09 在"效果"面板中搜索"紊乱置换"效果,并按住鼠标左键将其拖曳到"字幕01"上,如图5-144所示。

图5-144

10 在"效果控件"面板中展开"紊乱置换"效果,设置"置换"为"湍流"。将时间轴拖动到初始位置时,单击"数量"和"偏移(湍流)"前面的 ,创建关键帧,并设置"数量"为0.0、"偏移(湍流)"为(222.0,288.0);将时间轴拖动到2秒时,设置"数量"为53.0,"偏移(湍流)"为(222.0,288.0);将时间轴拖动到3秒时,设置"偏移(湍流)"为(439.0,288.0),如图5-145所示。

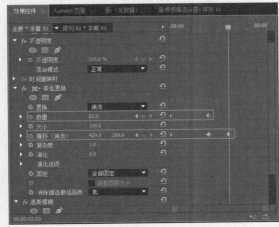

图5-145

11 在"效果"面板中收缩"高斯模糊"效果,并按住鼠标左键将其拖曳到"字幕01"上,如图5-146所示。

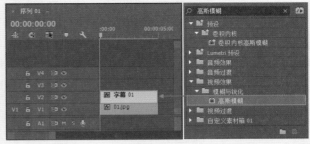

图5-146

12 在"效果控件"面板中展开"高斯模糊"效果,将时间轴拖动到初始位置,单击"模糊度"前面的 ,创建关键帧,并设置"模糊度"为0.0;将时间轴拖动到2秒的位置,设置"模糊度"为15.0;将时间轴滑动到3秒的位置,设置"模糊度"为200.0,如图5-147所示。

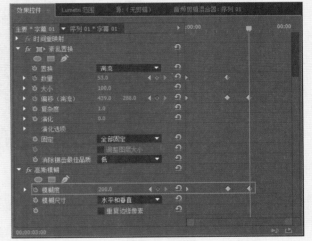

图5-147

13 拖动时间轴查看效果,如图5-148所示。

图5-148

## 实例095　闹元宵缩放动画效果

| 文件路径 | 第5章\闹元宵缩放动画效果 |
|---|---|
| 难易指数 | ★★★★★ |
| 技术掌握 | 关键帧动画 |

🔍扫码深度学习

### 💡操作思路

本实例讲解了在Premiere Pro中使用关键帧动画制作动画背景，并合成闹元宵文字素材，完成作品制作。

### 🎙操作步骤

**01** 在菜单栏中执行"文件"｜"新建"｜"项目"命令，并在弹出的"新建项目"对话框中设置"名称"，接着单击"浏览"按钮设置保存路径，最后单击"确定"按钮。如图5-149所示。

图5-149

**02** 在"项目"面板空白处单击鼠标右键，执行"新建项目"｜"序列"命令。接着在弹出的"新建序列"对话框中选择DV-PAL文件夹下的"标准48kHz"，如图5-150所示。

图5-150

**03** 在"项目"面板空白处双击鼠标左键，选择所需的"01.png"～"05.png"和"背景.jpg"素材文件，最后单击"打开"按钮，将它们进行导入，如图5-151所示。

图5-151

**04** 选择"项目"面板中的素材文件，并按住鼠标左键依次将其拖曳到轨道V1～V5上，如图5-152所示。

图5-152

**05** 选择V1轨道上的"背景.jpg"素材文件，并在"效果控件"面板中展开"运动"效果，设置"缩放"为105，如图5-153所示。

图5-153

**06** 选择V2轨道上的"01.png"素材文件，将时间轴滑动到初始位置，单击"缩放""旋转"和"不透明度"前面的◎，创建关键帧，设置"缩放"为0.0，"旋转"为1x0.0°、"不透明度"为0.0；将时间轴拖动到1秒20帧的位置，设置"缩放"为100.0，"旋转"为1x0.0°、"不透明度"为100.0%，如图5-154所示。查看效果如图5-155所示。

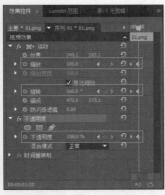

图5-154

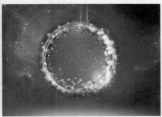

图5-155

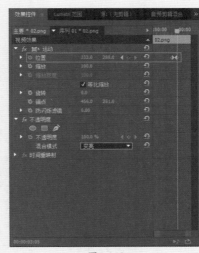

图5-159

09 选择V5轨道上的"04.png"素材文件，设置"缩放"为105.0。将时间轴拖动到3秒05帧的位置，单击"位置"前面的 ⏱，创建关键帧，并设置"位置"为（235.0,288.0）；将时间轴拖动到4秒的位置，设置"位置"为（379.7,287.4），设置"混合模式"为"强光"，如图5-160和图5-161所示。

图5-160

图5-161

07 选择V3轨道上的"03.png"素材文件，将时间轴滑动到1秒20帧的位置，单击"缩放"前面的 ⏱，创建关键帧；并设置"缩放"为0.0；将时间轴拖动到2秒15帧的位置，设置"缩放"为100.0，如图5-157和图5-158所示。

10 选择V6轨道上的"05.png"素材文件，设置"缩放"为104.0。将时间轴拖动到3秒15帧的位置，单击"位置"前面的 ⏱，创建关键帧，并设置"位置"为（472.0,288.0）；将时间轴拖动到4秒的位置，设置"位置"为（332.0,288.0），设置"混合模式"为"强光"，如图5-162和图5-163所示。

图5-157

图5-158

08 选择V4轨道上的"02.png"素材文件，将时间轴拖动到2秒15帧的位置，单击"位置"前面的 ⏱，创建关键帧，并设置"位置"为（838.0,288.0）；将时间轴拖动到3秒05帧的位置，设置"位置"为（333.0,288.0），设置"混合模式"为"变亮"，如图5-159所示。

图5-162

图5-163

艺境／第5章 文字效果／

实战228例

Premiere Pro

11 拖动时间轴查看效果，如图5-164所示。

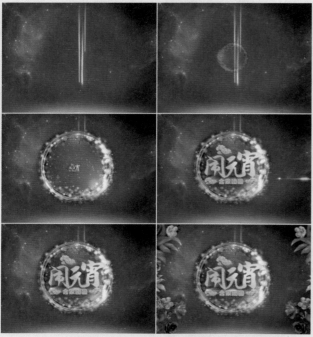

图5-164

| 实例096 | 女装宣传海报合成效果 |
| --- | --- |
| 文件路径 | 第5章 \ 女装宣传海报合成效果 |
| 难易指数 | ★★★★★ |
| 技术掌握 | 关键帧动画 |

Ｑ扫码深度学习

### 操作思路

本实例讲解了在Premiere Pro中使用关键帧动画制作动画效果，并合成文字素材，完成作品制作。

### 操作步骤

01 在菜单栏中执行"文件"｜"新建"｜"项目"命令，并在弹出的"新建项目"对话框中设置"名称"，接着单击"浏览"按钮设置保存路径，最后单击"确定"按钮，如图5-165所示。

02 在"项目"面板空白处双击鼠标左键，选择所需的"01.png"～"04.png"和"背景.jpg"素材文件，最后单击"打开"按钮，将它们进行导入，如图5-166所示。

03 选择"项目"面板中的素材文件，并按住鼠标左键依次将它们拖曳到轨道V1～V5上，如图5-167所示。

04 显现并选择V2轨道上的"01.png"素材文件，将时间轴拖动到初始位置。在"效果控件"面板中展开"运动"效果，单击"位置"前面的◎，创建关键帧，设置"位置"为（626.0，−154.0）；将时间轴拖动到10帧

的位置，设置"位置"为（626.0，325.0），如图5-168所示。查看效果如图5-169所示。

图5-165

图5-166

图5-167

图5-168

图5-169

05 显现并选择V3轨道上的"02.png"素材文件，将时间轴拖动到10帧的位置，并在"效果控件"面板中

展开"运动"效果，取消勾选"等比缩放"复选框，单击"缩放高度"前面的 ⊙，创建关键帧，设置"缩放高度"为0.0；将时间轴拖动到20帧的位置，设置"缩放高度"为100.0，如图5-170所示。查看效果如图5-171所示。

图5-170

图5-171

06 显现并选择V4轨道上的"03.png"素材文件，将时间轴拖动到20帧的位置；并单击"位置"前面的 ⊙，创建关键帧，设置"位置"为（484.0,325.0），将时间轴拖动到1秒15帧的位置，设置"位置"为（623.0,325.0），如图5-172所示。查看效果如图5-173所示。

图5-172

图5-173

07 显现并选择V5轨道上的"04.png"素材文件，设置"位置"为（592.3,196.2）。将时间轴拖动到1秒15帧的位置，并单击"缩放"前面的 ⊙，创建关键帧，设置"缩放"为0.0；将时间轴拖动到2秒10帧的位置，设置"缩放"为100.0，如图5-174所示。查看效果如图5-175所示。

图5-174

图5-175

08 拖动时间轴查看效果，如图5-176所示。

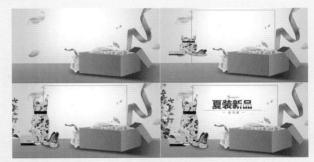
图5-176

## 实例097 情人节海报效果——合成部分

| 文件路径 | 第5章 \ 情人节海报效果 |
| --- | --- |
| 难易指数 | ★★★★★ |
| 技术掌握 | 关键帧动画 |

扫码深度学习

💡 操作思路

本实例讲解了在Premiere Pro中使用关键帧动画制作情人节海报效果中的合成部分。

🎤 操作步骤

01 在菜单栏中执行"文件" | "新建" | "项目"命令，并在弹出的"新建项目"对话框中设置"名称"，接着单击"浏览"按钮设置保存路径，最后单击"确定"按钮，如图5-177所示。

图5-177

02 在"项目"面板空白处双击鼠标左键，选择所需的"01.png"~"05.png"和"背景.jpg"素材文件，最后单击"打开"按钮，将它们进行导入，如图5-178所示。

03 选择"项目"面板中的素材文件，并按住鼠标左键依次将它们拖曳到轨道上，如图5-179所示。

图5-178

图5-179

04 为了便于操作，将V4~V6轨道进行隐藏。选择V2轨道上的"05.png"素材文件，将时间轴拖动到10帧的位置，单击"缩放"前面的 🔘，创建关键帧，并设置"缩放"为0.0。将时间轴拖动到1秒05帧的位置，设置"缩放"为20.0，如图5-180所示。查看效果如图5-181所示。

图5-180

图5-181

## 实例098 情人节海报效果——文字部分

| 文件路径 | 第5章\情人节海报效果 |
|---|---|
| 难易指数 | ⭐⭐⭐⭐⭐ |
| 技术掌握 | 文字工具 |

### 操作思路

本实例讲解了在Premiere Pro中使用文字工具创建文字，并修改其字体系列、颜色、字体大小、外描边等参数使其产生三维质感。

### 操作步骤

01 在菜单栏中执行"字幕"|"新建字幕"|"默认静态字幕"命令，并在弹出的"新建字幕"对话框中设置"名称"，最后单击"确定"按钮，如图5-182所示。

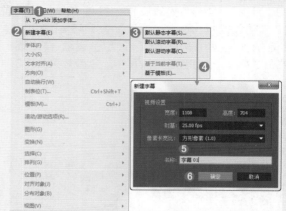

图5-182

02 在工具箱中单击"文字工具"按钮 T，并在工作区域分别输入"L"、"O"、"e"和"V"，如图5-183所示。

图5-183

03 选择工作区域中的L，设置"字体系列"为Century751 SeBd BT、"字体大小"为306.0、"颜色"为红色，再单击"外描边"后面的"添加"，设置"类型"为"深度"、"大小"为46.0、"角度"为6.0°、"颜色"为深红色，最后勾选"阴影"复选框，如图5-184所示。

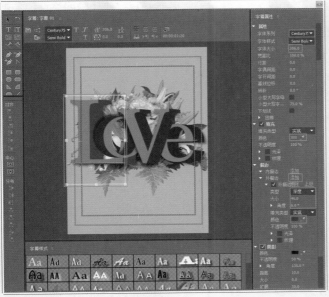

图5-184

04 选择工作区域中的O，设置"旋转"为176，"字体系列"为Century751 SeBd BT，"字体大小"为193.0、"颜色"为红色，再单击"外描边"后面的"添加"，设置"类型"为"深度"、"大小"为46.0、"角度"为6.0°、"颜色"为深红色，最后勾选"阴影"复选框，如图5-185所示。

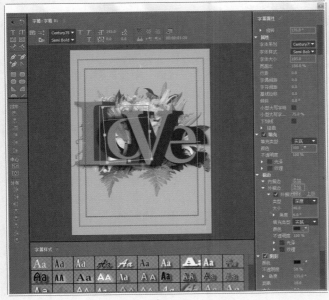

图5-185

05 选择工作区域中的V，设置"字体系列"为Century751 SeBd BT、"字体大小"为259.0、"颜色"为红色，再单击"外描边"后面的"添加"，设置"类型"为"深度"、"大小"为46.0、"角度"为6.0°、"颜色"为深红色，最后勾选"阴影"复选框，设置"角度"为-151.0°，如图5-186所示。

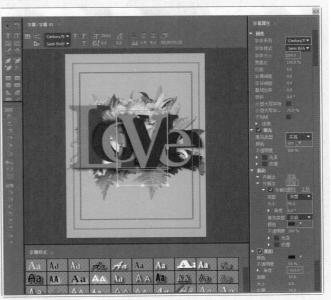

图5-186

06 选择工作区域中的e，设置"字体系列"为Century751 SeBd BT、"字体大小"为262.0、"颜色"为红色，再单击"外描边"后面的"添加"，设置"类型"为"深度"、"大小"为46.0、"角度"为6.0°、"颜色"为深红色，最后勾选"阴影"复选框，设置"角度"为135.0°，如图5-187所示。

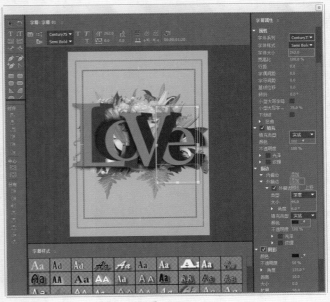

图5-187

07 关闭字幕窗口。选择"项目"面板中的"字幕01"，并按住鼠标左键将其拖曳到V3轨道上，如图5-188所示。

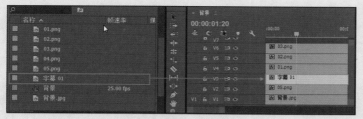

图5-188

## 实例099　情人节海报效果——动画部分

| 文件路径 | 第5章\情人节海报效果 |
|---|---|
| 难易指数 | ★★★★★ |
| 技术掌握 | ● 关键帧动画　　　● "投影"效果 |

扫码深度学习

### 操作思路

本实例讲解了在Premiere Pro中使用关键帧动画、"投影"效果模拟制作作品的动画部分。

### 操作步骤

01 选择V3轨道上的"字幕01"，将时间轴拖动到1秒20帧的位置，单击"缩放"前面的 ◙，创建关键帧，并设置"缩放"为0.0；将时间轴拖动到2秒10帧的位置时，设置"缩放"为100.0，如图5-189所示。

02 显现并选择V4轨道上的"01.png"素材文件，将时间轴拖动到初始位置时，单击"位置"前面的 ◙，创建关键帧，并设置"位置"为（236.0,113.0）；将时间轴拖动到10帧的位置，设置"位置"为（236.5,224.0），再设置"缩放"为19.0，如图5-190所示。查看效果如图5-191所示。

图5-189

图5-190

图5-191

03 显现并选择V5轨道上的"02.png"素材文件，设置"位置"为（152.5,128.0）、"缩放"为20.0。将时间轴拖动到2秒10帧的位置，单击"不透明度"前面的 ◙，创建关键帧，并设置"不透明度"为0.0；将时间轴拖动到2秒15帧的位置，设置"不透明度"为100.0%，如图5-192所示。查看效果如图5-193所示。

图5-192

图5-193

04 显现并选择V6轨道上的"03.png"素材文件，设置"缩放"为22.0。将时间轴拖动到1秒05帧的位置，单击"位置"前面的 ◙，创建关键帧，并设置"位置"为（236.5,717.0）；将时间轴拖动到1秒20帧的位置，设置"位置"为（236.5,564.0），如图5-194所示。查看效果如图5-195所示。

05 在"效果"面板中搜索"投影"效果，并按住鼠标左键将其拖曳到"03.png"素材文件上，如图5-196所示。

06 在"效果控件"面板中展开"投影"效果，设置"方向"为178.0°、"距离"为12.0、"柔和度"为30.0，如图5-197所示。

图5-194

图5-195

图5-196

图5-197

07 拖动时间轴查看效果，如图5-198所示。

图5-198

| 实例100 | 深色投影效果 |
| --- | --- |
| 文件路径 | 第5章 \ 深色投影效果 |
| 难易指数 | ★★★★★ |
| 技术掌握 | 关键帧动画 |

💡 操作思路

　　本实例讲解了在Premiere Pro中使用关键帧动画制作深色投影效果。

🎤 操作步骤

01 在菜单栏中执行"文件"｜"新建"｜"项目"命令，并在弹出的对话框中设置"名称"，接着单击"浏览"按钮设置保存路径，最后单击"确定"按钮，如图5-199所示。

图5-199

02 在"项目"面板空白处双击鼠标左键，选择所需的"01.png"～"06.png"和"背景.jpg"素材文件，最后单击"打开"按钮，将其进行导入，如图5-200所示。

图5-200

艺圃 / 第5章　文字效果 /

实战228例

137

03 选择"项目"面板中的素材文件，并按住鼠标左键依次将其拖曳到轨道上，如图5-201所示。

04 选择V2轨道上的"01.png"素材文件，将时间轴拖动到初始位置。在"效果控件"面板中展开"运动"效果，单击"缩放"前面的 ◙ ，创建关键帧，并设置"缩放"为0.0。将时间轴拖动到1秒的位置，设置"缩放"为100.0，如图5-202所示。

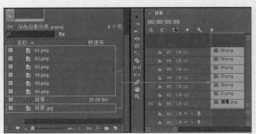
图5-201

图5-202

图5-205

图5-206

05 选择V3轨道上的"02.png"素材文件，将时间轴拖动到1秒的位置，单击"位置"前面的 ◙ ，创建关键帧，并设置"位置"为（432.0,506.0）；将时间轴拖动到1秒20帧的位置，设置"位置"为（432.0,281.0），如图5-203所示。

06 选择V4轨道上的"03.png"素材文件，将时间轴拖动到1秒20帧的位置，单击"位置"和"不透明度"前面的 ◙ ，创建关键帧，并设置"位置"为（18.0,281.0）、"不透明度"为0.0；将时间轴拖动到2秒15帧的位置，设置"位置"为（432.0,281.0）、"不透明度"为100.0%，如图5-204所示。

图5-203

图5-204

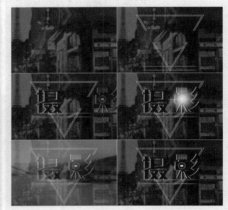
图5-207

07 选择V5轨道上的"04.png"素材文件，将时间轴拖动到2秒15帧的位置，单击"位置"和"不透明度"前面的 ◙ ，创建关键帧，并设置"位置"为（828.0,281.0）、"不透明度"为0.0，将时间轴拖动到3秒10帧的位置，设置"位置"为（432.0,281.0），"不透明度"为100.0%，如图5-205所示。

08 选择V6轨道上的"05.png"素材文件，将时间轴滑动到3秒10帧的位置，单击"不透明度"前面的 ◙ ，创建关键帧，并设置"不透明度"为0.0；将时间轴拖动到3秒15帧的位置，设置"不透明度"为100.0%，如图5-206所示；将时间轴拖动到3秒20帧的位置，设置"不透明度"为0.0。

09 拖动时间轴查看效果，如图5-207所示。

| 实例101 | 深色字体动画效果 |
|---|---|
| 文件路径 | 第5章\深色字体动画效果 |
| 难易指数 | ★★★★★ |
| 技术掌握 | 关键帧动画 |

🔍扫码深度学习

💡操作思路

本实例讲解了在Premiere Pro中使用关键帧动画制作动画，并导入文字素材制作不透明动画。

**01** 在菜单栏中执行"文件"｜"新建"｜"项目"命令，并在弹出的"新建项目"对话框中设置"名称"，接着单击"浏览"按钮设置保存路径，最后单击"确定"按钮，如图5-208所示。

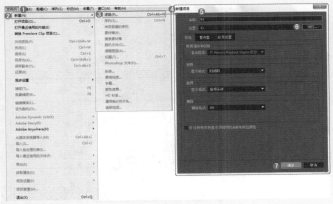

图5-208

**02** 在"项目"面板空白处双击鼠标左键，选择所需的"01.png"～"05.png"和"背景.jpg"素材文件，最后单击"打开"按钮，将它们进行导入，如图5-209所示。

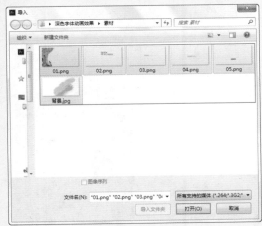

图5-209

**03** 选择"项目"面板中的素材文件，并按住鼠标左键依次将它们拖曳到轨道上，如图5-210所示。

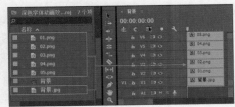

图5-210

**04** 选择V2轨道上的"01.png"素材文件，将时间轴拖动到初始位置，在"效果控件"面板中，单击"位置"前面的 ◎，创建关键帧，并设置"位置"为（195.0,

366.0）；将时间轴拖动到15帧的位置，设置"位置"为（708.0,366.0），如图5-211所示。查看效果如图5-212所示。

图5-211

图5-212

**05** 选择V3轨道上的"02.png"素材文件，将时间轴拖动到15帧的位置，单击"位置"前面的 ◎，创建关键帧，并设置"位置"为（707.0, 53.0）；将时间轴拖动到1秒的位置，设置"位置"为（707.0,366.0），如图5-213所示。查看效果如图5-214所示。

图5-213

图5-214

**06** 选择V4轨道上的"03.png"素材文件，将时间轴拖动到1秒的位置，单击"位置"前面的 ◎，创建关键帧，并设置"位置"为（1513.0,366.0）；将时间轴拖动到1秒22帧的位置，设置"位置"为（707.0,366.0），如图5-215所示。查看效果如图5-216所示。

图5-215

图5-216

07 选择V5轨道上的"04.png"素材文件，将时间轴拖动到1秒22帧的位置，单击"位置"和"不透明度"前面的 ，创建关键帧；并设置"位置"为（707.0,713.0）、"不透明度"为0.0；将时间轴拖动到2秒15帧的位置，设置"位置"为（707.0,366.0）、"不透明度"为100.0%，如图5-217所示。查看效果如图5-218所示。

08 选择V6轨道上的"05.png"素材文件，将时间轴拖动到2秒15帧的位置，单击"不透明度"前面的 ，创建关键帧，并设置"不透明度"为0.0；将时间轴拖动到3秒15帧的位置，设置"不透明度"为100.0%，如图5-219所示。查看效果如图5-220所示。

09 拖动时间轴查看效果，如图5-221所示。

图5-217

图5-218

图5-219

图5-220

图5-221

### 实例102　文字动画效果

| 文件路径 | 第5章 \ 文字动画效果 |
|---|---|
| 难易指数 | ★★★★★ |
| 技术掌握 | 关键帧动画 |

🔍扫码深度学习

💡 操作思路

　　本实例讲解了在Premiere Pro中使用关键帧动画制作动画，并导入文字素材制作不透明动画。

## 操作步骤

**01** 在菜单栏中执行"文件"｜"新建"｜"项目"命令，并在弹出的"新建项目"对话框中设置"名称"，接着单击"浏览"按钮设置保存路径，最后单击"确定"按钮，如图5-222所示。

图5-222

**02** 在"项目"面板空白处双击鼠标左键，选择所需的"01.png""02.png"和"背景.jpg"素材文件，最后单击"打开"按钮，将它们进行导入，如图5-223所示。

图5-223

**03** 选择"项目"面板中的"背景.jpg"素材文件，并按住鼠标左键将其拖曳到轨道V1上，如图5-224所示。

图5-224

**04** 选择V2轨道上的"01.png"素材文件，在"效果控件"面板中展开"运动"效果，并将时间轴拖动到初始位置，单击"位置"前面的 ⏱，创建关键帧，设置"位置"为（330.5,708.0）；将时间轴拖动到1秒的位置，设置"位置"为（330.5,500.0），如图5-225所示。

**05** 选择V3轨道上的"02.png"素材文件，在"效果控件"面板中展开"运动"效果，设置"位置"为（330.5,420.0）将时间轴拖动到1秒的位置，

单击"缩放"前面的 ⏱，创建关键帧，并设置"缩放"为0.0。将时间轴拖动到2秒的位置，设置"缩放"为133.0，如图5-226所示。

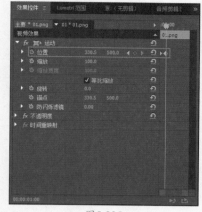

图5-225

图5-226

**06** 拖动时间轴查看效果，如图5-227所示。

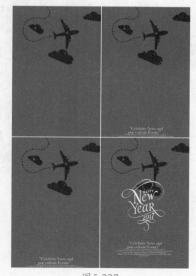

图5-227

## 实例103　文字缩放效果

| 文件路径 | 第5章 \ 文字缩放效果 |
| --- | --- |
| 难易指数 | ★★★★★ |
| 技术掌握 | ● 文字工具　　● 关键帧动画 |

⊙扫码深度学习

### 💡 操作思路

本实例讲解了在Premiere Pro中使用文字工具创建文字，并使用关键帧动画制作缩放动画。

### 🎙 操作步骤

**01** 在菜单栏中执行"文件" | "新建" | "项目"命令，并在弹出的"新建项目"对话框中设置"名称"，接着单击"浏览"按钮设置保存路径，最后单击"确定"按钮，如图5-228所示。

图5-228

**02** 在"项目"面板空白处单击鼠标右键，执行"新建项目" | "序列"命令。接着在弹出的"新建序列"对话框中选择DV-PAL文件夹下的"标准48kHz"，如图5-229所示。

图5-229

**03** 在"项目"面板空白处双击鼠标左键，选择所需的"01.jpg"素材文件，最后单击"打开"按钮，将其进行导入，如图5-230所示。

**04** 选择"项目"面板中的"01.jpg"素材文件，并按住鼠标左键将其拖曳到V1轨道上，如图5-231所示。

图5-230

图5-231

**05** 选择V1轨道上的"01.jpg"素材文件，在"效果控件"面板中展开"运动"效果，设置"缩放"为24.0，如图5-232所示。

图5-232

**06** 在"效果"面板中搜索"Lumetri Color"效果，将其拖拽到V1轨道上的01.jpg素材文件上，如图5-233所示。

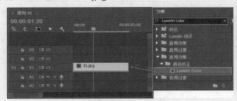

图5-233

**07** 选择V1轨道上的01.jpg素材文件，在"效果控件"面板中展开"Lumetri Color"效果下方的"晕影"，设置"数量"为-3，"中点"为23，"圆度"为20，"羽化"为25，如图5-234所示。此时画面效果如图5-235所示。

**08** 在菜单栏中执行"字幕" | "新建字幕" | "默认静态字幕"命令，并在弹出的"新建字幕"对话框中设置"名称"，最后单击"确定"按钮，如图5-236所示。

**09** 在工具箱中单击"文字工具"按钮[T]，并在"工作区域"输入英文，设置"字体系列"为David，选择字体Puzzles Mysterious，设置"字体大小"为40，"宽高比"为96.8%，"颜色"为浅灰色，勾选"阴影"复选框，设置"角度"为-260.0°，"距离"为10.0，"大小"为0.0，"扩展"为30.0，如图5-237所示。

**10** 选择Egypt字体，设置"字体大小"为150.0，"宽高比"为96.8%，"颜色"为白色，勾选"阴影"复选框，设置"角度"为135.0°，"距离"为14.0，"大小"为11.0，最后再适当调整字体位置，如图5-238所示。

图5-234　　　　　　　　图5-235

关闭字幕窗口。选择"项目"面板中的"字幕01"，并按住鼠标左键将其拖曳到V2轨道上，如图5-239所示。

选择V2轨道上的"字幕01"，将时间轴拖动到初始位置，单击"缩放"前面的，创建关键帧，并设置"缩放"为0.0；将时间轴拖动到1秒20帧的位置，设置"缩放"为100.0，如图5-240所示。

图5-236

图5-239

图5-240

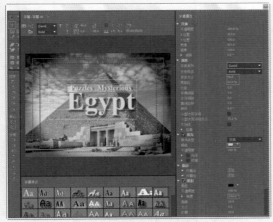

图5-237

**提示**

**关键帧创建方法**

　　创建关键帧，单击一次"添加关键帧"按钮可以为素材文件添加关键帧，再单击一次"添加关键帧"按钮则会将次关键帧删除，如图5-241所示。

图5-241

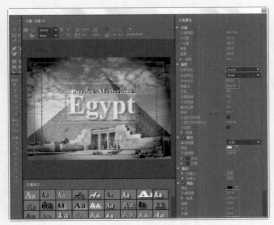

图5-238

拖动时间轴查看效果，如图5-242所示。

图5-242

## 实例104 文字移动效果

| 文件路径 | 第5章\文字移动效果 |
|---|---|
| 难易指数 | ★★★★★ |
| 技术掌握 | ● 文字工具　● 关键帧动画 |

扫码深度学习

### 操作思路

本实例讲解了在Premiere Pro中使用文字工具创建文字，并使用关键帧动画制作位移动画。

### 操作步骤

**01** 在菜单栏中执行"文件"|"新建"|"项目"命令，并在弹出的"新建项目"对话框中设置"名称"，接着单击"浏览"按钮设置保存路径，最后单击"确定"按钮，如图5-243所示。

图5-243

**02** 在"项目"面板空白处单击鼠标右键，执行"新建项目"|"序列"命令。接着在弹出的"新建序列"对话框中选择DV-PAL文件夹下的"标准48kHz"，如图5-244所示。

图5-244

**03** 在"项目"面板空白处双击鼠标左键，选择所需的"背景.jpg"素材文件，最后单击"打开"按钮，将其进行导入，如图5-245所示。

**04** 选择"项目"面板中的"背景.jpg"素材文件，并按住鼠标左键将其拖曳到V1轨道上，如图5-246所示。

图5-245

图5-246

**05** 选择V1轨道上的"背景.jpg"素材文件，在"效果控件"面板中展开"运动"效果，设置"缩放"为55.0，如图5-247所示。

图5-247

**06** 在菜单栏中执行"字幕"|"新建字幕"|"默认静态字幕"命令，并在弹出的"新建字幕"对话框中设置"名称"，最后单击"确定"按钮，如图5-248所示。

**07** 在工具箱中单击"文字工具"按钮 **T**，并在工作区域输入"COME ON"，设置"字体系列"为Impact、"字体大小"为117.0、"宽高比"为96.5%，展开"扭曲"，设置Y为-38.0%，设置"颜色"为白色；再单击"外描边"后面的"添加"，设置"类型"为"深度"、"大小"为14.0，"填充类型"为"实底"，"颜色"为深蓝色，如图5-249所示。

Premiere Pro

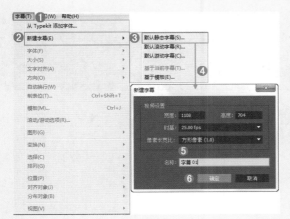

图5-248

图5-249

**08** 关闭字幕窗口。选择"项目"面板中的"字幕01"，并将其拖曳到V2轨道上，如图5-250所示。

图5-250

**09** 选择V2轨道上的"字幕01"，将时间轴拖动到初始位置，单击"位置"前面的  ，创建关键帧，并设置"位置"为（−96.6,460.5）；将时间轴拖动到2秒的位置，设置"位置"为（377.4,353.2），如图5-251所示。

图5-251

**10** 选择V2轨道上的"字幕01"，单击"效果控件"面板中的"运动"效果，此时"节目"监视器会显现运动轨迹，进行适当的调整，如图5-252所示。

图5-252

**11** 拖动时间轴查看效果，如图5-253所示。

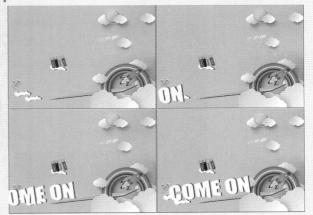

图5-253

### 实例105　小清新动画效果

| 文件路径 | 第5章\小清新动画效果 | |
|---|---|---|
| 难易指数 | ★★★★★ |  |
| 技术掌握 | ● 矩形工具　　● 文字工具<br>● 关键帧动画 | 扫码深度学习 |

#### 操作思路

　　本实例讲解了在Premiere Pro中使用矩形工具绘制粉色透明矩形，使用文字工具创建文字，最后使用关键帧动画制作位移动画。

#### 操作步骤

**01** 在菜单栏中执行"文件"|"新建"|"项目"命令，并在弹出的"新建项目"对话框中设置"名称"，接着单击"浏览"按钮设置保存路径，最后单击"确定"按钮，如图5-254所示。

图 5-254

02 在"项目"面板空白处单击鼠标右键,执行"新建项目"|"序列"命令。接着在弹出的"新建序列"对话框中选择DV-PAL文件夹下的"标准48kHz",如图5-255所示。

图 5-255

03 在"项目"面板空白处双击鼠标左键,选择所需的"背景.jpg"素材文件,最后单击"打开"按钮,将其进行导入,如图5-256所示。

图 5-256

04 选择"项目"面板中的"背景.jpg"素材文件,并按住鼠标左键将其拖曳到V1轨道上,如图5-257所示。

图 5-257

05 在菜单栏中执行"字幕"|"新建字幕"|"默认静态字幕"命令,并在弹出的"新建字幕"对话框中设置"名称",最后单击"确定"按钮,如图5-258所示。

图 5-258

06 在工具箱中单击"矩形工具"按钮,并按住鼠标左键在工作区域画出矩形,设置"颜色"为粉色,设置"不透明度"为60%,如图5-259所示。

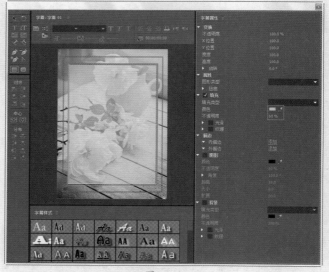

图 5-259

07 关闭字幕窗口。选择"项目"面板中的"字幕01",并按住鼠标左键将其拖曳到V2轨道上,如图5-260所示。

图 5-260

08 选择V2轨道上的"字幕01",将时间轴拖动到初始位置；在"效果控件"面板中单击"缩放"前面的  ，创建关键帧，设置"缩放"为0；将时间轴拖动到1秒的位置，设置"缩放"为100.0，如图5-261所示。查看效果如图5-262所示。

图5-261　　　　　　　　　　图5-262

09 继续创建"字幕02"，并按住鼠标左键将其拖曳到V3轨道上，如图5-263所示。

图5-263

10 选择V3轨道上的"字幕02"，并双击鼠标左键展开字幕窗口，单击"文字工具"按钮 T ，在工作区域输入"FLOWER"，设置"字体系列"为Adobe Arabic、"颜色"为白色，单击"外描边"后面的"添加"，设置"类型"为"深度"、"颜色"为白色，如图5-264所示。再以同样的方法创建文字"F.R"，如图5-265所示。

图5-264

图5-265

11 关闭字幕窗口。选择V3轨道上的"字幕02"，将时间轴拖动到1秒的位置，单击"位置"前面的  ，创建关键帧，并设置"位置"为（266.0,138.0）；将时间轴拖动到2秒的位置，设置"位置"为（266.0,376.0），如图5-266所示。查看效果如图5-267所示。

图5-266　　　　　　　　图5-267

12 继续创建"字幕03"，并按住鼠标左键将其拖曳到V4轨道上，如图5-268所示。

图5-268

13 选择V4轨道上的"字幕03"，双击鼠标左键展开字幕窗口，单击"文字工具"按钮 T ，在工作区域输入英文，设置"字体系列"为Adobe Arabic、"字体大小"为35.0、"颜色"为黑色、"不透明度"为60%，如图5-269所示。

14 关闭字幕窗口。选择V4轨道上的"字幕03"，将时间轴拖动到2秒的位置，单击"位置"前面的  ，创建关

键帧，并设置"位置"为（266.0,670.0）；将时间轴滑动到3秒的位置，设置"位置"为（266.0,376.0），如图5-270所示。查看效果如图5-271所示。

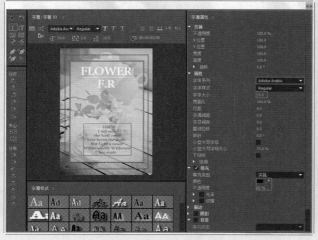

图5-269

图5-270

图5-271

15 拖动时间轴查看效果，如图5-272所示。

图5-272

## 实例106　星光字体动画效果

| 文件路径 | 第5章\星光字体动画效果 | |
|---|---|---|
| 难易指数 | ★★★★★ | |
| 技术掌握 | ● 文字工具<br>● "浮雕"效果 | ● "投影"效果 |

扫码深度学习

### 操作思路

　　本实例讲解了在Premiere Pro中使用文字工具创建文字，并使用"投影"效果制作文字阴影，使用"浮雕"效果制作出三维质感。

### 操作步骤

01 在菜单栏中执行"文件"｜"新建"｜"项目"命令，并在弹出的"新建项目"对话框中设置"名称"，接着单击"浏览"按钮设置保存路径，最后单击"确定"按钮，如图5-273所示。

图5-273

02 在"项目"面板空白处双击鼠标左键，选择所需的"01.jpg"素材文件，最后单击"打开"按钮，将其进行导入，如图5-274所示。

图5-274

03 选择"项目"面板中的"01.jpg"素材文件，并按住鼠标左键将其拖曳到V1轨道上，如图5-275所示。

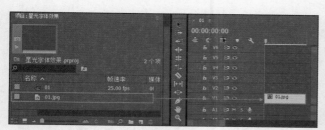

图5-275

**04** 在菜单栏中执行"字幕"|"新建字幕"|"默认静态字幕"命令，并在弹出的"新建字幕"对话框中设置"名称"，最后单击"确定"按钮，如图5-276所示。

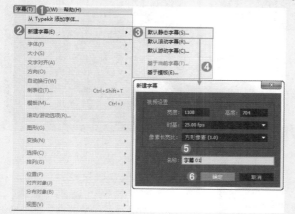

图5-276

**05** 在工具箱中单击"文字工具"按钮**T**，并在工作区域输入"Work"，设置"字体系列"为Adobe Garamond Pro、"字体大小"为191.0，设置"颜色"为蓝色，填充的"不透明度"为90%，再单击"外描边"后面的"添加"，设置"类型"为"深度"、"大小"为26.0、"填充类型"为"实底"、"颜色"为深蓝色，如图5-277所示。

图5-277

**06** 选择工作区域中的Work，按住Alt键并按住鼠标左键拖曳复制Work，删除"外描边"效果。展开并勾选

"纹理"复选框，双击"纹理"后面的矩形框，此时会弹出"选择纹理图形"对话框，选择"背景.jpg"，单击"打开"按钮。勾选"阴影"复选框，设置"角度"为0.0、"距离"为0.0、"大小"为3.0、"扩展"为0.0，最后将复制文字移动到原先的文字上，如图5-278所示。

图5-278

**07** 关闭字幕窗口。选择"项目"面板中的"字幕01"，并按住鼠标左键将其拖曳到V2轨道上，如图5-279所示。

图5-279

**08** 选择V2轨道上的素材文件，在"效果控件"面板中展开"运动"效果，并设置"位置"为（162.0,203.0）、"缩放"为40.0、"旋转"为12.0°、"不透明度"为45.0%，设置"混合模式"为"发光度"，如图5-280所示。

图5-280

**09** 在"效果"面板中搜索"投影"效果，并按住鼠标左键将其拖曳到"字幕01"上，如图5-281所示。

**10** 在"效果控件"面板中展开"投影"效果，设置"不透明度"为52%、"方向"为143.0°、"距离"为17.0、"柔和度"为26.0，如图5-282所示。

图5-281

图5-282

**15** 选择V4轨道上的"字幕01复制",在"效果控件"面板中设置"位置"为(731.0,304.0)、"缩放"为37.0、"旋转"为36.0°,如图5-287所示。

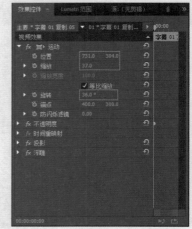

图5-287

**11** 在"效果"面板中搜索"浮雕"效果,并按住鼠标左键将其拖曳到"字幕01"上,如图5-283所示。

**12** 在"效果控件"面板中展开"浮雕"效果,设置"方向"为73.0°、"起伏"为13.00、"对比度"为66,如图5-284所示。

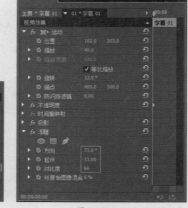

图5-284

**16** 选择V5轨道上的"字幕01复制"文件,在"效果控件"面板中展开"运动"效果,设置"位置"为(400.0,284.0)、"缩放"为100.0、"旋转"为0.0;展开"不透明度"效果,设置"不透明度"为100.0%、"混合模式"为"正常",删除"浮雕"效果,如图5-288所示。

图5-283

**13** 选择V2轨道上的"字幕01",并按住鼠标左键分别拖曳复制到V3、V4和V5轨道上,如图5-285所示。

**14** 选择V3轨道上的"字幕01复制",在"效果控件"面板中设置"位置"为(419.0,658.0)、"缩放"为44.0、"旋转"为-23.0°,如图5-286所示。

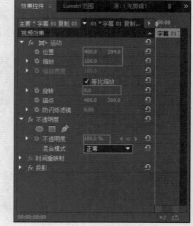

图5-288

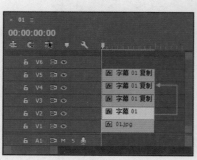

图5-285

图5-286

**17** 双击鼠标左键展开"字幕01复制"窗口,分别设置"字体大小"为260.0;再选择上面的文字Work,设置阴影"颜色"为黄色,如图5-289所示。

**18** 关闭字幕窗口。拖动时间轴查看效果,如图5-290所示。

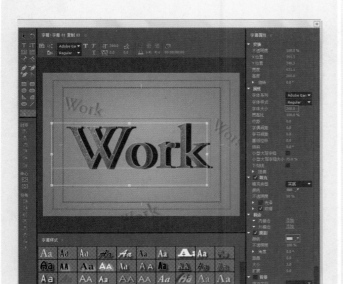

图5-289

图5-290

图5-291

图5-282

图5-283

## 实例107 夜景文字效果

| 文件路径 | 第5章\夜景文字效果 |
|---|---|
| 难易指数 | ★★★★★ |
| 技术掌握 | ● 文字工具 　● 混合模式 |

扫码深度学习

### 操作思路

本实例讲解了在Premiere Pro中使用文字工具创建文字，并修改混合模式制作出夜景文字效果。

### 操作步骤

01 在菜单栏中执行"文件"｜"新建"｜"项目"命令，并在弹出的"新建项目"对话框中设置"名称"，接着单击"浏览"按钮设置保存路径，最后单击"确定"按钮，如图5-291所示。

02 在"项目"面板空白处单击鼠标右键，执行"新建项目"｜"序列"命令。接着在弹出的"新建序列"对话框中选择DV-PAL文件夹下的"标准48kHz"，如图5-292所示。

03 在"项目"面板空白处双击鼠标左键，选择所需的"01.jpg"和"背景.jpeg"素材文件，最后单击"打开"按钮，将它们进行导入，如图5-293所示。

04 选择"项目"面板中的"0.1.jpg"和"背景.jpeg"素材文件，按顺序依次将它们拖曳到轨道上，如图5-294所示。

05 选择V1轨道上的"背景.jpeg"素材文件，在"效果控件"面板中展开"运动"效果，设置"缩放"为140.0，如图5-295所示。

06 选择V2轨道上的"01.jpg"素材文件，在"效果控件"面板中展开"运动"效果，设置"缩放"为89.0，如图5-296所示。

图 5-294

图 5-295

图 5-296

**07** 在菜单栏中执行"字幕"｜"新建字幕"｜"默认静态字幕"命令，并在弹出的"新建字幕"对话框中设置"名称"，最后单击"确定"按钮，如图5-297所示。

图 5-297

**08** 在工具箱中单击"文字工具"按钮T，并在工作区域输入"SCENE"，设置"字体系列"为"汉仪琥珀体简"、"字体大小"为127.0、"宽高比"为81.2%，勾选"小型大写字母"复选框，设置"颜色"为白色，如图5-298所示。

**09** 关闭字幕窗口。选择"项目"面板中的"字幕01"，并按住鼠标左键将其拖曳到V3轨道上，如图5-299所示。

**10** 选择V3轨道上的"字幕01"，展开"效果控件"面板中的"运动"效果，设置"缩放"为131.0，展开"不透明度"效果，设置"混合模式"为"排除"，如图5-300所示。

**11** 拖动时间轴查看效果，如图5-301所示。

图 5-298

图 5-299

图 5-300

图 5-301

## 实例108　移动文字效果

| 文件路径 | 第 5 章 \ 移动文字效果 |
|---|---|
| 难易指数 | ★★★★★ |
| 技术掌握 | 文字工具 |

🔍扫码深度学习

### 🔆操作思路

本实例讲解了在Premiere Pro中使用文字工具创建一组文字，并修改"滚动/游动选项"使得文字产生移动动画效果。

### 🎙操作步骤

**01** 在菜单栏中执行"文件"｜"新建"｜"项目"命令，并在弹出的"新建项目"对话框中设置"名

艺境 中文版Premiere Pro视频编辑剪辑设计与制作全视频 实战228例

称"，接着单击"浏览"按钮设置保存路径，最后单击
"确定"按钮，如图5-302所示。

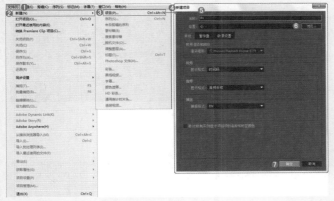

图5-302

**02** 在"项目"面板空白处双击鼠标左键，选择所需的
"背景.jpg"素材文件，最后单击"打开"按钮，将
其进行导入，如图5-303所示。

图5-303

**03** 选择"项目"面板中的"背景.jpg"素材文件，并按
住鼠标左将其拖曳到V1轨道上，如图5-304所示。

图5-304

**04** 在菜单栏中执行"字幕"｜"新建字幕"｜"默认静
态字幕"命令，并在弹出的"新建字幕"对话框中设
置"名称"，最后单击"确定"按钮，如图5-305所示。

**05** 在工具箱中单击"文字工具"按钮T，在工作区域
输入英文，设置"字体系列"为Adobe Gurmukhi、
"字体大小"为29.0，设置"颜色"为白色，勾选"阴
影"复选框，最后适当调整字体位置，如图5-306所示。

图5-305

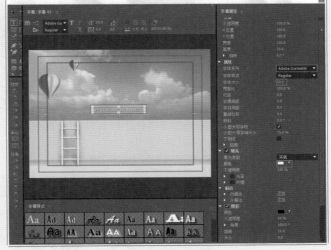

图5-306

**06** 在工具栏中单击"滚动/游动选项"按钮，此时会
弹出"滚动/游动选项"对话框，选中"向右游动"
单选按钮，勾选"开始于屏幕外"复选框，最后单击"确
定"按钮，如图5-307所示。

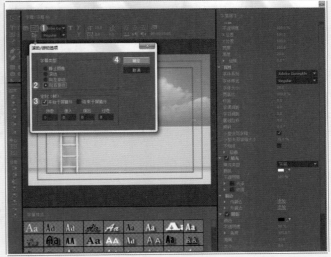

图5-307

**提示**

**移动文字的制作方法**

除了为文字添加"滚动/游动选项"效果制作移动文字，还可以为"位置"创建关键帧制作移动动画效果。

首先，选择V2轨道上的"字幕01"，并将时间轴拖动到初始位置，再单击"位置"前面的 ，创建关键帧，设置"位置"为（-133.0,288.0），如图5-308所示。

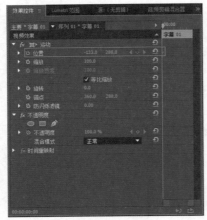

图5-308

然后，将时间轴拖动到2秒15帧的位置，设置"位置"为（340.0,288.0），如图5-309所示。

图5-309

最后，拖动时间轴查看效果，如图5-310所示。

图5-310

**07** 关闭字幕窗口。选择"项目"面板中的"字幕01"，并按住鼠标左键将其拖曳到V4轨道上，如图5-311所示。

图5-311

**08** 拖动时间轴查看效果，如图5-312所示。

图5-312

### 实例109　油彩字体效果

| 文件路径 | 第5章 \ 油彩字体效果 |
|---|---|
| 难易指数 | ★★★★★ |
| 技术掌握 | ● 文字工具　　● 直线工具 |

扫码深度学习

**操作思路**

本实例讲解了在Premiere Pro中使用文字工具创建一组文字，并使用直线工具绘制直线。

**操作步骤**

**01** 在菜单栏中执行"文件" | "新建" | "项目"命令，并在弹出的"新建项目"对话框中设置"名称"，接着单击"浏览"按钮设置保存路径，最后单击"确定"按钮，如图5-313所示。

图5-313

02 在"项目"面板空白处双击鼠标左键,选择所需的"背景.jpg"素材文件,最后单击"打开"按钮,将其进行导入,如图5-314所示。

图5-314

03 选择"项目"面板中的"背景.jpg"素材文件,并按住鼠标左键将其拖曳到V1轨道上,如图5-315所示。

图5-315

04 在菜单栏中执行"字幕" | "新建字幕" | "默认静态字幕"命令,并在弹出的"新建字幕"对话框中设置"名称",最后单击"确定"按钮,如图5-316所示。

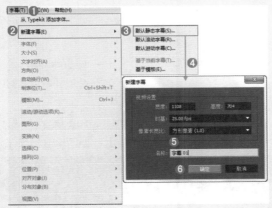

图5-316

05 在工具箱中单击"文字工具"按钮 T,并在工作区域输入文字,设置"字体系列"为"汉仪圆叠体简"、"行距"为3.0,如图5-317所示。

06 在工具箱中单击"文字工具"按钮 T,并在工作区域输入文字,设置"字体系列"为Trajan Pro、"字体大小"为39.0,勾选"阴影"复选框,设置"不透明度"为70%、"距离"为5.0、"扩展"为10.0,如图5-318所示。

图5-317

图5-318

07 在工具箱中单击"直线工具"按钮 ✓,并按住鼠标左键在工作区域绘制出直线,并设置"线宽"为2.0,勾选"阴影"复选框,设置"不透明度"为70%、"扩展"为10.0,如图5-319所示。

图5-319

08 拖动时间轴查看效果，如图5-320所示。

图5-320

## 实例110　字幕向上滚动效果

| 文件路径 | 第5章\字幕向上滚动效果 |
| --- | --- |
| 难易指数 | ★★★★★ |
| 技术掌握 | ● 文字工具　● "滚动/游动选项"效果 |

扫码深度学习

### 操作思路

　　本实例讲解了在Premiere Pro中使用文字工具创建一组文字，并修改"滚动/游动选项"效果使得文字产生字幕向上滚动动画效果。

### 操作步骤

01 在菜单栏中执行"文件"｜"新建"｜"项目"命令，并在弹出的"新建项目"对话框中设置"名称"，接着单击"浏览"按钮设置保存路径，最后单击"确定"按钮，如图5-321所示。

图5-321

02 在"项目"面板空白处单击鼠标右键，执行"新建项目"｜"序列"命令。接着在弹出的"新建序列"对话框中选择DV-PAL文件夹下的"标准

48kHz"，如图5-322所示。

图5-322

03 在"项目"面板空白处双击鼠标左键，选择所需的"01.jpg"素材文件，最后单击"打开"按钮，将其进行导入，如图5-323所示。

图5-323

04 选择"项目"面板中的"01.jpg"素材文件，并按住鼠标左键将其拖曳到V1轨道上，如图5-324所示。

图5-324

05 在菜单栏中执行"字幕"｜"新建字幕"｜"默认静态字幕"命令，并在弹出的"新建字幕"对话框中设置"名称"，最后单击"确定"按钮，如图5-325所示。

06 在工具箱中单击"文字工具"按钮T，并在工作区域输入文字，设置"字体系列"为Traditional Arabic、"字体大小"为38.0，如图5-326所示。

图 5-325

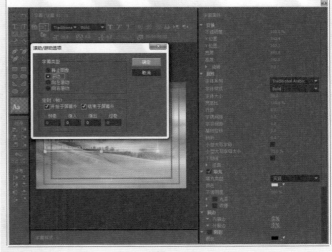

图 5-327

图 5-326

图 5-328

**07** 在工具栏中单击"滚动/游动选项"按钮，此时会弹出"滚动/游动选项"对话框，选中"滚动"单选按钮，勾选"开始于屏幕外"和"结束于屏幕外"复选框，最后单击"确定"按钮，如图5-327所示。

**08** 关闭字幕窗口。选择"项目"面板中的"字幕01"，并按住鼠标左键将其拖曳到V2轨道上，如图5-328所示。

**09** 拖动时间轴查看效果，如图5-329所示。

图 5-329

# 第6章

# 画面调色

**本章概述**　色彩是设计中最重要的元素之一，通过对色彩的把握和调和，可以使作品产生丰富的色彩情感。Premiere Pro中包含了多种用于调色的效果，熟练掌握调色技术，可使得视频作品更具视觉效果。

**本章重点**
◆ 不同风格的画面色调效果制作
◆ 黑白、复古色调画面效果

／ 佳 ／ 作 ／ 欣 ／ 赏 ／

## 实例111 彩色柱体效果

| 文件路径 | 第6章\彩色柱体效果 |
|---|---|
| 难易指数 | ★★★★★ |
| 技术掌握 | ● "颜色平衡"效果<br>● "光照效果"效果<br>● 文字工具 |

扫码深度学习

### 操作思路

本实例讲解了在Premiere Pro中使用"颜色平衡"效果、"光照效果"效果进行调色，并使用文字工具创建文字，最终完成制作彩色柱体效果。

### 操作步骤

**01** 在菜单栏中执行"文件"|"新建"|"项目"命令，并在弹出的"新建项目"对话框中设置"名称"，接着单击"浏览"按钮设置保存路径，最后单击"确定"按钮，如图6-1所示。

图6-1

**02** 在"项目"面板空白处单击鼠标右键，执行"新建项目"|"序列"命令。接着在弹出的"新建序列"对话框中选择DV-PAL文件夹下的"标准48kHz"，如图6-2所示。

图6-2

**03** 在"项目"面板空白处双击鼠标左键，选择所需的"背景.jpg"素材文件，最后单击"打开"按钮，将其进行导入，如图6-3所示。

图6-3

**04** 选择"项目"面板中的"背景.jpg"素材文件，并按住鼠标左键将其拖曳到V1轨道上，如图6-4所示。

图6-4

**05** 选择V1轨道上的"背景.jpg"素材文件，在"效果控件"面板中展开"运动"效果，并设置"缩放"为77.0，如图6-5所示。

图6-5

**06** 在"效果"面板中搜索"颜色平衡"效果，并按住鼠标左键将其拖曳到"背景.jpg"素材文件上，如图6-6所示。

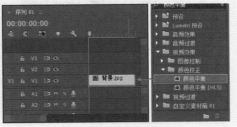

图6-6

**07** 在"效果控件"面板中展开"颜色平衡"效果，并设置"阴影红色平衡"为7.0、"阴影绿色平衡"为10.0、"阴影蓝色平衡"为60.0、"中间调红色平衡"为37.0、"中间调绿色平衡"为-15.0、"中间调蓝色平衡"为20.0、"高光红色平衡"为20.0、"高光绿色平衡"为40.0、"高光蓝色平衡"为40，如图6-7所示。

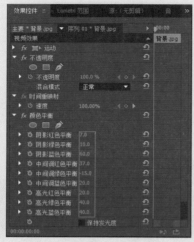

图6-7

**08** 在"效果"面板中搜索"光照效果"，并按住鼠标左键将其拖曳到"背景.jpg"素材文件上，如图6-8所示。

图6-8

**09** 在"效果控件"面板中展开"光照效果"，并设置"光照颜色"为浅黄色（R=250,G=233,B=143）、"中央"为（307.0,310.5）、"主要半径"为30.0、"次要半径"为15.0、"角度"为225.0°、"强度"为70.0，如图6-9所示。

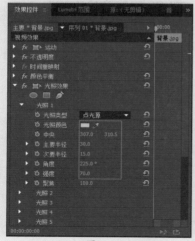

图6-9

**10** 在菜单栏中执行"字幕" | "新建字幕" | "默认静态字幕"命令，并在弹出的"新建字幕"对话框中设置"名称"，最后单击"确定"按钮，如图6-10所示。

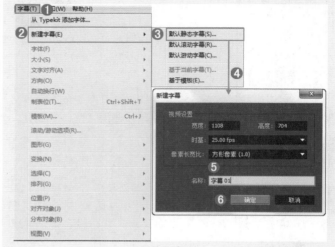

图6-10

**11** 在工具箱中单击"文字工具"按钮 **T**，并在工作区域输入合适的文字，设置"字体系列"为Embassy BT、"字体大小"为80.0，设置"颜色"为砖红色，勾选"光泽"复选框，设置"颜色"为黄色、"不透明度"为66%、"大小"为61.0、"角度"为60.0°，勾选"阴影"复选框，设置"颜色"为深红色，设置"不透明度"为100%、"角度"为100.0°、"距离"为5.0、"扩展"为0.0，如图6-11所示。

图6-11

**12** 关闭字幕窗口。选择"项目"面板中的"字幕01"，并按住鼠标左键将其拖曳到V2轨道上，如图6-12所示。

**13** 拖动时间轴查看效果，如图6-13所示。

图6-12

图6-13

## 实例112　复古效果

| | |
|---|---|
| 文件路径 | 第6章\复古效果 |
| 难易指数 | ★★★★★ |
| 技术掌握 | ● "色彩"效果　　● 混合模式 |

〔扫码深度学习〕

### 操作思路

本实例讲解了在Premiere Pro中使用"色彩"效果调整画面色调，并设置混合模式为强光，最终产生复古效果。

### 操作步骤

**01** 在菜单栏中执行"文件"｜"新建"｜"项目"命令，并在弹出的"新建项目"对话框中设置"名称"，接着单击"浏览"按钮设置保存路径，最后单击"确定"按钮，如图6-14所示。

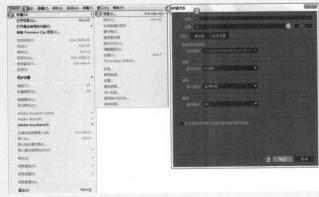

图6-14

**02** 在"项目"面板空白处单击鼠标右键，执行"新建项目"｜"序列"命令。接着在弹出的"新建序列"对话框中选择DV-PAL文件夹下的"标准48kHz"，如图6-15所示。

图6-15

**03** 在"项目"面板空白处双击鼠标左键，选择所需的"01.jpg"和"背景.jpg"素材文件，最后单击"打开"按钮，将它们进行导入，如图6-16所示。

图6-16

**04** 选择"项目"面板中的"背景.jpg"和"01.jpg"素材文件，并按住鼠标左键依次将其拖曳到V1和V2轨道上，如图6-17所示。

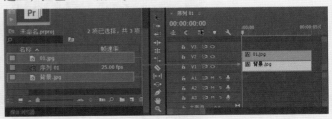

图6-17

**05** 在V1和V2轨道上，分别选择"背景.jpg"和"01.jpg"素材文件，在"效果控件"面板中展开"运动"效果，分别设置"缩放"为86.0和79.0，如图6-18所示。

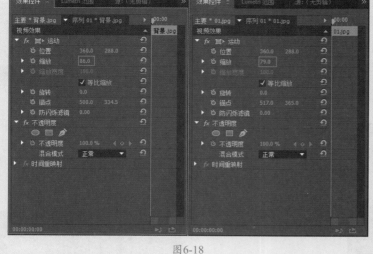

图6-18

$06$ 选择V2轨道上的"01.jpg"素材文件，在"效果"面板中搜索"色彩"效果，并按住鼠标左键将其拖曳到"01.jpg"素材文件上，如图6-19所示。

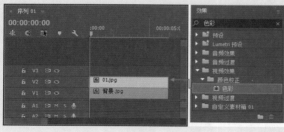

图6-19

$07$ 在"效果控件"面板中展开"不透明度"效果，设置"混合模式"为"强光"，再展开"色彩"效果，设置"将白色映射到"为浅黄色，如图6-20所示。

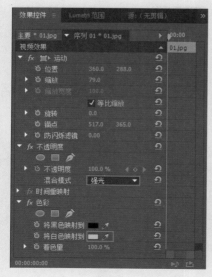

图6-20

$08$ 拖动时间轴查看效果，如图6-21所示。

图6-21

| 实例113 | 黑白照片效果 |
|---|---|
| 文件路径 | 第6章\黑白照片效果 |
| 难易指数 | ★★★★★ |
| 技术掌握 | ● "黑白"效果<br>● "颜色平衡"效果<br>● "投影"效果 |

扫码深度学习

💡操作思路

本实例讲解了在Premiere Pro中使用"黑白"效果、"颜色平衡"效果调整出黑白复古画面效果，使用"投影"效果最终制作出照片投影。

🎙操作步骤

$01$ 在菜单栏中执行"文件"｜"新建"｜"项目"命令，并在弹出的"新建项目"对话框中设置"名称"，接着单击"浏览"按钮设置保存路径，最后单击"确定"按钮，如图6-22所示。

$02$ 在"项目"面板空白处单击鼠标右键，执行"新建项目"｜"序列"命令。接着在弹出的"新建序列"对话框中选择DV-PAL文件夹下的"标准48kHz"，如图6-23所示。

图6-22

图6-23

03 在"项目"面板空白处双击鼠标左键，选择所需的"01.png"和"背景.jpg"素材文件，最后单击"打开"按钮，将它们进行导入，如图6-24所示。

图6-24

04 选择"项目"面板中的"01.png"和"背景.jpg"素材文件，并按住鼠标左键依次将其拖曳到V1和V2轨道上，如图6-25所示。

05 选择"背景.jpg"素材文件，在"效果控件"面板中设置"缩放"为105.0，如图6-26所示。

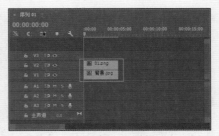

图6-25

图6-26

06 选择"01.png"素材文件，在"效果控件"面板中设置"位置"为（305.0,288.0），如图6-27所示。

图6-27

07 为"01.png"素材文件添加"黑白"效果，如图6-28所示。

图6-28

08 为"01.png"素材文件添加"颜色平衡"效果，设置"阴影红色平衡"为41.0、"阴影绿色平衡"为2.0、"阴影蓝色平衡"为3.0、"高光蓝色平衡"为-2.0，如图6-29所示。

09 为"01.png"素材文件添加"投影"效果，设置"距离"为16.0、"柔和度"为45.0，如图6-30所示。

实战228例

Premiere Pro

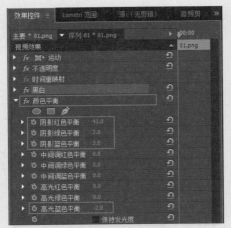

图6-29

图6-30

10 拖动时间轴查看效果，如图6-31所示。

图6-31

| 实例114 | 黑天变白天效果 |
|---|---|
| 文件路径 | 第6章\黑天变白天效果 |
| 难易指数 | ⭐⭐⭐⭐⭐ |
| 技术掌握 | "颜色平衡"效果 |

扫码深度学习

本实例讲解了在Premiere Pro中使用"颜色平衡"效果制作黑天变白天效果。

🎙 操作步骤

01 在菜单栏中执行"文件"｜"新建"｜"项目"命令，并在弹出的"新建项目"对话框中设置"名称"，接着单击"浏览"按钮设置保存路径，最后单击"确定"按钮，如图6-32所示。

图6-32

02 在"项目"面板空白处双击鼠标左键，选择所需的"背景.jpg"素材文件，最后单击"打开"按钮，将其进行导入，如图6-33所示。

图6-33

03 选择"项目"面板中的"背景.jpg"素材文件，并按住鼠标左键将其拖曳到V1轨道上，如图6-34所示。

图6-34

04 选择V1轨道上的"背景.jpg"素材文件，在"效果"面板中搜索"颜色平衡"效果，将其拖曳到"背景.jpg"素材文件上，如图6-35所示。

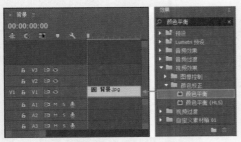

图6-35

05 在"效果控件"面板中展开"颜色平衡"效果，并设置"阴影红色平衡"为85.0、"阴影绿色平衡"为85.0、"阴影蓝色平衡"为95.0、"中间调红色平衡"为80.0、"中间调绿色平衡"为80.0、"中间调蓝色平衡"为35.0、"高光红色平衡"为45.0、"高光绿色平衡"为44.0、"高光蓝色平衡"为38.0，如图6-36所示。

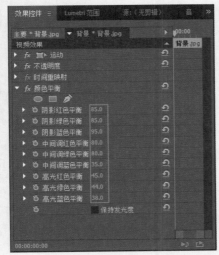

图6-36

06 拖动时间轴查看效果，如图6-37所示。

图6-37

## 实例115　花束换色效果

| 文件路径 | 第6章\花束换色效果 | |
|---|---|---|
| 难易指数 | ★★★★★ |  |
| 技术掌握 | ● "更改为颜色"效果<br>● "亮度与对比度"效果 | 🔍扫码深度学习 |

💡操作思路

　　本实例讲解了在Premiere Pro中使用"更改为颜色"效果将花朵颜色从红色变为蓝色，使用"亮度与对比度"效果将作品变亮。

🎤操作步骤

01 在菜单栏中执行"文件"|"新建"|"项目"命令，并在弹出的"新建项目"对话框中设置"名称"，接着单击"浏览"按钮设置保存路径，最后单击"确定"按钮，如图6-38所示。

图6-38

02 在"项目"面板空白处单击鼠标右键，执行"新建项目"|"序列"命令。接着在弹出的"新建序列"对话框中选择DV-PAL文件夹下的"标准48kHz"，如图6-39所示。

图6-39

图6-45所示。

03 在"项目"面板空白处双击鼠标左键,选择所需的"01.jpg"素材文件,最后单击"打开"按钮,将其进行导入,如图6-40所示。

图6-40

图6-43

04 选择"项目"面板中的"01.jpg"素材文件,并按住鼠标左键将其拖曳到V1轨道上,如图6-41所示。

图6-41

图6-44

05 在"效果"面板中搜索"更改为颜色"效果,并按住鼠标左键将其拖曳到"01.jpg"素材文件上,如图6-42所示。

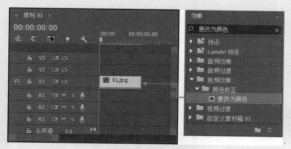

图6-42

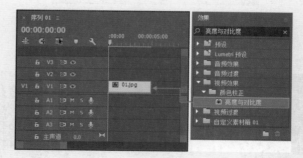

图6-45

06 在"效果控件"面板中展开"更改为颜色"效果,设置"自"为红色、"至"为蓝色,设置"色相"为12.0%,如图6-43所示。查看效果如图6-44所示。

07 在"效果"面板中搜索"亮度与对比度"效果,并按住鼠标左键将其拖曳到"01.jpg"素材文件上,如

08 在"效果控件"面板中展开"亮度与对比度"效果,设置"亮度"为15.0、"对比度"为20.0,如图6-46所示。

09 拖动时间轴查看效果,如图6-47所示。

图6-46

图6-47

## 实例116　蓝色光晕效果

| 文件路径 | 第6章\蓝色光晕效果 |
|---|---|
| 难易指数 | ★★★★★ |
| 技术掌握 | "渐变"效果 |

扫码深度学习

### 操作思路

本实例讲解了在Premiere Pro中创建黑场视频，并为其添加"渐变"效果使其产生蓝色的光晕效果。

### 操作步骤

01 在菜单栏中执行"文件"｜"新建"｜"项目"命令，并在弹出的"新建项目"对话框中设置"名称"，接着单击"浏览"按钮设置保存路径，最后单击"确定"按钮，如图6-48所示。

02 在"项目"面板空白处单击鼠标右键，执行"新建项目"｜"序列"命令。接着在弹出的"新建序列"

对话框中选择DV-PAL文件夹下的"标准48kHz"，如图6-49所示。

图6-48

图6-49

03 在"项目"面板空白处双击鼠标左键，选择所需的"01.jpg"素材文件，最后单击"打开"按钮，将其进行导入，如图6-50所示。

图6-50

04 在"项目"面板的菜单栏中执行"新建项"｜"黑场视频"命令，此时会弹出"新建黑场视频"对话框，最后单击"确定"，如图6-51所示。

图6-51

05 在"项目"面板中双击"黑场视频"，重命名为"背景"，如图6-52所示。

图6-52

06 选择"项目"面板中的"背景"，并按住鼠标左键将其拖曳到V1轨道上，如图6-53所示。

图6-53

07 选择V1轨道上的"背景"，在"效果"面板中搜索"渐变"效果，并按住鼠标左键将其拖曳到"背景"上，如图6-54所示。

图6-54

08 在"效果控件"面板中展开"渐变"效果，设置"渐变形状"为"径向渐变"，"渐变起点"为（360,288），"渐变终点"为（360,576），设置"起始颜色"为蓝色，"结束颜色"为深蓝色，如图6-55所示。

09 选择"项目"面板中的"01.jpg"素材文件，并按住鼠标左键将其拖曳到V2轨道上，如图6-56所示。

图6-55

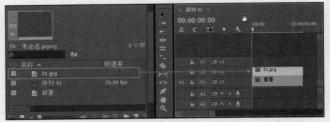

图6-56

10 拖动时间轴查看效果，如图6-57所示。

图6-57

**实例117　冷暖变色效果**

| 文件路径 | 第6章\冷暖变色效果 | |
|---|---|---|
| 难易指数 | ⭐⭐⭐⭐⭐ | |
| 技术掌握 | ● "色阶"效果<br>● "颜色平衡"效果 | ● "锐化"效果<br>● 文字工具 |

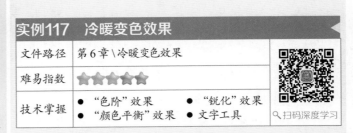

🔍扫码深度学习

💡操作思路

　　本实例讲解了在Premiere Pro中使用"色阶"效果、"锐化"效果、"颜色平衡"效果制作暖色调的作品效果，最后使用文字工具制作文字效果。

## 操作步骤

**01** 在菜单栏中执行"文件"｜"新建"｜"项目"命令，并在弹出的"新建项目"对话框中设置"名称"，接着单击"浏览"按钮设置保存路径，最后单击"确定"按钮，如图6-58所示。

图6-58

**02** 在"项目"面板空白处单击鼠标右键，执行"新建项目"｜"序列"命令。接着在弹出的"新建序列"对话框中选择DV-PAL文件夹下的"标准48kHz"，如图6-59所示。

图6-59

**03** 在"项目"面板空白处双击鼠标左键，选择所需的"背景.jpg"素材文件，最后单击"打开"按钮，将其进行导入，如图6-60所示。

图6-60

**04** 选择"项目"面板中的"背景.jpg"素材文件，并按住鼠标左键将其拖曳到V1轨道上，如图6-61所示。

图6-61

**05** 选择V1轨道上的"背景.jpg"素材文件，在"效果"面板中搜索"色阶"效果，并按住鼠标左键将其拖曳到"背景.jpg"素材文件上，如图6-62所示。

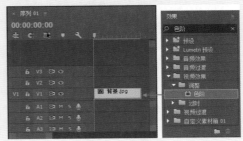

图6-62

**06** 在"效果控件"面板中展开"色阶"效果，并设置"（RGB）输出黑色阶"为30、"（R）输出黑色阶"为28、"（G）输出黑色阶"为12、"（G）输入黑色阶"为12、"（B）输入黑色阶"为25、"（B）输出黑色阶"为10、"（B）灰度系数"为95，如图6-63所示。

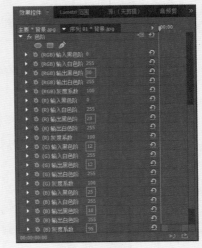

图6-63

**07** 在"效果"面板中搜索"锐化"效果，并按住鼠标左键将其拖曳到"背景.jpg"素材文件上，如图6-64所示。

**08** 在"效果控件"面板中展开"锐化"效果，并设置"锐化量"为70，如图6-65所示。

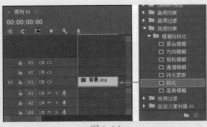

图6-64

图6-65

**09** 在"效果"面板中搜索"颜色平衡"效果，并按住鼠标左键将其拖曳到"背景.jpg"素材文件上，如图6-66所示。

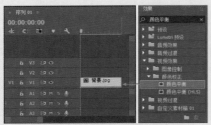

图6-66

**10** 在"效果控件"面板中展开"颜色平衡"效果，并设置"阴影红色平衡"为30.0、"中间调绿色平衡"为5.0、"中间调蓝色平衡"为5.0、"高光红色平衡"为7.0、"高光绿色平衡"为-14.0、"高光蓝色平衡"为-20.0，如图6-67所示。

图6-67

**11** 在菜单栏中执行"字幕"|"新建字幕"|"默认静态字幕"命令，并在弹出的"新建字幕"对话框中设置"名称"按钮，最后单击"确定"，如图6-68所示。

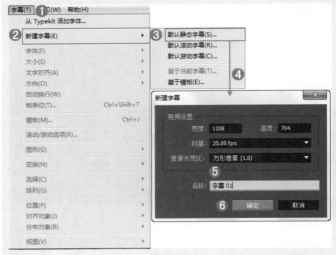

图6-68

**12** 在工具箱中单击"文字工具"按钮 **T**，并在工作区域输入"寄语"，设置"字体系列"为"汉仪琥珀体简"、"字体大小"为57.0、"行距"为9.0、设置"颜色"为浅黄色，勾选"阴影"复选框，设置"距离"为10.0、"大小"为0.0，如图6-69所示。

图6-69

**13** 在工具箱中单击"文字工具"按钮 **T**，并在工作区域输入"Send word"，设置"字体系列"为"Adobe黑体 Std"、"字体大小"为26.0、"行距"为9.0，设置"颜色"为浅黄色，勾选"阴影"复选框，设置"距离"为10.0、"大小"为0.0，如图6-70所示。

**14** 关闭字幕窗口。选择"项目"面板中的"字幕01"，并按住鼠标左键将其拖曳到V2轨道上，如图6-71所示。

艺境 中文版Premiere Pro视频编辑剪辑设计与制作全视频 实战228例

图6-70

图6-71

**15** 选择V2轨道上的"字幕01",在"效果控件"面板中展开"运动"效果,设置"位置"为(328.0,440.0)、"缩放"为150.0,如图6-72所示。

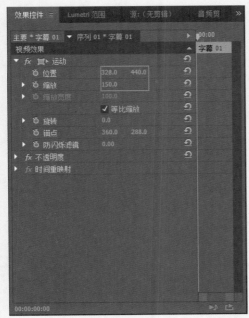

图6-72

**16** 拖动时间轴查看效果,如图6-73所示。

图6-73

## 实例118 旅游色彩调节效果

| 文件路径 | 第6章\旅游色彩调节效果 |
| --- | --- |
| 难易指数 | ⭐⭐⭐⭐⭐ |
| 技术掌握 | ● "通道混合器"效果<br>● "投影"效果<br>● 文字工具 |

扫码深度学习

### 操作思路

本实例讲解了在Premiere Pro中使用"通道混合器"效果、"投影"效果制作旅游色彩色调效果,并利用文字工具完成作品。

### 操作步骤

**01** 在菜单栏中执行"文件"|"新建"|"项目"命令,并在弹出的"新建项目"对话框中设置"名称",接着单击"浏览"按钮设置保存路径,最后单击"确定"按钮,如图6-74所示。

图6-74

**02** 在"项目"面板空白处单击鼠标右键,执行"新建项目"|"序列"命令。接着在弹出的"新建序列"对话框中选择DV-PAL文件夹下的"标准48kHz",如图6-75所示。

图6-75

**03** 在"项目"面板空白处双击鼠标左键，选择所需的"01.png"和"背景.jpg"素材文件，最后单击"打开"按钮，将它们进行导入，如图6-76所示。

图6-76

**04** 选择"项目"面板中的"01.png"和"背景.jpg"素材文件，并按住鼠标左键依次将其拖曳到轨道上，如图6-77所示。

图6-77

**05** 选择V1轨道上的"背景.jpg"素材文件，在"效果控件"面板中展开"运动"效果，并设置"缩放"为27.0，如图6-78所示。

**06** 在"效果"面板中搜索"通道混合器"效果，并按住鼠标左键将其拖曳到"背景.jpg"素材文件上，如图6-79所示。

图6-78

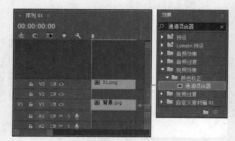

图6-79

**07** 在"效果控件"面板中展开"通道混合器"效果，设置"红色-绿色"为-3、"红色-恒量"为21、"绿色-红色"为16、"绿色-蓝色"为3、"蓝色-红色"为-3、"蓝色-绿色"为-5、"蓝色-恒量"为15，如图6-80所示。

图6-80

**08** 选择V3轨道上的"01.png"素材文件，在"效果控件"面板中设置"位置"为（517.0,130.0），如图6-81所示。

图6-81

09 选择V3轨道上的"01.png"素材文件,在"效果"面板中搜索"投影"效果,并按住鼠标左键将其拖曳到"01.png"素材文件上,如图6-82所示。

图6-82

10 在"效果控件"面板中展开"投影"效果,并设置"不透明度"为50%、"方向"为32.0°、"距离"为9.0、"柔和度"为20.0,如图6-83所示。

图6-83

11 在菜单栏中执行"字幕"|"新建字幕"|"默认静态字幕"命令,并在弹出的"新建字幕"对话框中设置"名称",最后单击"确定"按钮,如图6-84所示。

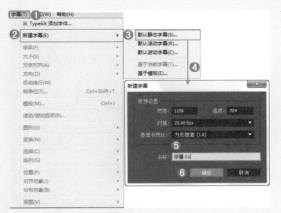

图6-84

12 在工具箱中单击"文字工具"按钮 T ,并在工作区域输入"TOURISM",设置"字体系列"为DaunPenh,设置"颜色"为蓝色,勾选"阴影"复选框,设置"不透明度"为60%、"角度"为100.0°、"距离"为5.0、"大小"为3.0、"扩展"为20.0,如图6-85所示。最终效果如图6-86所示。

图6-85

图6-86

| 实例119 | 朦胧效果 |
|---|---|
| 文件路径 | 第6章\朦胧效果 |
| 难易指数 | ⭐⭐⭐⭐⭐ |
| 技术掌握 | ● "颜色平衡(HLS)"效果<br>● Lumetri Color 效果<br>● 关键帧动画 |

## 操作思路

本实例讲解了在Premiere Pro中使用"颜色平衡（HLS）"效果、Lumetri Color效果制作朦胧效果，并使用关键帧动画制作朦胧变换动画。

## 操作步骤

**01** 在菜单栏中执行"文件"｜"新建"｜"项目"命令，并在弹出的"新建项目"对话框中设置"名称"，接着单击"浏览"按钮设置保存路径，最后单击"确定"按钮，如图6-87所示。

图6-87

**02** 在"项目"面板空白处单击鼠标右键，执行"新建项目"｜"序列"命令。接着在弹出的"新建序列"对话框中选择DV-PAL文件夹下的"标准48kHz"，如图6-88所示。

图6-88

**03** 在"项目"面板空白处双击鼠标左键，选择所需的"背景.jpeg"素材文件，最后单击"打开"按钮导入，如图6-89所示。

图6-89

**04** 选择"项目"面板中的"背景.jpeg"素材文件，并按住鼠标左键将其拖曳到V1轨道上，如图6-90所示。

图6-90

**05** 选择V1轨道上的"背景.jpeg"素材文件，在"效果控件"面板中展开"运动"效果，并设置"缩放"为75.0，如图6-91所示。

图6-91

**06** 选择V1轨道上的"背景.jpeg"素材文件，在"效果"面板中搜索"颜色平衡（HLS）"效果，并按住鼠标左键将其拖曳到"背景.jpeg"素材文件上，如图6-92所示。

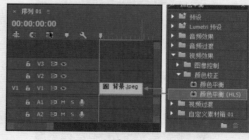

图6-92

**07** 在"效果控件"面板中展开"颜色平衡（HLS）"效果，并设置"色相"为-335.0°、"饱和度"为5.0，如图6-93所示。

**08** 在"效果"面板中搜索Lumetri Color效果，并按住鼠标左键将其拖曳到"背景.jpeg"素材文件上，如图6-94所示。

图6-93

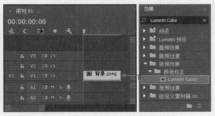

图6-94

09 将时间轴拖动到初始位置，在"效果控件"面板中展开Lumetri Color效果，单击"数量"前面的🔘，创建关键帧，并设置"数量"为0；将时间轴拖动到20帧的位置，设置"数量"为5.0，如图6-95所示。

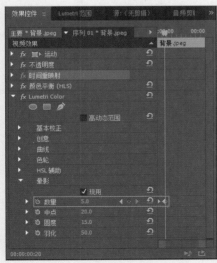

图6-95

10 拖动时间轴查看效果，如图6-96所示。

图6-96

## 实例120　暖意效果

| 文件路径 | 第6章\暖意效果 |
| --- | --- |
| 难易指数 | ⭐⭐⭐⭐⭐ |
| 技术掌握 | ● "均衡"效果　● "通道混合器"效果 |

扫码深度学习

### 操作思路

本实例讲解了在Premiere Pro中使用"均衡"效果、"通道混合器"效果制作暖色调的作品色彩。

### 操作步骤

01 在菜单栏中执行"文件"｜"新建"｜"项目"命令，并在弹出的"新建项目"对话框中设置"名称"，接着单击"浏览"按钮设置保存路径，最后单击"确定"按钮，如图6-97所示。

图6-97

02 在"项目"面板空白处双击鼠标左键，选择所需的"背景.jpg"素材文件，最后单击"打开"按钮，将其进行导入，如图6-98所示。

03 选择"项目"面板中的"背景.jpg"素材文件，并按住鼠标左键将其拖曳到V1轨道上，如图6-99所示。

图6-98

图6-99

04 选择V1轨道上的"背景.jpg"素材文件，在"效果"面板中搜索"均衡"效果，并按住鼠标左键将其拖曳到"背景.jpg"素材文件上，如图6-100所示。

图6-100

05 在"效果控件"面板中展开"均衡"效果，设置"均衡"为"Photoshop 样式"、"均衡量"为54.0%，如图6-101所示。查看效果如图6-102所示。

图6-101

图6-102

06 在"效果"面板中搜索"通道混合器"效果，并按住鼠标左键将其拖曳到"背景.jpg"素材文件上，如图6-103所示。

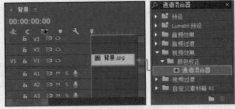

图6-103

07 在"效果控件"面板中展开"通道混合器"效果，并分别调节"红色-绿色"为10、"红色-蓝色"为10、"绿色-红色"为-1、"绿色-恒量"为5、"蓝色-绿色"为-20，如图6-104所示。

图6-104

08 拖动时间轴查看效果，如图6-105所示。

图6-105

## 实例121 欧美效果

| 文件路径 | 第6章\欧美效果 |
|---|---|
| 难易指数 | ⭐⭐⭐⭐⭐ |
| 技术掌握 | ● Lumetri Color 效果<br>● "三向颜色校正器"效果<br>● 文字工具 |

🔍扫码深度学习

### 💡操作思路

本实例讲解了在Premiere Pro中使用Lumetri Color效果、"三向颜色校正器"效果制作欧美风格的色调，最后使用文字工具制作文字放置于右下角。

### 🎙操作步骤

**01** 在菜单栏中执行"文件" | "新建" | "项目"命令，并在弹出的"新建项目"对话框中设置"名称"，接着单击"浏览"按钮设置保存路径，最后单击"确定"按钮，如图6-106所示。

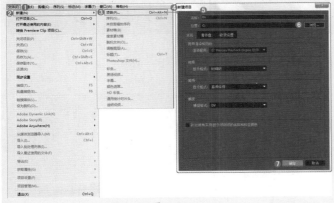

图6-106

**02** 在"项目"面板空白处双击鼠标左键，选择所需的"背景.jpg"素材文件，最后单击"打开"按钮，将其进行导入，如图6-107所示。

图6-107

**03** 选择"项目"面板中的"背景.jpg"素材文件，并按住鼠标左键将其拖曳到V1轨道上，如图6-108所示。

图6-108

**04** 选择V1轨道上的"背景.jpg"素材文件，在"效果"面板中搜索Lumetri Color效果，并按住鼠标左键将其拖曳到"背景.jpg"素材文件上，如图6-109所示。

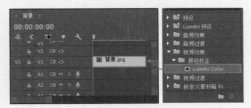

图6-109

**05** 在"效果控件"面板中展开Lumetri Color效果，设置"色温"为20.0、"色彩"为28.0、然后调节色环，如图6-110所示。

图6-110

**06** 在"效果"面板中搜索"三向颜色校正器"效果，并按住鼠标左键将其拖曳到"背景.jpg"素材文件上，如图6-111所示。

**07** 在"效果控件"面板中展开"三向颜色校正器"效果，并分别调整"阴影"色环和"中间调"色环，如图6-112所示。

艺境／第6章／画面调色

实战228例

Premiere Pro

177

图6-111

图6-112

**08** 在菜单栏中执行"字幕"|"新建字幕"|"默认静态字幕"命令,并在弹出的"新建字幕"对话框中设置"名称",最后单击"确定"按钮,如图6-113所示。

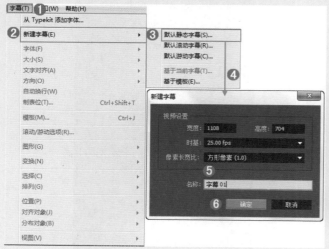

图6-113

**09** 在工具箱中单击"文字工具"按钮 **T**,并在工作区域输入文字,设置"字体系列"为DomLovesMaryPro、"字体大小"为155.1,勾选"阴影"复选框,如图6-114所示。

**10** 关闭字幕窗口。选择"项目"面板中的"字幕01",并按住鼠标左键将其拖曳到V2轨道上,如图6-115所示。

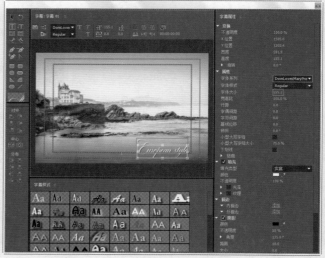

图6-114

图6-115

**11** 拖动时间轴查看效果,如图6-116所示。

图6-116

## 实例122 秋色效果

| 文件路径 | 第6章\秋色效果 |
|---|---|
| 难易指数 | ★★★★★ |
| 技术掌握 | ● "亮度与对比度"效果<br>● "颜色平衡"效果 |

Q扫码深度学习

### 操作思路

本实例讲解了在Premiere Pro中使用"亮度与对比度"效果、"颜色平衡"效果将绿色色调的作品更改为橙色色调的作品效果。

## 操作步骤

**01** 在菜单栏中执行"文件"|"新建"|"项目"命令，并在弹出的"新建项目"对话框中设置"名称"，接着单击"浏览"按钮设置保存路径，最后单击"确定"按钮，如图6-117所示。

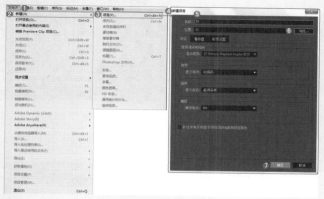

图6-117

**02** 在"项目"面板空白处双击鼠标左键，选择所需的"背景.jpg"素材文件，最后单击"打开"按钮，将其进行导入，如图6-118所示。

图6-118

**03** 选择"项目"面板中的"背景.jpg"素材文件，并按住鼠标左键将其拖曳到V1轨道上，如图6-119所示。

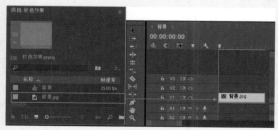

图6-119

**04** 选择V1轨道上的"背景.jpg"素材文件，在"效果"面板中搜索"亮度与对比度"效果，并按住鼠标左

键将其拖曳到"背景.jpg"素材文件上，如图6-120所示。

**05** 在"效果控件"面板中展开"亮度与对比度"效果，设置"亮度"为11.0、"对比度"为2.0，如图6-121所示。

图6-120

图6-121

**06** 在"效果"面板中搜索"颜色平衡"效果，并按住鼠标左键将其拖曳到"背景.jpg"素材文件上，如图6-122所示。

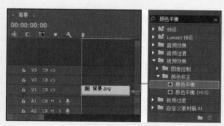

图6-122

**07** 在"效果控件"面板中展开"颜色平衡"效果，并设置"阴影红色平衡"为91.0、"阴影绿色平衡"为-6.0、"高光红色平衡"为37.0、"高光绿色平衡"为-35.0、"高光蓝色平衡"为56.0，如图6-123所示。

**08** 拖动时间轴查看效果，如图6-124所示。

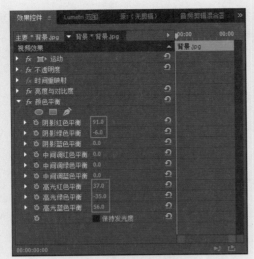

图6-123

图6-124

中选择DV-PAL文件夹下的"标准48kHz"，如图6-126所示。

图6-125

图6-126

03 在"项目"面板空白处双击鼠标左键，选择所需的"01.jpg"和"02.png"素材文件，最后单击"打开"按钮，将它们进行导入，如图6-127所示。

图6-127

## 实例123 色彩转换效果

| | |
|---|---|
| 文件路径 | 第6章\色彩转换效果 |
| 难易指数 | ★★★★★ |
| 技术掌握 | ● "颜色平衡"效果　● 文字工具<br>● 直线工具 |

扫码深度学习

### 操作思路

本实例讲解了在Premiere Pro中使用"颜色平衡"效果制作冷色调画面，并使用文字工具创建文字，最后使用直线工具绘制直线效果。

### 操作步骤

01 在菜单栏中执行"文件"｜"新建"｜"项目"命令，并在弹出的"新建项目"对话框中设置"名称"，接着单击"浏览"按钮设置保存路径，最后单击"确定"按钮，如图6-125所示。

02 在"项目"面板空白处单击鼠标右键，执行"新建项目"｜"序列"命令。接着在弹出的"新建序列"对话框

04 选择"项目"面板中的素材文件，并按住鼠标左键依次将它们拖曳到轨道上，如图6-128所示。

图6-128

**05** 选择V1轨道上的"01.jpg"素材文件，在"效果"面板中搜索"颜色平衡"效果，并按住鼠标左键将其拖曳到"01.jpg"素材文件上，如图6-129所示。

图6-129

**06** 在"效果控件"面板中展开"颜色平衡"效果，并设置"阴影红色平衡"为-9.0、"阴影绿色平衡"为-3.0、"阴影蓝色平衡"为69.0、"中间调红色平衡"为-11.0、"中间调绿色平衡"为9.0、"中间调蓝色平衡"为9.0、"高光红色平衡"为-20.0、"高光绿色平衡"为7.0、"高光蓝色平衡"为35.0，如图6-130所示。

**07** 选择V2轨道上的"02.png"素材文件，并在"效果控件"面板中设置"位置"为（360.0,177.0）、"缩放"为99.0，如图6-131所示。

图6-130                    图6-131

**08** 在菜单栏中执行"字幕" | "新建字幕" | "默认静态字幕"命令，并在弹出的"新建字幕"对话框中设置"名称"，最后单击"确定"按钮，如图6-132所示。

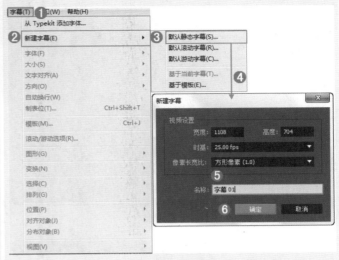

图6-132

**09** 在工具箱中单击"文字工具"按钮，并在工作区域输入"NATURE"，设置"字体系列"为Adobe Arabic，设置"颜色"为白色，最后勾选"阴影"复选框，如图6-133所示。

图6-133

**10** 在工具箱中单击"文字工具"按钮，并在工作区域输入"Blue sky"，设置"字体系列"为Vijaya、"字体大小"为37.0，设置"颜色"为白色，最后勾选"阴影"复选框，如图6-134所示。

**11** 在工具箱中单击"直线工具"按钮，并按住鼠标左键在工作区域绘制出两条直线，如图6-135所示。

图6-134

图6-135

**12** 关闭字幕窗口。选择"项目"面板中的"字幕01"，并按住鼠标左键将其拖曳到V3轨道上，如图6-136所示。

图6-136

**13** 拖动时间轴查看效果，如图6-137所示。

图6-137

## 实例124　四色效果

| 文件路径 | 第6章\四色效果 |
|---|---|
| 难易指数 | ★★★★★ |
| 技术掌握 | "四色渐变"效果 |

⌕扫码深度学习

### 💡 操作思路

　　本实例讲解了在Premiere Pro中使用"四色渐变"效果制作出4种颜色的渐变色调效果。

### 🎤 操作步骤

**01** 在菜单栏中执行"文件"｜"新建"｜"项目"命令，并在弹出的"新建项目"对话框中设置"名称"，接着单击"浏览"按钮设置保存路径，最后单击"确定"按钮，如图6-138所示。

图6-138

**02** 在"项目"面板空白处单击鼠标右键，执行"新建项目"｜"序列"命令。接着在弹出的"新建序列"对话框中选择DV-PAL文件夹下的"标准48kHz"，如图6-139所示。

**03** 在"项目"面板空白处双击鼠标左键，选择所需的"01.jpg"素材文件，最后单击"打开"按钮，将其进行导入，如图6-140所示。

182

图6-139

图6-140

04 选择"项目"面板中的"01.jpg"素材文件，并按住鼠标左键将其拖曳到V1轨道上，如图6-141所示。

图6-141

05 选择V1轨道上的"01.jpg"素材文件，在"效果"面板中搜索"四色渐变"效果，并按住鼠标左键将其拖曳到"01.jpg"素材文件上，如图6-142所示。

图6-142

06 在"效果控件"面板中展开"四色渐变"效果，设置"点1"为（281.0,216.0）、"点2"为（508.8,368.0）、"点3"为（153.8,127.0）、"点4"为（674.0,469.0），设置"混合模式"为"滤色"，如图6-143所示。

图6-143

07 拖动时间轴查看效果，如图6-144所示。

图6-144

提示

**改变四色的颜色**

在设置时，重新设置"颜色1""颜色2""颜色3"和"颜色4"，就可以改变四色渐变的颜色。

## 实例125  提高画面亮度效果

| 文件路径 | 第6章\提高画面亮度效果 |
| --- | --- |
| 难易指数 | ★★★★★ |
| 技术掌握 | "RGB颜色校正器"效果 |

扫码深度学习

💡 操作思路

本实例讲解了在Premiere Pro中使用"RGB颜色校正器"效果提高画面亮度。

## 🎙️操作步骤

**01** 在菜单栏中执行"文件"｜"新建"｜"项目"命令，并在弹出的"新建项目"对话框中设置"名称"，接着单击"浏览"按钮设置保存路径，最后单击"确定"按钮，如图6-145所示。

图6-145

**02** 在"项目"面板空白处单击鼠标右键，执行"新建项目"｜"序列"命令。接着在弹出的"新建序列"对话框中选择DV-PAL文件夹下的"标准48kHz"，如图6-146所示。

图6-146

**03** 在"项目"面板空白处双击鼠标左键，选择所需的"01.jpg"素材文件，最后单击"打开"按钮，将其进行导入，如图6-147所示。

图6-147

**04** 选择"项目"面板中的"01.jpg"素材文件，并按住鼠标左键将其拖曳到V1轨道上，如图6-148所示。

图6-148

**05** 选择V1轨道上的"01.jpg"素材文件，在"效果"面板中搜索"RGB颜色校正器"效果，并按住鼠标左键将其拖曳到"01.jpg"素材文件上，如图6-149所示。

图6-149

**06** 在"效果控件"面板中展开"RGB颜色校正器"效果，设置"灰度系数"为2.0、"基值"为0.10，展开"辅助颜色校正"效果，设置"柔化"为45.0，如图6-150所示。

图6-150

**提示**

使用其他效果依然可以提高画面亮度

选择V1轨道上的"01.jpg"素材文件，并为其添加"颜色平衡"效果，再在"效果控件"面板中设置相应的参数，如图6-151和图6-152所示。

图6-151

图6-152

07 拖动时间轴查看效果，如图6-153所示。

图6-153

## 实例126　提色效果

| 文件路径 | 第6章\提色效果 |
| --- | --- |
| 难易指数 | ★★★★★ |
| 技术掌握 | "分色"效果 |

扫码深度学习

### 操作思路

本实例讲解了在Premiere Pro中使用"分色"效果制作只保留单色、其他颜色为灰色的效果。

### 操作步骤

01 在菜单栏中执行"文件"｜"新建"｜"项目"命令，并在弹出的"新建项目"对话框中设置"名称"，接着单击"浏览"按钮设置保存路径，最后单击"确定"按钮，如图6-154所示。

图6-154

02 在"项目"面板空白处单击鼠标右键，执行"新建项目"｜"序列"命令。接着在弹出的"新建序列"对话框中选择DV-PAL文件夹下的"标准48kHz"，如图6-155所示。

图6-155

03 在"项目"面板空白处双击鼠标左键，选择所需的"01.jpg"素材文件，最后单击"打开"按钮，将其进行导入，如图6-156所示。

04 选择"项目"面板中的"01.jpg"素材文件，并按住鼠标左键将其拖曳到V1轨道上，如图6-157所示。

图6-156

图6-157

05 选择V1轨道上的"01.jpg"素材文件，在"效果控件"面板中展开"运动"效果，设置"缩放"为113.0，如图6-158所示。

图6-158

06 选择V1轨道上的"01.jpg"素材文件，在"效果"面板中搜索"分色"效果，并按住鼠标左键将其拖曳到"01.jpg"素材文件上，如图6-159所示。

图6-159

07 在"效果控件"面板中展开"分色"效果，单击"要保留的颜色"后面的吸管，并在"节目"监视器中

吸取想要保留的颜色，再设置"脱色量"为100.0%，"容差"为30.0%，如图6-160所示。

图6-160

08 拖动时间轴查看效果，如图6-161所示。

图6-161

## 实例127　通道混合器效果

| 文件路径 | 第6章\通道混合器效果 |
| --- | --- |
| 难易指数 | ★★★★★ |
| 技术掌握 | "通道混合器"效果 |

扫码深度学习

### 操作思路

本实例讲解了在Premiere Pro中使用"通道混合器"效果修改画面色调效果。

### 操作步骤

01 在菜单栏中执行"文件"｜"新建"｜"项目"命令，并在弹出的"新建项目"对话框中设置"名称"，接着单击"浏览"按钮设置保存路径，最后单击"确定"按钮，如图6-162所示。

02 在"项目"面板空白处单击鼠标右键，执行"新建项目"｜"序列"命令。接着在弹出的"新建序列"对话框中选择DV-PAL文件夹下的"标准48kHz"，如图6-163所示。

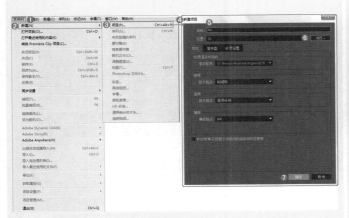

图6-162

图6-163

03 在"项目"面板空白处双击鼠标左键,选择所需的"01.jpg"素材文件,最后单击"打开"按钮,将其进行导入,如图6-164所示。

图6-164

04 选择"项目"面板中的"01.jpg"素材文件,并按住鼠标左键将其拖曳到V1轨道上,如图6-165所示。

05 在"效果"面板中搜索"通道混合器"效果,并按住鼠标左键将其拖曳到"01.jpg"素材文件上,如图6-166所示。

图6-165

图6-166

06 在"效果控件"面板中展开"通道混合器"效果,设置"红色–蓝色"为–10、"绿色–红色"为–6、"绿色–蓝色"为–6、"绿色–恒量"为4、"蓝色–红色"为47、"蓝色–绿色"为–20,如图6-167所示。

图6-167

07 拖动时间轴查看效果,如图6-168所示。

图6-168

## 实例128　唯美冬季效果

| 文件路径 | 第6章\唯美冬季效果 |
|---|---|
| 难易指数 | ★★★★★ |
| 技术掌握 | ● "镜头光晕"效果<br>● "颜色平衡"效果<br>● "亮度与对比度"效果 |

### 操作思路

本实例讲解了在Premiere Pro中使用"镜头光晕"效果、"颜色平衡"效果、"亮度与对比度"效果制作唯美风格的冬季效果。

### 操作步骤

**01** 在菜单栏中执行"文件"|"新建"|"项目"命令，并在弹出的"新建项目"对话框中设置"名称"，接着单击"浏览"按钮设置保存路径，最后单击"确定"按钮，如图6-169所示。

图6-169

**02** 在"项目"面板空白处双击鼠标左键，选择所需的"背景.jpg"素材文件，最后单击"打开"按钮，将其进行导入，如图6-170所示。

图6-170

**03** 选择"项目"面板中的"背景.jpg"素材文件，并按住鼠标左键将其拖曳到V1轨道上，如图6-171所示。

图6-171

**04** 选择V1轨道上的"背景.jpg"素材文件，在"效果"面板中搜索"镜头光晕"效果，并按住鼠标左键将其拖曳到"背景.jpg"素材文件上，如图6-172所示。

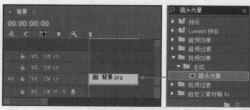

图6-172

**05** 在"效果控件"面板中展开"镜头光晕"效果，设置"光晕中心"为（402.6,285.4）、"光晕亮度"为82%、"镜头类型"为"35毫米定焦"，如图6-173所示。查看效果如图6-174所示。

图6-173

图6-174

**06** 在"效果"面板中搜索"颜色平衡"效果，并按住鼠标左键将其拖曳到"背景.jpg"素材文件上，如图6-175所示。

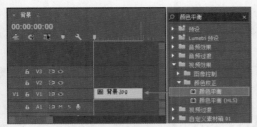

图6-175

图6-178

**07** 在"效果控件"面板中展开"颜色平衡"效果，并设置"阴影红色平衡"为29.0、"阴影绿色平衡"为2.0、"阴影蓝色平衡"为78.0、"中间调红色平衡"为15.0、"中间调蓝色平衡"为20.0、"高光红色平衡"为5.0、"高光绿色平衡"为–10.0，如图6–176所示。查看效果如图6–177所示。

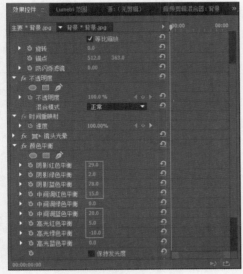

图6-176

图6-179

**10** 拖动时间轴查看效果，如图6–180所示。

图6-180

图6-177

**08** 在"效果"面板中搜索"亮度与对比度"效果，并按住鼠标左键将其拖曳到"背景.jpg"素材文件上，如图6–178所示。

**09** 在"效果控件"面板中展开"亮度与对比度"效果，并设置"亮度"为–13.0、"对比度"为2.0，如图6–179所示。

---

### 实例129　增加色彩的浓度

| 文件路径 | 第6章\增加色彩的浓度 |
| --- | --- |
| 难易指数 | ⭐⭐⭐⭐⭐ |
| 技术掌握 | ● "亮度与对比度"效果<br>● "均衡"效果 |

🔍扫码深度学习

💡 **操作思路**

本实例讲解了在Premiere Pro中使用"亮度与对比度"效果、"均衡"效果将作品的色彩浓度增强。

## 🎙️操作步骤

**01** 在菜单栏中执行"文件"|"新建"|"项目"命令，并在弹出的"新建项目"对话框中设置"名称"，接着单击"浏览"按钮设置保存路径，最后单击"确定"按钮，如图6-181所示。

图6-181

**02** 在"项目"面板空白处单击鼠标右键，执行"新建项目"|"序列"命令。接着在弹出的"新建序列"对话框中选择DV-PAL文件夹下的"标准48kHz"，如图6-182所示。

图6-182

**03** 在"项目"面板空白处双击鼠标左键，选择所需的"01.jpg"素材文件，最后单击"打开"按钮，将其进行导入，如图6-183所示。

图6-183

**04** 选择"项目"面板中的"01.jpg"素材文件，并按住鼠标左键将其拖曳到V2轨道上，如图6-184所示。

图6-184

**05** 在"效果控件"面板中展开"运动"效果，设置"缩放"为50.0，如图6-185所示。

图6-185

**06** 选择V2轨道上的"01.jpg"素材文件，在"效果"面板中搜索"亮度与对比度"效果，并按住鼠标左键将其拖曳到"01.jpg"素材文件上，如图6-186所示。

图6-186

**07** 展开"亮度与对比度"效果，设置"亮度"为6.0、"对比度"为22.0，如图6-187所示。

**08** 在"效果"面板中搜索"均衡"效果，并按住鼠标左键将其拖曳到"01.jpg"素材文件上，如图6-188所示。

**09** 在"效果控件"面板中展开"均衡"效果，设置"均衡量"为60.0%，如图6-189所示。

**10** 拖动时间轴查看效果，如图6-190所示。

图 6-187

图 6-188

图 6-189

图 6-190

## 实例130　增强画面色彩

| 文件路径 | 第6章\增强画面色彩 |
| --- | --- |
| 难易指数 | ★★★★★ |
| 技术掌握 | "快速颜色校正器"效果 |

扫码深度学习

### 操作思路

本实例讲解了在Premiere Pro中使用"快速颜色校正器"效果将作品的画面色彩进行增强。

### 操作步骤

**01** 在菜单栏中执行"文件"｜"新建"｜"项目"命令，并在弹出的"新建项目"对话框中设置"名称"，接着单击"浏览"按钮设置保存路径，最后单击"确定"按钮，如图6-191所示。

图 6-191

**02** 在"项目"面板空白处单击鼠标右键，执行"新建项目"｜"序列"命令。接着在弹出的"新建序列"对话框中选择DV-PAL文件夹下的"标准48kHz"，如图6-192所示。

图 6-192

**03** 在"项目"面板空白处双击鼠标左键，选择所需的"01.jpg"素材文件，最后单击"打开"按钮，将其进行导入，如图6-193所示。

图6-193

06 在"效果控件"面板中展开"快速颜色校正器"效果，设置"色相角度"为6.0°、"平衡数量级"为92.00、"平衡增益"为5.00、"平衡角度"为-134.5°、"饱和度"为144.00，如图6-196所示。

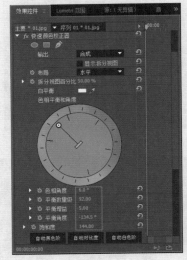

图6-196

04 选择"项目"面板中的"01.jpg"素材文件，并按住鼠标左键将其拖曳到V1轨道上，如图6-194所示。

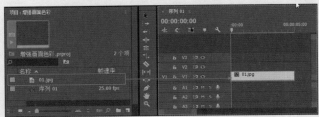

图6-194

07 拖动时间轴查看效果，如图6-197所示。

05 选择V1轨道上的"01.jpg"素材文件，在"效果"面板中搜索"快速颜色校正器"效果，并按住鼠标左键将其拖曳到"01.jpg"素材文件上，如图6-195所示。

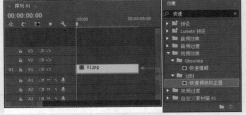

图6-195

图6-197

艺览 中文版Premiere Pro视频编辑剪辑设计与制作全视频 实战228例

Premiere Pro

# 抠像合成效果

**本章概述**
抠像英文称作Key，意思是吸取画面中的某一种颜色作为透明色，将它从画面中抠去，从而使背景透出来，从而可以进行合成操作。抠像技术常用于电影特效、电视包装、广告等设计中。Premiere Pro中有多种用于抠像的效果，可以快速地将画面背景抠除。

**本章重点**
◆ Premiere Pro中抠像技术的应用
◆ 人物抠像并合成背景制作广告效果

/ 佳 / 作 / 欣 / 赏 /

## 实例131 创意合成效果——合成部分

| 文件路径 | 第7章 \ 创意合成效果 |
|---|---|
| 难易指数 | ★★★★★ |
| 技术掌握 | ● "RGB曲线"效果<br>● "超级键"效果<br>● "亮度与对比度"效果 |

扫码深度学习

### 💡操作思路

本实例讲解了在Premiere Pro中使用"超级键"效果对人像进行抠图,使用"RGB曲线"效果、"亮度与对比度"效果调整颜色,并制作创意合成作品中的合成部分。

### 🎤操作步骤

**01** 在菜单栏中执行"文件" | "新建" | "项目"命令,并在弹出的"新建项目"对话框中设置"名称",接着单击"浏览"按钮设置保存路径,最后单击"确定"按钮,如图7-1所示。

图7-1

**02** 在"项目"面板空白处双击鼠标左键,选择所需的"01.jpg"和"背景.jpg"素材文件,最后单击"打开"按钮,将它们进行导入,如图7-2所示。

图7-2

**03** 选择"项目"面板中的"背景.jpg"和"01.jpg"素材文件,并按住鼠标左键将它们分别拖曳到V1和V2

轨道上,如图7-3所示。

图7-3

**04** 选择V1轨道上的"背景.jpg"素材文件,在"效果"面板中搜索"RGB曲线"效果,并按住鼠标左键将其拖曳到"背景.jpg"素材文件上,如图7-4所示。

图7-4

**05** 在"效果控件"面板中展开"RGB曲线"效果,分别设置"主要""红色""绿色"和"蓝色"曲线,如图7-5所示。查看效果,如图7-6所示。

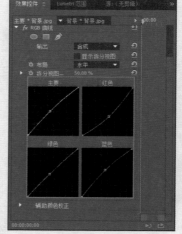

图7-5

图7-6

**06** 选择V2轨道上的"01.jpg"素材文件,在"效果"面板中搜索"超级键"效果,并按住鼠标左键将其拖曳到"01.jpg"素材文件上,如图7-7所示。

艺境 中文版Premiere Pro视频编辑剪辑设计与制作全视频 实战228例

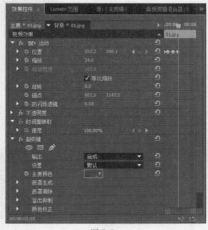

图7-7

**07** 在"效果控件"面板中展开"超级键"效果,单击"主要颜色"后面的吸管 ,在"节目"监视器中吸取蓝色,如图7-8和图7-9所示。

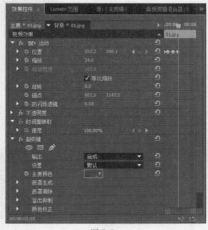

图7-8

图7-9

**08** 在"效果"面板中搜索"亮度与对比度"效果,并按住鼠标左键将其拖曳到"01.jpg"素材文件上,如图7-10所示。

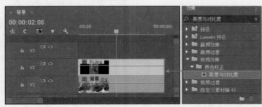

图7-10

**09** 在"效果控件"面板中设置"位置"为(557.2,390.1)、"缩放"为24.0。展开"亮度与对比度"效果,设置"亮度"为21.0、"对比度"为1.0,如图7-11所示。

**10** 此时的合成效果如图7-12所示。

图7-11

图7-12

---

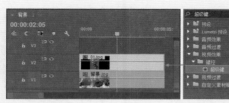

## 实例132　创意合成效果——动画部分

| 文件路径 | 第7章\创意合成效果 |
|---|---|
| 难易指数 | ★★★★★ |
| 技术掌握 | 关键帧动画 |

〔二维码〕扫码深度学习

### 操作思路

本实例讲解了在Premiere Pro中使用关键帧动画制作创意合成作品中的动画部分。

### 操作步骤

**01** 选择V2轨道上的"01.jpg"素材文件,将时间轴拖动到初始位置,设置"缩放"为24.0,单击"不透明度"下面的椭圆形蒙版,设置"蒙版羽化"为410.0,如图7-13所示。

图7-13

**02** 将时间轴拖动到初始位置,单击"位置"和"蒙版路径"前面的  ,创建关键帧,并设置"位置"为(557.2,582.1),在"节目"监视器中调节蒙版;将时间轴拖动到15帧的位置,设置"位置"为(557.2,582.1),在"节目"监视器中调整蒙版;将时间轴拖动到1秒10帧的位置，设置"位置"为（557.2,480.1），在"节目"监视器中调整蒙版；将时间轴拖动到2秒05帧的位置，设置"位置"为（557.2,390.1），在"节目"监视器中调整蒙版，如图7-14和图7-15所示。

图7-14　　　　　　　　　　　　图7-15

$\boxed{03}$ 拖动时间轴查看效果，如图7-16所示。

图7-16

| 实例133 | 服装广告抠像合成 |
| --- | --- |
| 文件路径 | 第7章\服装广告抠像合成 |
| 难易指数 | ★★★★★ |
| 技术掌握 | "超级键"效果 |

扫码深度学习

### 操作思路

本实例讲解了在Premiere Pro中使用"超级键"效果将作品中的人物背景抠除，并进行合成。

### 操作步骤

$\boxed{01}$ 在菜单栏中执行"文件"｜"新建"｜"项目"命令，并在弹出的"新建项目"对话框中设置"名称"，接着单击"浏览"按钮设置保存路径，最后单击"确定"按钮，如图7-17所示。

图7-17

$\boxed{02}$ 在"项目"面板空白处单击鼠标右键，执行"新建项目"｜"序列"命令。接着在弹出的"新建序列"对话框中选择DV-PAL文件夹下的"标准48kHz"，如图7-18所示。

图7-18

$\boxed{03}$ 在"项目"面板空白处双击鼠标左键，选择所需的"01.png""02.jpg"和"背景.jpg"素材文件，最后单击"打开"按钮，将它们进行导入，如图7-19所示。

图7-19

$\boxed{04}$ 选择"项目"面板中的素材文件，并按住鼠标左键依次将它们拖曳到轨道上，如图7-20所示。

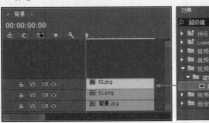

图7-20

**05** 选择V3轨道上的"02.jpg"素材文件,在"效果"面板中搜索"超级键"效果,并按住鼠标左键将其拖曳到"02.jpg"素材文件上,如图7-21所示。

图7-21

**06** 在"效果控件"面板中展开"超级键"效果,单击"主要颜色"后面的吸管 ,并在"节目"监视器中吸取绿色,如图7-22所示。

图7-22

**07** 拖动时间轴查看效果,如图7-23所示。

图7-23

| 实例134 | 公益广告效果——合成效果 |
|---|---|
| 文件路径 | 第7章\公益广告效果 |
| 难易指数 | ★★★★★ |
| 技术掌握 | "超级键"效果 |

扫码深度学习

**操作思路**

本实例讲解了在Premiere Pro中使用"超级键"效果抠除动物的背景,并将素材进行合成。

**操作步骤**

**01** 在菜单栏中执行"文件"|"新建"|"项目"命令,并在弹出的"新建项目"对话框中设置"名称",接着单击"浏览"按钮设置保存路径,最后单击"确定"按钮,如图7-24所示。

图7-24

**02** 在"项目"面板空白处双击鼠标左键,选择所需的"01.jpg""01.png"~"05.png"和"背景.jpg"素材文件,最后单击"打开"按钮,将它们进行导入,如图7-25所示。

图7-25

**03** 选择"项目"面板中的素材文件,并按住鼠标左键依次将它们拖曳到轨道上。选择V2轨道上的"01.png"素材文件,在"效果控件"面板中展开"不透明度"效果,并设置"混合模式"为"线性加深",如图7-26所示。

**04** 选择V3轨道上的"01.jpg"素材文件,在"效果"面板中搜索"超级键"效果,并按住鼠标左键将其拖曳到"01.jpg"素材文件上,如图7-27所示。

图7-26

图7-27

05 在"效果控件"面板中展开"超级键"效果,单击"主要颜色"后面的吸管 ,并在"节目"监视器中吸取绿色,如图7-28和图7-29所示。

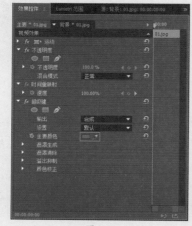

图7-28

图7-29

06 此时合成效果如图7-30所示。

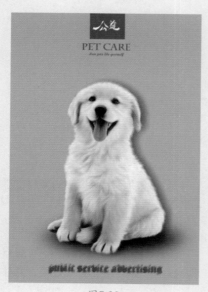

图7-30

<table>
<tr><td colspan="2">实例135 公益广告效果——动画效果</td></tr>
<tr><td>文件路径</td><td>第7章\公益广告效果</td></tr>
<tr><td>难易指数</td><td>★★★★★</td></tr>
<tr><td>技术掌握</td><td>关键帧动画</td></tr>
</table>

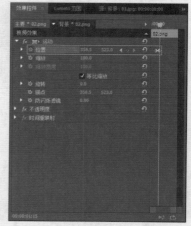

扫码深度学习

**操作思路**

本实例讲解了在Premiere Pro中使用关键帧动画制作素材的动画效果。

**操作步骤**

01 选择V4轨道上的"02.png"素材文件,将时间轴拖动到1秒的位置,单击"位置"前面的 ,创建关键帧,并设置"位置"为(358.5,422.0);将时间轴拖动到1秒15帧的位置,设置"位置"为(358.5,523.0),如图7-31所示。

图7-31

02 选择V5轨道上的"03.png"素材文件,将时间轴拖动到1秒15帧的位置,单击"不透明度"前面的 ,创建关键帧,并设置"不透明度"为0.0;将时间轴拖动到2秒05帧的位置,设置"不透明度"为100.0%,如图7-32所示。

03 选择V6轨道上的"04.png"素材文件,将时间轴拖动到2秒05

帧的位置，单击"缩放"前面的 ，创建关键帧，并设置"缩放"为0.0；将时间轴拖动到3秒的位置，设置"缩放"为100.0，如图7-33所示。

图7-32

图7-33

04 选择V7轨道上的"05.png"素材文件，将时间轴拖动到3秒的位置，单击"位置"前面的 ，创建关键帧；并设置"位置"为（358.5,604.0）；将时间轴拖动到4秒的位置，设置"位置"为（358.5,523.0），如图7-34所示。

图7-34

05 拖动时间轴查看效果，如图7-35所示。

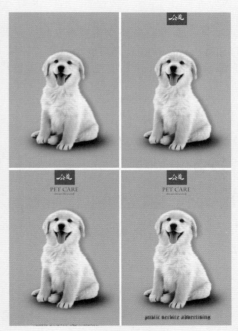

图7-35

| 实例136 | 人物鲜花合成效果 | |
| --- | --- | --- |
| 文件路径 | 第7章 \ 人物鲜花合成效果 | |
| 难易指数 | ★★★★★ | |
| 技术掌握 | "超级键"效果 | 扫码深度学习 |

操作思路

本实例讲解了在Premiere Pro中使用"超级键"效果将人物背景进行抠除，并合成其他元素制作完成作品。

操作步骤

01 在菜单栏中执行"文件"｜"新建"｜"项目"命令，并在弹出的"新建项目"对话框中设置"名称"，接着单击"浏览"按钮设置保存路径，最后单击"确定"按钮，如图7-36所示。

图7-36

02 在"项目"面板空白处双击鼠标左键,选择所需的
"01.jpg""02.png""03.png"和"背景.jpg"素
材文件,最后单击"打开"按钮,将它们进行导入,如
图7-37所示。

图7-37

03 选择"项目"面板中的"01.jpg"和"背景.jpg"素
材文件,并按住鼠标左键依次将它们拖曳到V1和V2
轨道上,如图7-38所示。

图7-38

04 选择V2轨道上"01.jpg"素材文件,在"效果"面板
中搜索"超级键"效果,并按住鼠标左键将其拖曳到
"01.jpg"素材文件上,如图7-39所示。

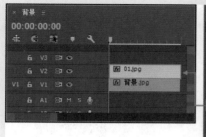

图7-39

05 在"效果控件"面板中展开"超级键"效果,在"主
要颜色"后面单击吸管,并在"节目"监视器中吸
取蓝色,如图7-40和图7-41所示。

06 在"效果控件"面板中执行"超级键"|"遮罩清
除"命令,设置"抑制"为22.0,如图7-42所示。
查看效果如图7-43所示。

图7-40                    图7-41

图7-42                    图7-43

07 选择"项目"面板中的"02.png"和"03.png"素材
文件,并按住鼠标左键依次将其拖曳到V3和V4轨道
上,如图7-44所示。

图7-44

08 拖动时间轴查看效果,如图7-45所示。

艺境 中文版Premiere Pro视频编辑剪辑设计与制作全视频 实战228例

图7-45

## 实例137 睡衣海报效果

| 文件路径 | 第7章\睡衣海报效果 |
|---|---|
| 难易指数 | ⭐⭐⭐⭐⭐ |
| 技术掌握 | ● "超级键"效果　　● 混合模式 |

扫码深度学习

### 操作思路

本实例讲解了在Premiere Pro中使用"超级键"效果抠除人物背景，并设置素材的混合模式制作完成海报效果。

### 操作步骤

01 在菜单栏中执行"文件"｜"新建"｜"项目"命令，并在弹出的"新建项目"对话框中设置"名称"，接着单击"浏览"按钮设置保存路径，最后单击"确定"按钮，如图7-46所示。

图7-46

02 在"项目"面板空白处双击鼠标左键，选择所需的"01.png"～"04.png"和"背景.jpg"素材文件，最后单击"打开"按钮，将它们进行导入，如图7-47所示。

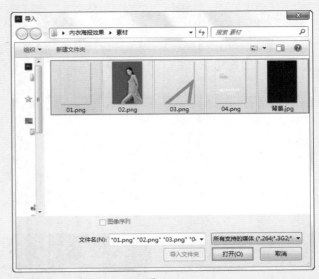

图7-47

03 选择"项目"面板中所有素材文件，并按住鼠标左键依次将它们拖曳到轨道上，如图7-48所示。

图7-48

04 选择V3轨道上的"02.png"素材文件，在"效果"面板中搜索"超级键"效果，并按住鼠标左键将其拖曳到"02.png"素材文件上，如图7-49所示。

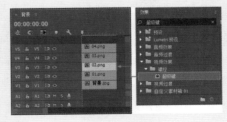

图7-49

05 在"效果控件"面板中展开"超级键"效果，单击"主要颜色"后面的吸管，并在"节目"监视器中吸取绿色，如图7-50和图7-51所示。

06 选择V4轨道上的"03.png"素材文件，在"效果控件"面板中展开"不透明度"效果，设置"混合模式"为"变暗"，如图7-52所示。

07 拖动时间轴查看效果，如图7-53所示。

图7-50

图7-51

图7-54

图7-52

图7-53

图7-55

## 实例138　天使动画效果——合成部分

| 文件路径 | 第7章\天使动画效果 |
|---|---|
| 难易指数 | ★★★★★ |
| 技术掌握 | "超级键"效果 |

（扫码深度学习）

### 操作思路

本实例讲解了在Premiere Pro中使用"超级键"效果抠除人物背景，并合成背景制作奇幻天使效果。

### 操作步骤

**01** 在菜单栏中执行"文件"｜"新建"｜"项目"命令，并在弹出的"新建项目"对话框中设置"名称"，接着单击"浏览"按钮设置保存路径，最后单击"确定"按钮，如图7-54所示。

**02** 在"项目"面板空白处双击鼠标左键，选择所需的"01.jpg""02.png"～"06.png"和"背景.jpg"素材文件，最后单击"打开"按钮，将它们进行导入，如图7-55所示。

**03** 选择"项目"面板中的所有素材文件，并按住鼠标左键依次将它们拖曳到轨道上，如图7-56所示。

图7-56

**04** 选择V2轨道上的"01.jpg"素材文件，在"效果"面板中搜索"超级键"效果，并按住鼠标左键将其拖曳到"01.jpg"素材文件上，如图7-57所示。

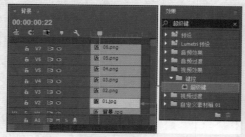

图7-57

艺境 中文版Premiere Pro视频编辑剪辑设计与制作全视频 实战228例

05 在"效果控件"面板中展开"超级键"效果，并单击"主要颜色"后面的吸管☑，在"节目"监视器中吸取绿色，最后设置"抑制"为50.0，如图7-58和图7-59所示。

图7-58

图7-59

06 此时合成效果如图7-60所示。

图7-60

### 实例139　天使动画效果——动画部分

| 文件路径 | 第7章 \ 天使动画效果 | |
|---|---|---|
| 难易指数 | ★★★★★ | |
| 技术掌握 | 关键帧动画 | |

🔍扫码深度学习

💡 操作思路

本实例讲解了在Premiere Pro中使用关键帧动画制作素材的缩放、不透明度、位置动画效果。

🎙 操作步骤

01 选择V2轨道上的"01.jpg"素材文件，将时间轴拖动到初始位置，单击"缩放"和"不透明度"前面的☑，创建关键帧，并设置"缩放"为0，"不透明度"为0.0；将时间轴拖动到1秒的位置，设置"缩放"为100.0、"不透明度"为100.0%，如图7-61所示。查看效果如图7-62所示。

图7-61　　　　　　　　　　　　　　图7-62

02 选择V3轨道上的"02.png"素材文件，将时间轴拖动到1秒05帧的位置，单击"不透明度"前面的☑，创建关键帧，并设置"不透明度"为0.0；将时间轴拖动到2秒的位置，设置"不透明度"为100.0%，设置"混合模式"为"叠加"，如图7-63所示。查看效果如图7-64所示。

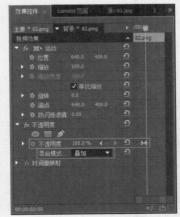

图7-63　　　　　　　　　　　　　　图7-64

03 选择V4轨道上的"03.png"素材文件，将时间轴拖动到2秒的位置，单击"位置"前面的☑，创建关键帧，并设置"位置"为（−578.0,400.0）；将时间轴拖动到3秒的位置，设置"位置"为（640.0,400.0），如图7-65所示。查看效果如图7-66所示。

04 选择V5轨道上的"04.png"素材文件，将时间轴拖动到3秒10帧的位置，单击"缩放"前面的☑，创建关键帧，并设置"缩放"为0.0；将时间轴拖动到3秒20帧的位置，设置"缩放"为100.0，如图7-67所示。查看效果如图7-68所示。

图7-65

图7-66

图7-71

图7-67

图7-68

图7-72

05 选择V6轨道上的"05.png"素材文件，将时间轴拖动到3秒20帧的位置，单击"位置"前面的 ⏱，创建关键帧，并设置"位置"为（640.0,747.0）；将时间轴拖动到4秒05帧的位置，设置"位置"为（640.0,400.0），如图7-69所示。查看效果如图7-70所示。

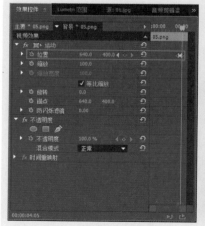

图7-69

图7-70

图7-73

### 实例140 跳跃抠像合成效果——合成部分

| 文件路径 | 第7章 \ 跳跃抠像合成效果 |
|---|---|
| 难易指数 | ★★★★★ |
| 技术掌握 | ● 关键帧动画<br>● "超级键"效果 |

🔍 扫码深度学习

06 选择V7轨道上的"06.png"素材文件，将时间轴拖动到4秒05帧的位置，单击"缩放"和"旋转"前面的 ⏱，创建关键帧，并设置"缩放"为0.0，"旋转"为0.0°；将时间轴拖动到4秒20帧的位置，设置"缩放"为100.0、"旋转"为1x0.0°，如图7-71所示。查看效果如图7-72所示。

07 拖动时间轴查看效果，如图7-73所示。

💡 操作思路

本实例讲解了在Premiere Pro中导入素材，并使用关键帧动画制作位置、不透明度动画，然后为人像素材添加"超级键"效果抠除背景。

01 在菜单栏中执行"文件"｜"新建"｜"项目"命令，并在弹出的"新建项目"对话框中设置"名称"，接着单击"浏览"按钮设置保存路径，最后单击"确定"按钮，如图7-74所示。

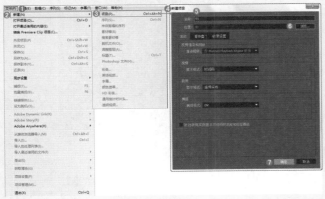

图7-74

02 在"项目"面板空白处双击鼠标左键，选择所需的"01.png""02.png""03.jpg""04.png"～"06.png"和"背景.jpg"素材文件，最后单击"打开"按钮，将它们进行导入，如图7-75所示。

图7-75

03 选择"项目"面板中的所有素材文件，并按住鼠标左键依次将它们拖曳到轨道上，如图7-76所示。

图7-76

04 选择V2轨道上的"01.png"素材文件，将时间轴拖动到初始位置，在"效果控件"面板中，单击

"位置"前面的 ，创建关键帧，并设置"位置"为（-502.5，794.0）；将时间轴拖动到15帧的位置，设置"位置"为（1427.5，794.0），如图7-77所示。

图7-77

05 选择V3轨道上的"02.png"素材文件，将时间轴拖动到15帧的位置，单击"不透明度"前面的 ，创建关键帧，并设置"不透明度"为0.0，将时间轴拖动到1秒的位置，设置"不透明度"为100.0%，如图7-78所示。

图7-78

06 选择V4轨道上的"06.png"素材文件，将时间轴拖动到2秒05帧的位置，单击"位置"前面的 ，创建关键帧，并设置"位置"为（1427.5，887.0）；将时间轴拖动到3秒的位置，设置"位置"为（1427.5，794.0），如图7-79所示。

图7-79

07 选择V5轨道上的"03.jpg"素材文件，在"效果"面板中搜索"超级键"效果，并按住鼠标左键将其拖曳到"03.jpg"素材文件上，如图7-80所示。

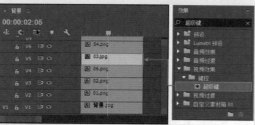

图7-80

08 在"效果控件"面板中展开"超级键"效果，单击"主要颜色"后面的吸管，并在"节目"监视器中吸取绿色，如图7-81所示。

图7-81

09 此时画面合成效果如图7-82所示。

图7-82

**实例141　跳跃抠像合成效果——动画部分**

| 文件路径 | 第7章\跳跃抠像合成效果 |
| --- | --- |
| 难易指数 | ★★★★★ |
| 技术掌握 | 关键帧动画 |

（右下角二维码：扫码深度学习）

**操作思路**

本实例讲解了在Premiere Pro中使用关键帧动画制作素材不透明度、位置动画效果。

**操作步骤**

01 选择V5轨道上的"03.jpg"素材文件，将时间轴拖动到15帧的位置，单击"不透明度"前面的按钮，创建关键帧，并设置"不透明度"为0.0；将时间轴拖动到1秒的位置，设置"不透明度"为100.0%，如图7-83所示。

图7-83

02 选择V6轨道上的"04.png"素材文件，将时间轴拖动到1秒的位置，单击"位置"前面的按钮，创建关键帧，并设置"位置"为（2440.0,794.0）；将时间轴拖动到1秒15帧的位置，设置"位置"为（1427.5,749.0），如图7-84所示。

图7-84

03 选择V7轨道上的"05.png"素材文件，将时间轴拖动到1秒15帧的位置，单击"不透明度"前面的按钮，创建关键帧，并设置"不透明度"为0.0；将时间轴拖动到2秒05帧的位置，设置"不透明度"为100.0%，如图7-85所示。

图7-85

04 拖动时间轴查看效果，如图7-86所示。

图7-86

## 实例142 香水广告合成效果——合成部分

| 文件路径 | 第 7 章 \ 香水广告合成效果 |
| --- | --- |
| 难易指数 | ★★★★★ |
| 技术掌握 | "超级键"效果 |

扫码深度学习

### 操作思路

本实例讲解了在Premiere Pro中使用"超级键"效果抠除人像背景,完成香水广告合成效果。

### 操作步骤

**01** 在菜单栏中执行"文件"|"新建"|"项目"命令,并在弹出的"新建项目"对话框中设置"名称",接着单击"浏览"按钮设置保存路径,最后单击"确定"按钮,如图7-87所示。

图7-87

**02** 在"项目"面板空白处双击鼠标左键,选择所需的"01.jpg"和"02.jpg"素材文件,最后单击"打开"按钮,将它们进行导入,如图7-88所示。

**03** 选择"项目"面板中的"01.jpg"和"02.jpg"素材文件,并按住鼠标左键依次将它们拖曳到V1和V2轨道上,如图7-89所示。

**04** 选择V2轨道上的"02.jpg"素材文件,在"效果"面板中搜索"超级键"效果,并按住鼠标左键将其拖曳

到"02.jpg"素材文件上,如图7-90所示。

图7-88

图7-89

图7-90

**05** 在"效果控件"面板中展开"超级键"效果,单击"主要颜色"后面的吸管 ,并在"节目"监视器中吸取蓝色,如图7-91和图7-92所示。

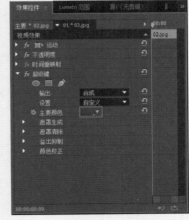

图7-91

图7-92

06 在"效果控件"面板中展开"遮罩清除",设置"抑制"为25.0,如图7-93所示。查看效果如图7-94所示。

图7-93

图7-94

⚙ 操作思路

本实例讲解了在Premiere Pro中使用文字工具创建文字

并放置到画面中间的广告作品。

🎙 操作步骤

01 在菜单栏中执行"字幕"|"新建字幕"|"默认静态字幕"命令,并在弹出的"新建字幕"对话框中设置"名称",最后单击"确定"按钮,如图7-95所示。

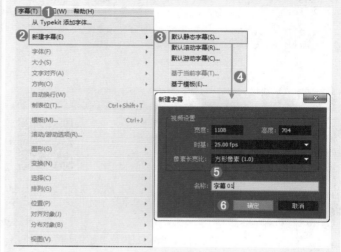

图7-95

02 在工具箱中单击"文字工具"按钮 T,并在工作区域输入"perfume",设置"字体系列"为Embassy BT、"字体大小"为80.0、"颜色"为紫色,勾选"阴影"复选框,设置"不透明度"为40.0%、"角度"为80.0,如图7-96所示。

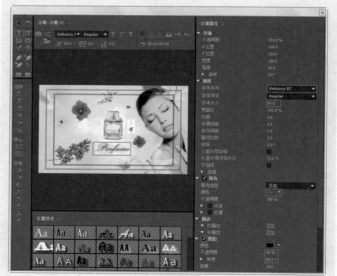

图7-96

03 关闭字幕窗口。选择"项目"面板中的"字幕01",并按住鼠标左键将其拖曳到V3轨道上,如图7-97所示。

04 拖动时间轴查看效果,如图7-98所示。

图7-97

图7-98

## 实例144 婴用品抠像合成——合成部分

| 文件路径 | 第7章\婴用品抠像合成 |
|---|---|
| 难易指数 | ⭐⭐⭐⭐⭐ |
| 技术掌握 | "超级键"效果 |

扫码深度学习

### 操作思路

本实例讲解了在Premiere Pro中使用"超级键"效果抠除人像背景的效果。

### 操作步骤

**01** 在菜单栏中执行"文件" | "新建" | "项目"命令，并在弹出的"新建项目"对话框中设置"名称"，接着单击"浏览"按钮设置保存路径，最后单击"确定"按钮，如图7-99所示。

图7-99

**02** 在"项目"面板空白处双击鼠标左键，选择所需的"01.png"～"05.png""06.jpg"和"背景.jpg"素材文件，最后单击"打开"按钮，将它们进行导入，如图7-100所示。

图7-100

**03** 选择"项目"面板中的所有素材文件，并按住鼠标左键将它们拖曳到轨道上，如图7-101所示。

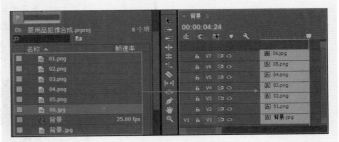

图7-101

**04** 选择V7轨道上的"06.jpg"素材文件，在"效果"面板中搜索"超级键"效果，并按住鼠标左键将其拖曳到"06.jpg"素材文件上，如图7-102所示。

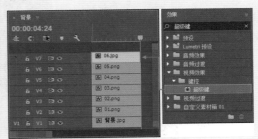

图7-102

**05** 在"效果控件"面板中展开"超级键"效果，在"主要颜色"后面单击吸管，并按住鼠标左键单击吸取"节目"监视器中的绿色，如图7-103所示。查看效果如图7-104所示。

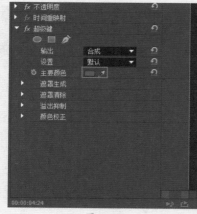

图7-103

图7-104

06 此时画面合成效果如图7-105所示。

图7-105

| 实例145 | 婴用品抠像合成——动画部分 |
|---|---|
| 文件路径 | 第7章\婴用品抠像合成 |
| 难易指数 | ★★★★★ |
| 技术掌握 | 关键帧动画 |

扫码深度学习

💡操作思路

本实例讲解了在Premiere Pro中使

用关键帧动画制作素材的缩放、位置动画，完成婴儿用品广告动画效果。

🎤操作步骤

01 选择V2轨道上的"01.png"素材文件，将时间轴拖动到初始位置，在"效果控件"面板中展开"运动"效果，单击"缩放"前面的📷，创建关键帧，并设置"缩放"为0.0；将时间轴拖动到20帧的位置，设置"缩放"为100.0，如图7-106和图7-107所示。

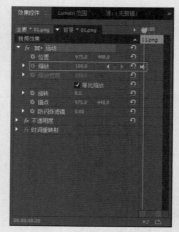

图7-106

图7-107

02 选择V3轨道上的"02.png"素材文件，将时间轴拖动到20帧的位置，单击"位置"前面的📷，创建关键帧，并设置"位置"为（975.0,590.0）；将时间轴拖动到2秒的位置，设置"位置"为（975.0,448.0），如图7-108和图7-109所示。

图7-108

图7-109

03 选择V4轨道上的"03.png"素材文件，将时间轴拖动到2秒的位置，单击"位置"前面的📷，创建关键帧，并设置"位置"为（344.0,270.0）；将时间轴拖动到3秒的位置，设置"位置"为（975.0,448.0），如图7-110和图7-111所示。

04 选择V5轨道上的"04.png"素材文件，将时间轴拖动到3秒的位置，单击"缩放"前面的📷，创建关键帧，并设置"缩放"为0.0；将时间轴拖动到3秒10帧的位置，设置"缩放"为100.0，如图7-112和图7-113所示。

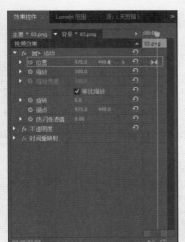

图7-110

图7-111

（2117.0,448.0）；将时间轴拖动到4秒15帧的位置，设置"位置"为（1579.0,448.0），如图7-116和7-117所示。

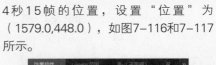

图7-116

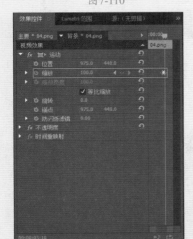

图7-112

图7-113

05 选择V6轨道上的"05.png"素材文件，将时间轴拖动到3秒10帧的位置，单击"缩放"前面的 ，创建关键帧。并设置"缩放"为0.0；将时间轴拖动到3秒20帧的位置，设置"缩放"为100.0，如图7-114和图7-115所示。

图7-117

07 拖动时间轴查看效果，如图7-118所示。

图7-118

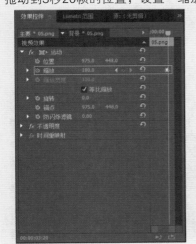

图7-114

图7-115

06 选择V7轨道上的"06.jpg"素材文件，将时间轴拖动到3秒20帧的位置，单击"位置"前面的 ，创建关键帧，并设置"位置"为

| 实例146 | 杂志抠像合成效果——合成部分 |
|---|---|
| 文件路径 | 第7章\杂志抠像合成效果 |
| 难易指数 | ★★★★★ |
| 技术掌握 | "超级键"效果 |

扫码深度学习

## 操作思路

本实例讲解了在Premiere Pro中使用"超级键"效果抠除人像背景，并合成作品。

## 操作步骤

**01** 在菜单栏中执行"文件"｜"新建"｜"项目"命令，并在弹出的"新建项目"对话框中设置"名称"，接着单击"浏览"按钮设置保存路径，最后单击"确定"按钮，如图7-119所示。

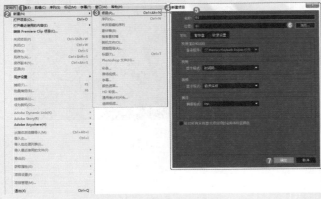

图7-119

**02** 在"项目"面板空白处双击鼠标左键，选择所需的"01.jpg""02.png"～"05.png"和"背景.jpg"素材文件，最后单击"打开"按钮，将它们进行导入，如图7-120所示。

图7-120

**03** 选择"项目"面板中"01.jpg"和"背景.jpg"素材文件，并按住鼠标左键依次将它们拖曳到轨道上，如图7-121所示。

**04** 选择V2轨道上的"01.jpg"素材文件，在"效果"面板中搜索"超级键"效果，并按住鼠标左键将其拖曳到"01.jpg"素材文件上，如图7-122所示。

图7-121

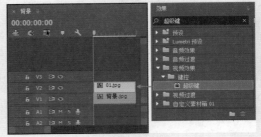

图7-122

**05** 在"效果控件"面板中展开"超级键"效果，单击"主要颜色"后面的吸管，并在"节目"监视器中吸取蓝色，如图7-123和图7-124所示。此时的合成效果如图7-125所示。

图7-123

图7-124

图7-125

## 实例147　杂志抠像合成效果——动画部分

| 文件路径 | 第7章 \ 杂志抠像合成效果 |
|---|---|
| 难易指数 | ★★★★★ |
| 技术掌握 | 关键帧动画 |

扫码深度学习

### 操作思路

本实例讲解了在Premiere Pro中使用关键帧动画制作素材的不透明度、位置、缩放动画效果。

### 操作步骤

**01** 选择"项目"面板中的"02.png"～"05.png"素材文件，并按住鼠标左键依次将它们拖曳到轨道上，如图7-126所示。

图7-126

**02** 选择V3轨道上的"02.png"素材文件，将时间轴拖动到初始位置，在"效果控件"面板中单击"不透明度"前面的■，创建关键帧，并设置"不透明度"为0.0；将时间轴拖动到1秒的位置，设置"不透明度"为100.0%，如图7-127所示。查看效果如图7-128所示。

图7-127　　　　　　　　图7-128

**03** 选择V4轨道上的"03.png"素材文件，将时间轴拖动到1秒的位置，单击"位置"前面的■，创建关键帧，并设置"位置"为（725.5,533.0）；将时间轴拖动到1秒20帧的位置，设置"位置"为（379.5,533.0），如图7-129所示。查看效果如图7-130所示。

**04** 选择V5轨道上的"04.png"素材文件，设置"缩放"为150.0。将时间轴拖动到1秒20帧的位置，单击"位置"前面的■，创建关键帧，并设置"位置"为（419.5,620.0）；将时间轴拖动到2秒10帧的位置，设置"位置"为（419.5,794.0），如图7-131所示。查看效果如图7-132所示。

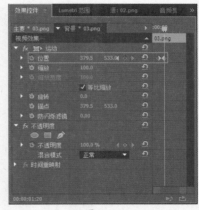

图7-129

图7-131

图7-130

图7-132

实战228例

05 选择V6轨道上的"05.png"素材文件，将时间轴拖动到2秒10帧的位置，单击"缩放"前面的🔘，创建关键帧，并设置"缩放"为0.0；将时间轴拖动到3秒10帧的位置，设置"缩放"为111.0，如图7-133所示。查看效果如图7-134所示。

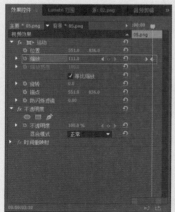

图7-133

图7-134

06 拖动时间轴查看效果，如图7-135所示。

图7-135

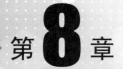

# 第 8 章

# 关键帧动画技术

**本章概述**

Premiere Pro功能非常强大，可以模拟多种动画效果，而最基础、最常用的动画效果就是关键帧动画。在Premiere Pro中可以对属性进行添加关键帧，并修改不同时刻该属性的参数，从而创建出动画效果。位置、旋转、缩放、不透明度、锚点都是经常需要设置动画的属性。

**本章重点**

◆ 位置、旋转、缩放、不透明度等基本属性的关键帧动画
◆ 效果中参数的关键帧动画的应用
◆ 用关键帧动画技术制作影视动画、广告动画等

/ 佳 / 作 / 欣 / 赏 /

## 实例148 春夏秋冬动画效果

| | |
|---|---|
| 文件路径 | 第8章\春夏秋冬动画效果 |
| 难易指数 | ★★★★★ |
| 技术掌握 | 关键帧动画 |

扫码深度学习

### 操作思路

本实例讲解了在Premiere Pro中为素材的位置、缩放设置关键帧动画,使其产生春夏秋冬四季的动画变换效果。

### 操作步骤

**01** 在菜单栏中执行"文件"|"新建"|"项目"命令,并在弹出的"新建项目"对话框中设置"名称",接着单击"浏览"按钮设置保存路径,最后单击"确定"按钮,如图8-1所示。

图8-1

**02** 在"项目"面板空白处双击鼠标左键,选择所需的"01.png"~"05.png"素材文件,最后单击"打开"按钮,将它们进行导入,如图8-2所示。

图8-2

**03** 选择"项目"面板中的素材文件,并按住鼠标左键依次将它们拖曳到轨道上,如图8-3所示。

图8-3

**04** 选择V1轨道上的"05.png"素材文件,隐藏其他轨道上的素材文件。将时间轴拖动到初始位置,在"效果控件"面板中展开"运动"效果,单击"位置"前面的 ⏱,创建关键帧,并设置"位置"为(-481.0,300.0);将时间轴拖动到20帧的位置,设置"位置"为(480.0,300.0),如图8-4所示。

图8-4

**05** 显现并选择V2轨道上的"04.png"素材文件,将时间轴拖动到20帧的位置,单击"位置"前面的 ⏱,创建关键帧,并设置"位置"为(-256.0,300.0);将时间轴拖动到1秒10帧的位置,设置"位置"为(480.0,300.0),如图8-5所示。

图8-5

**06** 显现并选择V3轨道上的"03.png"素材文件,将时间轴拖动到1秒10帧的位置,单击"位置"前面的 ⏱,创建关键帧,并设置"位置"为(-11.0,300.0);将时间轴拖动到2秒05帧的位置,设置"位置"为

（480.0,300.0），如图8-6所示。

图8-6

**07** 显现并选择V4轨道上的"02.png"素材文件，将时间轴拖动到2秒05帧的位置，单击"位置"前面的 ◎，创建关键帧，并设置"位置"为（234.0,300.0）；将时间轴拖动到2秒20帧的位置，设置"位置"为（480.0,300.0），如图8-7所示。

图8-7

**08** 显现并选择V5轨道上的"01.png"素材文件，将时间轴拖动到2秒20帧的位置，单击"缩放"前面的 ◎，创建关键帧，并设置"缩放"为0.0；将时间轴拖动到3秒10帧的位置，设置"缩放"为100.0，如图8-8所示。

图8-8

**09** 拖动时间轴查看效果，如图8-9所示。

图8-9

| 实例149 | 风景摄影——画面部分 |
|---|---|
| 文件路径 | 第8章\风景摄影 |
| 难易指数 | ★★★★★ |
| 技术掌握 | 关键帧动画 |

〇扫码深度学习

### 💡操作思路

本实例讲解了在Premiere Pro中使用关键帧动画制作照片和相机的位置、缩放、旋转、不透明度动画。

### 🎙操作步骤

**01** 在菜单栏中执行"文件"|"新建"|"项目"命令，并在弹出的"新建项目"对话框中设置"名称"，接着单击"浏览"按钮设置保存路径，最后单击"确定"按钮，如图8-10所示。

图8-10

**02** 在"项目"面板空白处单击鼠标右键，执行"新建项目"|"序列"命令。接着在弹出的"新建序列"对话框中选择DV-PAL文件夹下的"标准48kHz"，如图8-11所示。

图8-11

**03** 在"项目"面板空白处双击鼠标左键，选择所需的"01.png""01.jpg"～"08.jpg"和"背景.jpg"素材文件，最后单击"打开"按钮，将它们进行导入，如图8-12所示。

图8-12

**04** 选择"项目"面板中的所有素材文件，并按住鼠标左键依次将它们拖曳到轨道上，如图8-13所示。

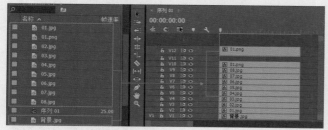

图8-13

**05** 选择V1轨道上的"背景.jpg"素材文件，并隐藏其他轨道上的素材文件，如图8-14所示。

**06** 显现并选择V2轨道上的"01.jpg"素材文件，将时间轴拖动到10帧的位置，在"效果控件"面板中单击"位置""缩放"和"旋转"前面的 ，创建关键帧，并设置"位置"为（-351.0,252.0）、"缩放"为102.0、

"旋转"为1x0.0°；将时间轴拖动到1秒的位置，设置"位置"为（360.0,252.0）、"缩放"为35.0、"旋转"为1x0.0°，如图8-15所示。查看效果如图8-16所示。

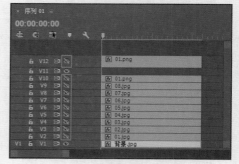

图8-14

图8-15

图8-16

**07** 显现并选择V3轨道上的"02.jpg"素材文件，将时间轴拖动到1秒的位置，在"效果控件"面板中单击"位置""缩放"和"旋转"前面的 ，创建关键帧，并设置"位置"为（1100.0,288.0）、"缩放"为97.0、"旋转"为1x0.0°；将时间轴拖动到2秒的位置，设置"位置"为（452.0,288.0）、"缩放"为22.0、"旋转"为1x44.0°，如图8-17所示。查看效果如图8-18所示。

**08** 显现并选择V4轨道上的"03.jpg"素材文件，将时间轴拖动到2秒的位置，在"效果控件"面板中单击"位置""缩放"和"旋转"前面的 ，创建关键帧，并设置"位置"为（-451.0,288.0）、"缩放"为110.0、"旋转"为327.0。将时间轴拖动到3秒的位置，设置"位置"为（265.0,288.0）、"缩放"为22.0、"旋转"

为-38.0°，如图8-19所示。查看效果如图8-20所示。

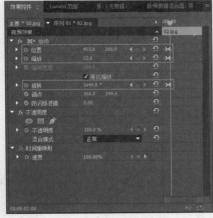

图8-17

图8-18

图8-19

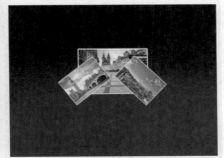

图8-20

09 显现并选择V5轨道上的"04.jpg"素材文件，设置"位置"为（360.0,336.0），将时间轴拖动到3秒的位置，在"效果控件"面板中单击"缩放""旋转"和"不透明度"前面的 🕙，创建关键帧，并设置"缩放"为165.0"旋转"为1×0.0°、"不透明度"为0.0；将时间轴拖动到4秒的位置，设置"缩放"为31.0、"旋转"为1×0.0°、"不透明度"为100.0%，如图8-21所示。查看效果如图8-22所示。

图8-21

图8-22

10 显现并选择V6轨道上的"05.jpg"素材文件，设置"位置"为（360.0,288.0），将时间轴拖动到4秒的位置，在"效果控件"面板中单击"缩放""旋转"和"不透明度"前面的 🕙，创建关键帧，并设置"缩放"为338.0，"旋转"为-318.0°，"不透明度"为0.0；将时间轴拖动到5秒的位置，设置"缩放"为24.0、"旋转"为28.0°、"不透明度"为100.0%，如图8-23所示。查看效果如图8-24所示。

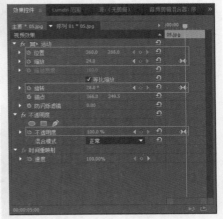

图8-23

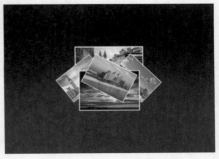

图8-24

11 显现并选择V7轨道上的"06.jpg"素材文件，将时间轴拖动到5秒的位置，在"效果控件"面板中单击"缩放""旋转"和"不透明度"前面的 🕙，创建关键帧，并设置"缩放"为174.0、"旋转"为-1×11.0°、"不透明度"为0；将时间轴拖动到6秒的位置，设置"缩放"为23.0、"旋转"为-23.0°，"不透明度"为100.0%，如图8-25所示。查看效果如图8-26所示。

12 显现并选择V8轨道上的"07.jpg"素材文件，将时间轴拖动到6秒的位置，在"效果控件"面板中单击"缩放""旋转"和"不透明度"前面的🔘，创建关键帧，并设置"缩放"为184.0、"旋转"为-342.0°、"不透明度"为0.0；将时间轴拖动到7秒的位置，设置"缩放"为19.0、"旋转"为32.0°、"不透明度"为100.0%，如图8-27所示。查看效果如图8-28所示。

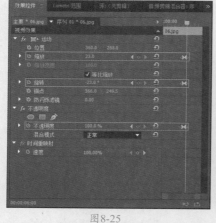

图8-25

图8-26

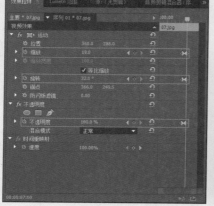

图8-27

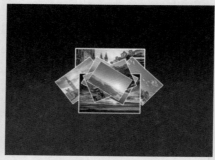

图8-28

**13** 显现并选择V9轨道上的"08.jpg"素材文件，将时间轴拖动到7秒的位置，在"效果控件"面板中单击"缩放""旋转"和"不透明度"前面的🔘，创建关键帧，并设置"缩放"为136.0、"旋转"为1x0.0°、"不透明度"为0；将时间轴拖动到8秒的位置，设置"缩放"为21.0、"旋转"为1x0.0°、"不透明度"为100.0%，如图8-29所示。查看效果如图8-30所示。

图8-29

图8-30

**14** 显现并选择V10轨道上的"01.png"素材文件，将时间轴拖动到初始位置，在"效果控件"面板中单击"位置"和"不透明度"前面的🔘，创建关键帧，并设置"位置"为（360.0,531.0）、"不透明度"为0.0；将时间轴拖动到10帧的位置，设置"位置"为（360.0,313.0）、"不透明度"为100.0%，如图8-31所示。查看效果如图8-32所示。

图8-31

图8-32

**实例150　风景摄影——文字部分**

| 文件路径 | 第8章\风景摄影 |
|---|---|
| 难易指数 | ★★★★★ |
| 技术掌握 | ● 文字工具<br>● 关键帧动画 |

🔍扫码深度学习

## 操作思路

本实例讲解了在Premiere Pro中使用文字工具创建文字，并创建关键帧动画制作不透明度动画效果。

## 操作步骤

**01** 在菜单栏中执行"字幕"｜"新建字幕"｜"默认静态字幕"命令，并在弹出的"新建字幕"对话框中设置"名称"，最后单击"确定"按钮，如图8-33所示。

图8-33

**02** 在工具箱中单击"文字工具"按钮[T]，并在工作区域输入"风景摄影"，设置"字体系列"为"迷你简书魂"、"字体大小"为65.0、"填充类型"为"四色渐变"、"颜色"为白色-灰色-白色-灰色，再单击"外描边"后面的"添加"，设置"类型"为"深度"、"颜色"为白色，"不透明度"为93%，如图8-34所示。

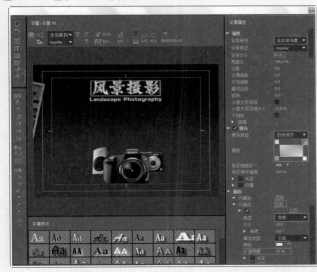

图8-34

**03** 再次单击"文字工具"按钮[T]，在工作区域输入英文，设置"字体系列"为"汉仪菱心体简"、"字体大小"为20.0，"填充类型"为"四色渐变"，"颜色"

为白色-灰色-白色-灰色，再单击"外描边"后面的"添加"，设置"类型"为"深度"、"颜色"为白色、"不透明度"为93%，如图8-35所示。

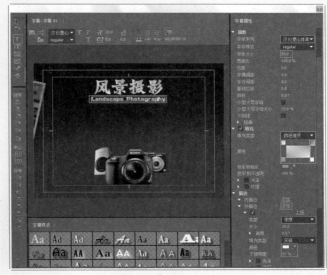

图8-35

**04** 关闭字幕窗口。选择"项目"面板中的"字幕01"，并按住鼠标左键将其拖曳到V11轨道上，如图8-36所示。

图8-36

**05** 选择V11轨道上的"字幕01"，将时间轴拖动到8秒的位置，在"效果控件"面板中单击"不透明度"前面的图，创建关键帧，设置"不透明度"为0.0；将时间轴拖动到9秒的位置，设置"不透明度"为100.0%，如图8-37所示。

图8-37

**06** 显现并选择V12轨道上的"01.png"素材文件，在"效果控件"面板中展开"运动"效果，设置"位置"为（38.0,27.0）、"缩放"为15.0，如图8-38所示。

图8-38

**07** 拖动时间轴查看效果，如图8-39所示。

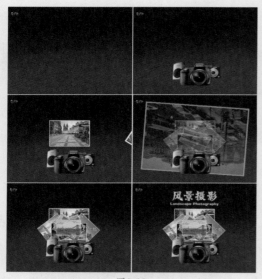

图8-39

### 实例151 红酒动画效果

| 文件路径 | 第8章\红酒动画效果 |
|---|---|
| 难易指数 | ★★★★★ |
| 技术掌握 | 关键帧动画 |

（扫码深度学习）

#### 操作思路

本实例讲解了在Premiere Pro中创建位置、不透明度、缩放的关键帧动画，从而制作红酒产品动画效果。

#### 操作步骤

**01** 在菜单栏中执行"文件"｜"新建"｜"项目"命令，并在弹出的"新建项目"对话框中设置"名称"，接着单击"浏览"按钮设置保存路径，最后单击"确定"按钮，如图8-40所示。

图8-40

**02** 在"项目"面板空白处双击鼠标左键，选择所需的"01.png"~"05.png"和"背景.jpg"素材文件，最后单击"打开"按钮，将它们进行导入，如图8-41所示。

图8-41

**03** 选择"项目"面板中的素材文件，并按住鼠标左键依次将它们拖曳到轨道上，如图8-42所示。

图8-42

04 选择V2轨道上的"01.png"素材文件，将时间轴拖动到初始位置，在"效果控件"面板中展开"运动"效果，单击"位置"和"不透明度"前面的 ⊙，创建关键帧，并设置"位置"为（94.5,317.0）、"不透明度"为0.0；将时间轴拖动到20帧的位置，设置"位置"为（473.5,317.0）、"不透明度"为100.0%，如图8-43所示。查看效果如图8-44所示。

图8-43            图8-44

05 选择V3轨道上的"02.png"素材文件，将时间轴拖动到20帧的位置，单击"位置"和"不透明度"前面的 ⊙，创建关键帧，并设置"位置"为（473.5,-293.0）、"不透明度"为0.0；将时间轴拖动到1秒10帧的位置，设置"位置"为（473.5,317.0）、"不透明度"为100.0%，如图8-45所示。查看效果如图8-46所示。

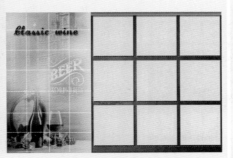

图8-45            图8-46

06 选择V4轨道上的"03.png"素材文件，将时间轴拖动到1秒10帧的位置，单击"不透明度"前面的 ⊙，创建关键帧，并设置"不透明度"为0.0；将时间轴拖动到2秒05帧的位置，设置"不透明度"为100.0%，如图8-47所示。查看效果如图8-48所示。

07 选择V5轨道上的"04.png"素材文件，将时间轴拖动到2秒05帧的位置，单击"不透明度"前面的 ⊙，创建关键帧，并设置"不透明度"为0.0；将时间轴拖动到3秒的位置，设置"不透明度"为100.0%，如图8-49所示。查看效果如图8-50所示。

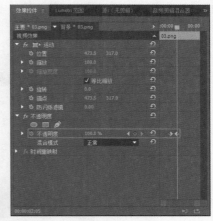

图8-47

图8-48

图8-49

图8-50

08 选择V6轨道上的"05.png"素材文件，将时间轴拖动到3秒的位置，单击"缩放"前面的 ⭘，创建关键帧，并设置"缩放"为0.0；将时间轴拖动到3秒20帧的位置，设置"缩放"为100.0，如图8-51所示。查看效果如图8-52所示。

图8-51

图8-52

**09** 拖动时间轴查看效果，如图8-53所示。

图8-53

**实例152　灰色海报动画效果**

| 文件路径 | 第8章\灰色海报动画效果 |
|---|---|
| 难易指数 | ★★★★★ |
| 技术掌握 | 关键帧动画 |

*(右侧有二维码：扫码深度学习)*

🔍扫码深度学习

### 操作思路

本实例讲解了在Premiere Pro中为缩放、旋转、不透明度等属性创建关键帧动画。

### 操作步骤

**01** 在菜单栏中执行"文件"｜"新建"｜"项目"命令，并在弹出的"新建项目"对话框中设置"名称"，接着单击"浏览"按钮设置保存路径，最后单击"确定"按钮，如图8-54所示。

图8-54

**02** 在"项目"面板空白处双击鼠标左键，选择所需的"01.png"～"05.png"和"背景.jpg"素材文件，最后单击"打开"按钮，将它们进行导入，如图8-55所示。

图8-55

**03** 选择"项目"面板中的素材文件，并按住鼠标左键依次将它们拖曳到轨道V1~V5上，如图8-56所示。

**04** 选择V2轨道上的"01.png"素材文件，将时间轴拖动到初始位置，在"效果控件"面板中展开"运动"效果，单击"缩放"和"旋转"前面的 ⭘，创建关键帧，并设置"缩放"为0.0、"旋转"为1x0.0°，将时间轴拖动到1秒的位置，设置"缩放"为100.0、"旋转"为1x0.0°，如图8-57所示。

艺境 中文版Premiere Pro视频编辑剪辑设计与制作全视频 实战228例

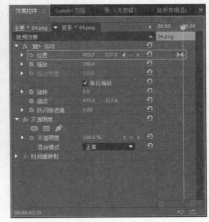

（473.5,317.0），如图8-62所示。查看效果如图8-63所示。

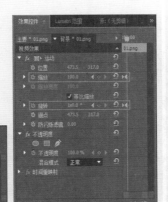

图8-56　　　　　　　　　　　　　　图8-57

**05** 选择V3轨道上的"02.png"素材文件，将时间轴拖动到1秒的位置，单击"不透明度"下面的4点多边形蒙版，再单击"蒙版路径"前面的⏱，创建关键帧。将时间轴拖动到2秒05帧的位置，在"节目"监视器中调节4点多边形蒙版，如图8-58所示。查看效果如图8-59所示。

图8-62

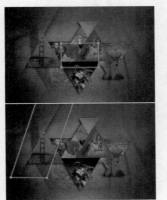

图8-58　　　　　　　　　　　　　图8-59

**06** 选择V4轨道上的"03.png"素材文件，将时间轴拖动到2秒05帧的位置，单击"位置"前面的⏱，创建关键帧，并设置"位置"为（1127.5,317.0）；将时间轴拖动到2秒20帧的位置，设置"位置"为（473.5,317.0），如图8-60所示。查看效果如图8-61所示。

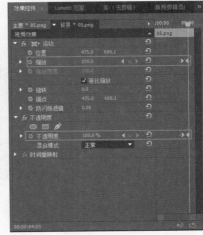

图8-63

**08** 选择V6轨道上的"05.png"素材文件，将时间轴拖动到3秒10帧的位置，单击"缩放"和"不透明度"前面的⏱，创建关键帧，并设置"缩放"为0.0、"不透明度"为0.0；将时间轴拖动到4秒05帧的位置，设置"缩放"为100.0、"不透明度"为100.0%，如图8-64所示。查看效果如图8-65所示。

图8-60　　　　　　　　　　　　图8-61

**07** 选择V5轨道上的"04.png"素材文件，将时间轴拖动到2秒20帧的位置，单击"位置"前面的⏱，创建关键帧，并设置"位置"为（1060.5,317.0）；将时间轴拖动到3秒10帧的位置，设置"位置"为

图8-64

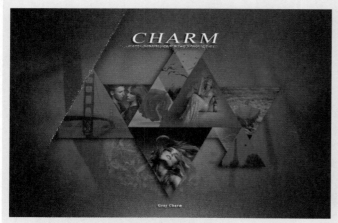

图8-65

09 拖动时间轴查看效果，如图8-66所示。

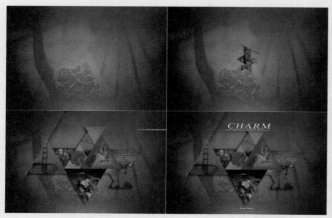

图8-66

| 实例153 | 简画动画效果 |
|---|---|
| 文件路径 | 第8章\简画动画效果 |
| 难易指数 | ★★★★★ |
| 技术掌握 | 关键帧动画 |

⌨ 操作思路

本实例讲解了在Premiere Pro中为位置、缩放、旋转、不透明度、蒙版路径属性创建关键帧动画。

🎙 操作步骤

01 在菜单栏中执行"文件"｜"新建"｜"项目"命令，并在弹出的"新建项目"对话框中设置"名称"，接着单击"浏览"按钮设置保存路径，最后单击"确定"按钮，如图8-67所示。

02 在"项目"面板空白处双击鼠标左键，选择所需的"01.png""02.png""03.jpg"~"05.jpg"和"背景.jpg"素材文件，最后单击"打开"按钮，将它们进行导入，如图8-68所示。

图8-67

图8-68

03 选择"项目"面板中的素材文件，并按住鼠标左键依次将它们拖曳到轨道上，如图8-69所示。

图8-69

04 选择V2轨道上的"01.png"素材文件，将时间轴拖动到初始位置时，在"效果控件"面板中单击"位置"和"不透明度"前面的🕙，创建关键帧，并设置"位置"为（479.5，392.0）、"不透明度"为0.0；将时间轴拖动到15帧的位置，设置"位置"为（479.5，269.0）、"不透明度"为100.0%；将时间轴拖动到2秒05帧的位置，设置"不透明度"为100.0%；将时间轴拖动到2秒20帧的位置，设置"不透明度"为0.0，如图8-70所示。

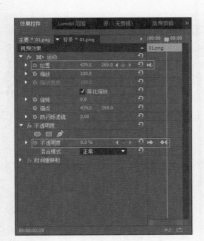

图8-70

图8-73

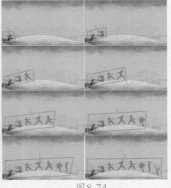

图8-74

**05** 选择V3轨道上的"02.png"素材文件，将时间轴拖动到15帧的位置，单击"不透明度"下面的"4点多边形蒙版"按钮█，再单击"蒙版路径"前面的◎，创建关键帧。并在"节目"监视器中调整蒙版路径，如图8-71和图8-72所示。

图8-71

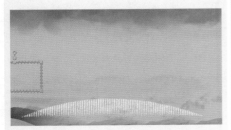

图8-72

**06** 选择V3轨道上的"02.png"素材文件，将时间轴分别拖动到20帧、1秒、1秒05帧、1秒10帧、1秒15帧、1秒20帧、2秒和2秒05帧的位置创建关键帧，再在"节目"监视器中调整蒙版路径，如图8-73和图8-74所示。

**07** 将时间轴拖动到2秒05帧的位置，单击"不透明度"前面的◎，创建关键帧，并设置"不透明度"为100.0%；将时间轴拖动到2秒20帧的位置，设置"不透明度"为0.0，如图8-75所示。

**08** 选择V4轨道上的"03.jpg"素材文件，将时间轴拖动到2秒05帧的位置，单击"不透明度"前面的◎，创建关键帧，并设置"不透明度"为0.0；将时间轴拖动到2秒20帧的位置，单击"缩放""旋转"和"不透明度"前面的◎，创建关键帧，并设置"缩放"为200.0、"旋转"为1x0.0°、"不透明度"为100.0%；将时间轴拖动到3秒15帧的位置，设置"缩放"为0.0、"旋转"为1x0.0°、"不透明度"为0.0，如图8-76所示。

图8-75

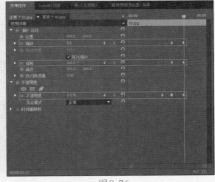

图8-76

**09** 选择V5轨道上的"04.jpg"素材文件，单击"缩放""旋转"和"不透明度"前面的◎，创建关键帧，并设置"缩放"为0.0、"旋转"为1x0.0°、"不透明度"为0.0；将时间轴拖动到4秒的位置，设置"缩放"为100.0、"旋转"为1x0.0°、"不透明度"为100.0%，如图8-77所示。

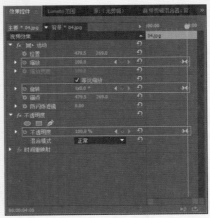

图8-77

10 选择V6轨道上的"05.jpg"素材文件,将时间轴拖动到4秒的位置,单击"位置"前面的 ⊙ ,创建关键帧,并设置"位置"为(-487.5,269.0);将时间轴拖动到4秒15帧的位置,设置"位置"为(479.5,269.0),如图8-78所示。查看效果如图8-79所示。

图8-78

图8-79

11 拖动时间轴查看效果,如图8-80所示。

图8-80

## 实例154 节日动画效果——背景部分

| 文件路径 | 第8章 \ 节日动画效果 |
| --- | --- |
| 难易指数 | 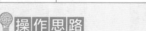 |
| 技术掌握 | 关键帧动画 |

🔍扫码深度学习

### 💡 操作思路

本实例讲解了在Premiere Pro中导入素材制作背景,并为位置属性创建关键帧动画。

### 🎙 操作步骤

01 在菜单栏中执行"文件"|"新建"|"项目"命令,并在弹出的"新建项目"对话框中设置"名称",接着单击"浏览"按钮设置保存路径,最后单击"确定"按钮,如图8-81所示。

图8-81

02 在"项目"面板空白处双击鼠标左键,选择所需的"01.png"~"07.png"素材文件,最后单击"打开"按钮,将它们进行导入,如图8-82所示。

图8-82

03 选择"项目"面板中的素材文件,并按住鼠标左键依次将它们拖曳到轨道上,如图8-83所示。

示。查看效果如图8-89所示。

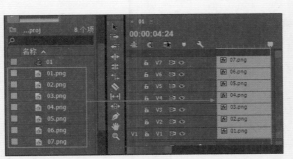

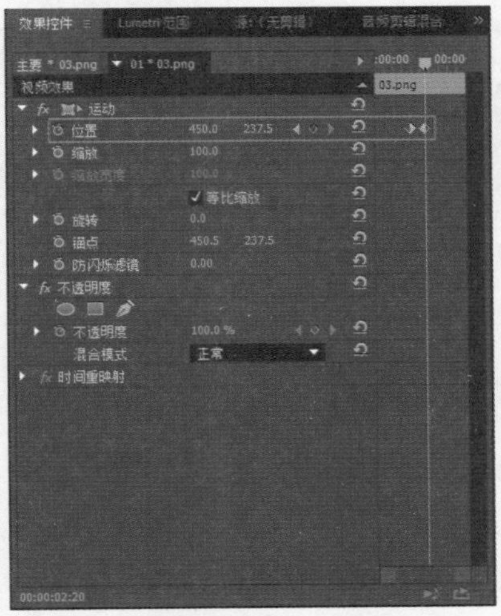

图8-83

**04** 选择V1轨道上的"01.png"素材文件，将时间轴拖动到初始位置，单击"位置"前面的⏱，创建关键帧，并设置"位置"为（450.5,504.5）；将时间轴拖动到1秒的位置，设置"位置"为（450.5,237.5），如图8-84所示。查看效果如图8-85所示。

图8-84

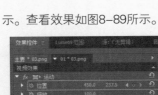

图8-85

**05** 选择V2轨道上的"02.png"素材文件，将时间轴拖动到1秒的位置，单击"位置"前面的⏱，创建关键帧，并设置"位置"为（450.5,28.5）；将时间轴拖动到2秒的位置，设置"位置"为（450.5,237.5），如图8-86所示。查看效果如图8-87所示。

图8-88

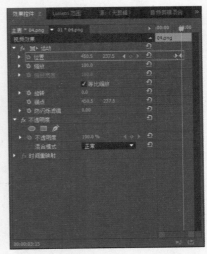

图8-89

**07** 选择V4轨道上的"04.png"素材文件，将时间轴拖动到2秒20帧的位置，单击"位置"前面的⏱，创建关键帧，并设置"位置"为（673.5,237.5）；将时间轴拖动到3秒15帧的位置，设置"位置"为（450.5,237.5），如图8-90所示。查看效果如图8-91所示。

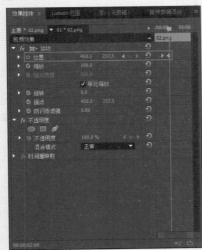

图8-86

图8-87

**06** 选择V3轨道上的"03.png"素材文件，将时间轴拖动到2秒的位置，单击"位置"前面的⏱，创建关键帧，并设置"位置"为（223.5,237.5）；将时间轴拖动到2秒20帧的位置，设置"位置"为（450.0,237.5），如图8-88所

图8-90

艺境／第8章 关键帧动画技术／

实战228例

图8-91

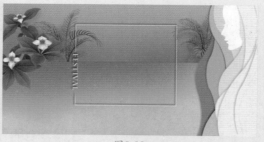

图8-93

## 实例155 节日动画效果——前景部分

| | |
|---|---|
| 文件路径 | 第8章\节日动画效果 |
| 难易指数 |  |
| 技术掌握 | 关键帧动画 |

扫码深度学习

### 操作思路

本实例讲解了在Premiere Pro中为缩放、位置属性创建关键帧动画，从而产生节日动画的效果。

### 操作步骤

01 选择V5轨道上的"05.png"素材文件，将时间轴拖动到3秒15帧的位置，单击"缩放"前面的圆，创建关键帧，并设置"缩放"为0.0；将时间轴拖动到4秒05帧的位置，设置"缩放"为100.0，如图8-92所示。查看效果如图8-93所示。

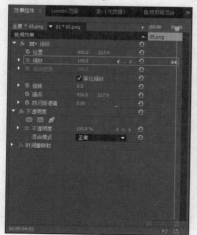

图8-92

02 选择V6轨道上的"06.png"素材文件，将时间轴拖动到4秒15帧的位置，单击"缩放"前面的圆，创建关键帧，并设置"缩放"为0.0；将时间轴拖动到4秒15帧的位置，设置"缩放"为100.0，如图8-94所示。查看效果如图8-95所示。

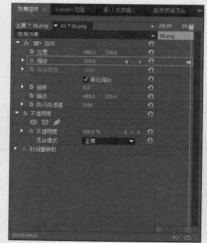

图8-94

图8-95

03 选择V7轨道上的"07.png"素材文件，将时间轴拖动到4秒15帧的位置，单击"位置"前面的圆，创建关键帧，并设置"位置"为（1351.5,237.5）；将时间轴拖动到4秒23帧的位置，设置"位置"为（450.5,237.5），如图8-96所示。查看效果如图8-97所示。

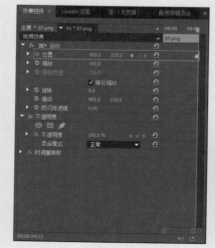

图8-96

图8-97

04 拖动时间轴查看效果，如图8-98所示。

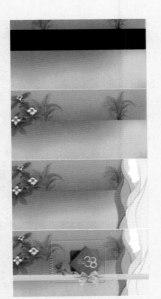

图8-98

## 实例156 快乐乐园效果

| 文件路径 | 第8章\快乐乐园效果 |
|---|---|
| 难易指数 | ★★★★★ |
| 技术掌握 | 关键帧动画 |

扫码深度学习

### 操作思路

本实例讲解了在Premiere Pro中为位置、缩放、旋转、不透明度属性设置关键帧动画，制作快乐乐园作品动画效果。

### 操作步骤

**01** 在菜单栏中执行"文件"|"新建"|"项目"命令，并在弹出的"新建项目"对话框中设置"名称"，接着单击"浏览"按钮设置保存路径，最后单击"确定"按钮，如图8-99所示。

图8-99

**02** 在"项目"面板空白处单击鼠标右键，执行"新建项目"|"序列"命令。接着在弹出的"新建序

列"对话框中选择DV-PAL文件夹下的"标准48kHz"，如图8-100所示。

图8-100

**03** 在"项目"面板空白处双击鼠标左键，选择所需的"01.png"～"07.png"和"背景.jpg"素材文件，最后单击"打开"按钮，将它们进行导入，如图8-101所示。

图8-101

**04** 选择"项目"面板中的所有素材文件，并按住鼠标左键依次将它们拖曳到轨道上，如图8-102所示。

图8-102

**05** 选择V2轨道上的"04.png"素材文件，将时间轴拖动到2秒的位置，在"效果控件"面板中单击"位置"前面的 ，创建关键帧，并设置"位置"为（650.0,447.0）；将时间轴拖动到2秒15帧的位置，设置"位置"为（499.0,332.0），如图8-103所示。

06 选择V3轨道上的 "05.png" 素材文件，将时间轴拖动到2秒15帧的位置，单击 "位置" 前面的🕙，并设置 "位置" 为（231.0,592.0）；将时间轴拖动到3秒05帧的位置，设置 "位置" 为（499.0,332.0），如图8-104所示。

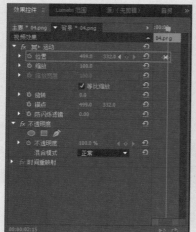

图8-103

图8-104

图8-107

07 选择V4轨道上的 "06.png" 素材文件，设置 "位置" 为（503.0,239.4）。将时间轴拖动到3秒05帧的位置，单击 "缩放" 和 "旋转" 前面的🕙，并设置 "缩放" 为0.0、"旋转" 为1x0.0°；将时间轴拖动到4秒的位置，设置 "缩放" 为100.0%、"旋转" 为1x0.0°，设置 "锚点" 为（503.0, 239.4），如图8-105所示。

08 选择V5轨道上的 "07.png" 素材文件，设置 "位置" 为（501.0,237.4）。将时间轴拖动到4秒的位置，单击 "缩放" 和 "不透明度" 前面的🕙，并设置 "缩放" 为0.0、"不透明度" 为0.0；将时间轴拖动到4秒20帧的位置，设置 "缩放" 为100.0、"不透明度" 为100.0%，设置 "锚点" 为（501.0, 237.4），如图8-106所示。

图8-108

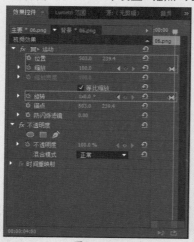

图8-105

图8-106

图8-109

12 拖动时间轴查看效果，如图8-110所示。

09 选择V6轨道上的 "01.png" 素材文件，将时间轴拖动到初始位置，单击 "位置" 前面的🕙，并设置 "位置" 为（499.0,411.0）；将时间轴拖动到20帧的位置，设置 "位置" 为（499.0,332.0），如图8-107所示。

10 选择V7轨道上的 "02.png" 素材文件，将时间轴拖动到20帧的位置，单击 "不透明度" 前面的🕙，并设置 "不透明度" 为0.0；将时间轴拖动到1秒10帧的位置，设置 "不透明度" 为100.0%，如图8-108所示。

11 选择V8轨道上的 "03.png" 素材文件，将时间轴拖动到1秒10帧的位置，单击 "位置" 前面的🕙，并设置 "位置" 为（343.0,480.0）；将时间轴拖动到2秒的位置，设置 "位置" 为（488.0,340.0），如图8-109所示。

图8-110

## 实例157　美食网页合成效果

| 文件路径 | 第8章 \ 美食网页合成效果 |
|---|---|
| 难易指数 | ★★★★★ |
| 技术掌握 | 关键帧动画 |

扫码深度学习

### 操作思路

本实例讲解了在Premiere Pro中为素材的位置、不透明度、缩放属性创建关键帧动画。

### 操作步骤

**01** 在菜单栏中执行"文件"｜"新建"｜"项目"命令，并在弹出的"新建项目"对话框中设置"名称"，接着单击"浏览"按钮设置保存路径，最后单击"确定"按钮，如图8-111所示。

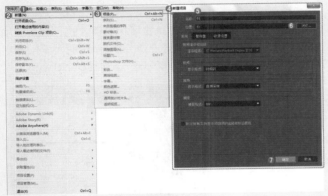

图8-111

**02** 在"项目"面板空白处双击鼠标左键，选择所需的"01.png"～"03.png"和"背景.jpg"素材文件，最后单击"打开"按钮，将它们进行导入，如图8-112所示。

图8-112

**03** 选择"项目"面板中的素材文件，并按住鼠标左键依次将它们拖曳到轨道上，如图8-113所示。

图8-113

**04** 选择V2轨道上的"01.png"素材文件，将时间帧拖动到初始位置，在"效果控件"面板中展开"运动"效果，单击"位置"和"不透明度"前面的圆，创建关键帧，设置"位置"为（1052.0,527.0）、"不透明度"为0.0；将时间轴拖动到15帧位置，设置"位置"为（351.0,527.0），"不透明度"为100.0%，如图8-114所示。

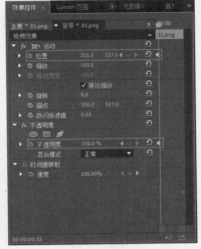

图8-114

**05** 选择V3轨道上的"02.png"素材文件，设置"位置"为（171.1, 323.7），将时间帧拖动到15帧的位置，单击"缩放"前面的圆，创建关键帧，设置"缩放"为0.0；将时间轴拖动到1秒05帧位置，设置"缩放"为100.0，如图8-115所示。

图8-115

06 选择V4轨道上的"03.png"素材文件，将时间帧拖动到1秒05帧的位置，单击"缩放"前面的 ，创建关键帧，设置"缩放"为0.0；将时间轴拖动到2秒位置，设置"缩放"为100.0，如图8-116所示。

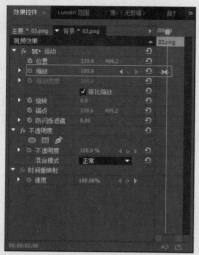

图8-116

07 拖动时间轴查看效果，如图8-117所示。

图8-117

## 实例158 模糊动画效果——画面合成

| 文件路径 | 第8章\模糊动画效果 |
| --- | --- |
| 难易指数 | ★★★★★ |
| 技术掌握 | ● "高斯模糊"效果　　● 关键帧动画 |

扫码深度学习

### 操作思路

本实例讲解了在Premiere Pro中使用"高斯模糊"效果、关键帧动画制作模糊动画效果。

### 操作步骤

01 在菜单栏中执行"文件"|"新建"|"项目"命令，并在弹出的"新建项目"对话框中设置"名称"，接着单击"浏览"按钮设置保存路径，最后单击"确定"按钮，如图8-118所示。

图8-118

02 在"项目"面板空白处单击鼠标右键，执行"新建项目"|"序列"命令。接着在弹出的"新建序列"对话框中选择DV-PAL文件夹下的"标准48kHz"，如图8-119所示。

图8-119

03 在"项目"面板空白处双击鼠标左键，选择所需的"背景.jpg"素材文件，最后单击"打开"按钮，将其进行导入，如图8-120所示。

图8-120

04 选择"项目"面板中的"背景.jpg"素材文件，并按住鼠标左键将其拖曳到V1轨道上，如图8-121所示。

图8-121

05 选择V1轨道上的"背景.jpg"素材文件，在"效果"面板中搜索"高斯模糊"效果，并按住鼠标左键将其拖曳到"背景.jpg"素材文件上，如图8-122所示。

图8-122

06 在"效果控件"面板中展开"高斯模糊"效果，将时间轴拖动到初始位置，并单击其下面的椭圆形蒙版，单击"蒙版路径"和"蒙版羽化"前面的■，创建关键帧，再在"节目"监视器中调整椭圆形蒙版；将时间轴拖动到2秒10帧的位置，再次调整"节目"监视器中的椭圆形蒙版，并勾选"已反转"复选框，然后设置"模糊度"为107.0，如图8-123所示。查看效果如图8-124所示。

图8-123          图8-124

## 实例159　模糊动画效果——文字部分

| 文件路径 | 第8章\模糊动画效果 |
| --- | --- |
| 难易指数 | ★★★★★ |
| 技术掌握 | ● 文字工具　　● 关键帧动画 |

🔍扫码深度学习

🎙️操作步骤

01 在菜单栏中执行"字幕"｜"新建字幕"｜"默认静态字幕"命令，并在弹出的"新建字幕"对话框中设置"名称"，最后单击"确定"按钮，如图8-125所示。

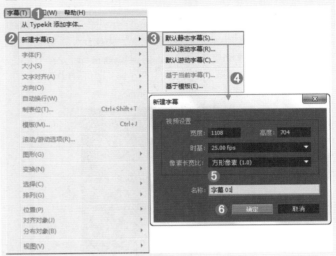

图8-125

02 在工具箱中单击"文字工具"按钮T，并在工作区域输入"Sunflower"，设置"字体系列"为TypoUpright BT、"字体大小"为100.0，设置"颜色"为白色，再单击"外描边"后面的"添加"，并设置"颜色"为白色，如图8-126所示。

图8-126

03 关闭字幕窗口。选择"项目"面板中的"字幕01"，并按住鼠标左键将其拖曳到V2轨道上，如图8-127所示。

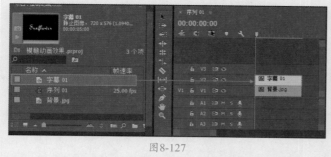

图8-127

04 选择V2轨道上的"字幕01",将时间轴拖动到初始位置,单击"缩放""旋转"和"不透明度"前面的 ◎,创建关键帧,并设置"缩放"为0.0、"旋转"为1x0.0°、"不透明度"为0.0;将时间轴拖动到2秒10帧的位置,设置"缩放"为100.0、"旋转"为1x0.0°、"不透明度"为100.0%,如图8-128所示。

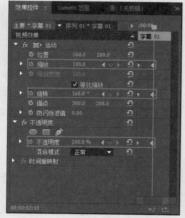

图8-128

05 拖动时间轴查看效果,如图8-129所示。

图8-129

## 实例160  情人节宣传动画效果

| 文件路径 | 第8章\情人节宣传动画效果 |
| --- | --- |
| 难易指数 | ★★★★★ |
| 技术掌握 | 关键帧动画 |

扫码深度学习

### 操作思路

本实例讲解了在Premiere Pro中创建位置、不透明度、缩放属性的关键帧动画。

### 操作步骤

01 在菜单栏中执行"文件"|"新建"|"项目"命令,并在弹出的"新建项目"对话框中设置"名称",接着单击"浏览"按钮设置保存路径,最后单击"确定"按钮,如图8-130所示。

图8-130

02 在"项目"面板空白处双击鼠标左键,选择所需的"01.png"~"05.png"和"背景.jpg"素材文件,最后单击"打开"按钮,将它们进行导入,如图8-131所示。

图8-131

03 选择"项目"面板中的所有素材文件,并按住鼠标左键依次将它们拖曳到轨道上,如图8-132所示。

图8-132

中文版Premiere Pro视频编辑剪辑设计与制作全视频 实战228例

**04** 选择V2轨道上的"01.png"素材文件，将时间轴拖动到初始位置，在"效果控件"面板中展开"运动"效果，单击"位置"前面的⏱，创建关键帧。并设置"位置"为（500.0,350.0）；将时间轴拖动到15帧位置，设置"位置"为（867.0,350.0），如图8-133所示。

**05** 选择V3轨道上的"02.png"素材文件，将时间轴拖动到15帧位置，单击"位置"前面的⏱，创建关键帧，并设置"位置"为（1391.0,350.0）；将时间轴拖动到1秒10帧位置，设置"位置"为（867.0,350.0），如图8-134所示。

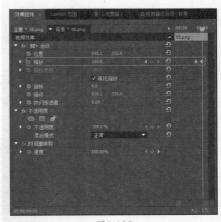

图8-137

图8-133

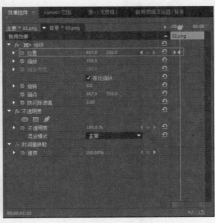

图8-134

**06** 选择V4轨道上的"03.png"素材文件，设置"位置"和"锚点"均为（867.0,350.0），将时间轴拖动到1秒10帧位置，单击"不透明度"前面的⏱，创建关键帧，并设置"不透明度"为0.0；将时间轴拖动到2秒10帧位置，设置"不透明度"为100.0%，如图8-135所示。

**07** 选择V5轨道上的"04.png"素材文件，设置"位置"和"锚点"均为（635.7,601.8），将时间轴拖动到2秒10帧位置，单击"缩放"前面的⏱，创建关键帧，并设置"缩放"为0.0；将时间轴拖动到3秒05帧位置，设置"缩放"为100.0，如图8-136所示。

图8-138

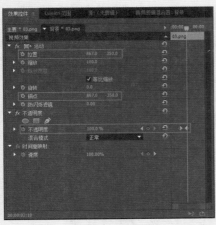

图8-135

图8-136

**08** 选择V6轨道上的"05.png"素材文件，将时间轴拖动到3秒05帧位置，单击"缩放"前面的⏱，创建关键帧，并设置"缩放"为0.0；将时间轴拖动到4秒05帧位置，设置"缩放"为100.0，如图8-137所示。

**09** 拖动时间轴查看效果，如图8-138所示。

| 实例161 | 水滴动画效果 |
| --- | --- |
| 文件路径 | 第8章 \ 水滴动画效果 |
| 难易指数 | ★★★★★ |
| 技术掌握 | 关键帧动画 |

🔍扫码深度学习

💡**操作思路**

　　本实例讲解了在Premiere Pro中制作缩放、位置、不透明度属性的关键帧动画。

🎤**操作步骤**

**01** 在菜单栏中执行"文件" | "新建" | "项目"命令，并在弹出

的"新建项目"对话框中设置"名称",接着单击"浏览"按钮设置保存路径,最后单击"确定"按钮,如图8-139所示。

图8-139

**02** 在"项目"面板空白处双击鼠标左键,选择所需的"01.png""02.png"和"背景.jpg"素材文件,最后单击"打开"按钮,将它们进行导入,如图8-140所示。

图8-140

**03** 选择"项目"面板中的所有素材文件,并按住鼠标左键将它们拖曳到轨道上,如图8-141所示。

图8-141

**04** 选择V2轨道上的"01.png"素材文件,将时间轴拖动到1秒11帧的位置,单击"缩放"前面的 ,创建关键帧,并设置"缩放"为0.0;将时间轴拖动到3秒的位置,设置"缩放"为100.0,如图8-142所示。

**05** 选择V3轨道上的"02.png"素材文件,将时间轴拖动到初始位置,单击"位置"和"缩放"前面的 ,创

建关键帧,并设置"位置"为(903.3,253.7)、"缩放"为100.0;将时间轴拖动到1秒11帧的位置,设置"位置"为(903.3,674.7)、"缩放"为0.0,如图8-143所示。

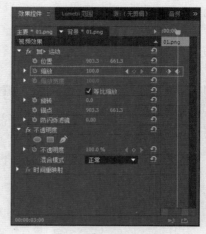

图8-142

图8-143

**06** 选择V4轨道上的"01.png"素材文件,将时间轴拖动到1秒11帧的位置,单击"缩放"和"不透明度"前面的 ,创建关键帧,并设置"缩放"为0.0、"不透明度"为100.0%;将时间轴拖动到3秒的位置,设置"缩放"为60.0;将时间轴拖动到3秒15帧的位置,设置"缩放"为100.0、"不透明度"为0.0,如图8-144所示。

图8-144

艺圃 中文版Premiere Pro视频编辑剪辑设计与制作全视频 实战228例

**07** 拖动时间轴查看效果，如图8-145所示。

图8-145

## 实例162 图像变换动画效果

| | |
|---|---|
| 文件路径 | 第8章\图像变换动画效果 |
| 难易指数 | ★★★★★ |
| 技术掌握 | 关键帧动画 |

扫码深度学习

### 操作思路

本实例讲解了在Premiere Pro中制作位置、缩放属性的关键帧动画。

### 操作步骤

**01** 在菜单栏中执行"文件"|"新建"|"项目"命令，并在弹出的"新建项目"对话框中设置"名称"，接着单击"浏览"按钮设置保存路径，最后单击"确定"按钮，如图8-146所示。

图8-146

**02** 在"项目"面板空白处双击鼠标左键，选择所需的"01.png"~"07.png"素材文件，最后单击"打开"按钮，将它们进行导入，如图8-147所示。

**03** 选择"项目"面板中的所有素材文件，并按住鼠标左键依次将它们拖曳到轨道上，如图8-148所示。

图8-147

图8-148

**04** 选择V2轨道上的"02.png"素材文件，将时间轴拖动到15帧的位置，在"效果控件"面板中单击"位置"前面的🔘，创建关键帧，并设置"位置"为（2392.0,682.5）；将时间轴拖动到2秒的位置，设置"位置"为（-632.0,682.5），如图8-149所示。

图8-149

**05** 选择V3轨道上的"03.png"素材文件，将时间轴拖动到2秒的位置，单击"位置"前面的🔘，创建关键帧，并设置"位置"为（2784.0,682.5）；将时间轴拖动到3秒的位置，设置"位置"为（-438.0,682.5），如图8-150所示。

**06** 选择V4轨道上的"04.png"素材文件，将时间轴拖动到3秒的位置，单击"位置"前面的🔘，创建关键帧，并设置"位置"为（2380.0,682.5）；将时间轴拖动到4秒的位置，设置"位置"为（-458.0,682.5），如图8-151所示。

图8-150

图8-151

07 选择V6轨道上的"06.png"素材文件，将时间轴拖动到4秒的位置，单击"位置"前面的 ⏱，创建关键帧，并设置"位置"为（1024.0,1235.5）；将时间轴拖动到4秒10帧的位置，设置"位置"为（1024.0,682.5），如图8-152所示。

图8-152

08 选择V7轨道上的"07.png"素材文件，将时间轴拖动到4秒10帧的位置，单击"缩放"前面的 ⏱，创建关键帧，并设置"缩放"为0.0；将时间轴拖动到4秒20帧的位置，设置"缩放"为121.0，如图8-153所示。

图8-153

09 拖动时间轴查看效果，如图8-154所示。

图8-154

### 实例163　星光抠像合成效果——人物抠像

| 文件路径 | 第8章\星光抠像合成效果 |
| --- | --- |
| 难易指数 | ★★★★★ |
| 技术掌握 | ● "超级键"效果　● 关键帧动画 |

〔扫码深度学习〕

💡操作思路

本实例讲解了在Premiere Pro中使用"超级键"效果抠除人像的背景，并制作位置、缩放属性的关键帧动画。

🎤操作步骤

01 在菜单栏中执行"文件"|"新建"|"项目"命令，并在弹出的"新建项目"对话框中设置"名称"，接着单击"浏览"按钮设置保存路径，最后单击"确定"按钮，如图8-155所示。

图8-155

**02** 在"项目"面板空白处双击鼠标左键，选择所需的"01.png""02.jpg""03.png"～"05.png"素材文件，最后单击"打开"按钮，将它们进行导入，如图8-156所示。

图8-156

**03** 选择V1轨道上的"01.png"素材文件，将时间轴拖动到初始位置，在"效果控件"面板中展开"运动"效果，单击"位置"前面的 ，创建关键帧，并设置"位置"为（1081.5，-244.5）；将时间轴拖动到1秒的位置，设置"位置"为（1081.5，1422.5），如图8-157所示。查看效果如图8-158所示。

图8-157　　　　　　　　图8-158

**04** 选择V2轨道上的"02.jpg"素材文件，在"效果"面板中搜索"超级键"效果，并按住鼠标左键将其拖曳到"02.png"素材文件上，如图8-159所示。

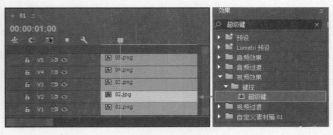

图8-159

**05** 在"效果控件"面板中展开"超级键"效果，单击"主要颜色"后面的吸管 ，并在"节目"监视器中吸取绿色，如图8-160和图8-161所示。

图8-160　　　　　　　　图8-161

**06** 将时间轴拖动1秒的位置，单击"缩放"前面的 ，创建关键帧，设置"缩放"为0.0；将时间轴拖动到1秒20帧的位置，设置"缩放"为100.0，如图8-162所示。查看效果如图8-163所示。

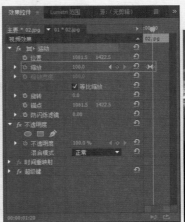

图8-162　　　　　　　　图8-163

| 实例164 | 星光抠像合成效果——特效合成 | |
|---|---|---|
| 文件路径 | 第8章\星光抠像合成效果 | |
| 难易指数 | ★★★★★ | |
| 技术掌握 | 关键帧动画 | 扫码深度学习 |

## 操作思路

本实例讲解了在Premiere Pro中制作位置、不透明度属性的关键帧动画。

## 操作步骤

**01** 选择V3轨道上的"03.png"素材文件，将时间轴拖动到1秒20帧的位置，单击"位置"前面的📷，创建关键帧，设置"位置"为（1081.5,4366.5）；将时间轴拖动到2秒11帧的位置，设置"位置"为（1081.5,1422.5），如图8-164所示。查看效果如图8-165所示。

图8-164

图8-165

**02** 选择V4轨道上的"04.png"素材文件，将时间轴拖动到2秒10帧的位置，单击"不透明度"前面的📷，创建关键帧，设置"不透明度"为0.0；将时间轴拖动到3秒05帧的位置，设置"不透明度"为100.0%，如图8-166所示。查看效果如图8-167所示。

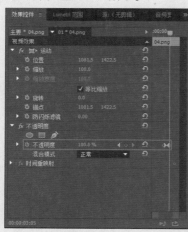
图8-166

图8-167

**03** 选择V5轨道上的"05.png"素材文件，将时间轴拖动到3秒05帧的位置，单击"位置"前面的📷，创建关键帧，设置"位置"为（1081.5,2700.0）；将时间轴拖动到4秒05帧的位置，设置"位置"为

（1081.5,1422.5），如图8-168所示。查看效果如图8-169所示。

图8-168

图8-169

**04** 拖动时间轴查看效果，如图8-170所示。

图8-170

## 实例165 冬季恋歌

| 文件路径 | 第8章＼冬季恋歌 |
|---|---|
| 难易指数 | ★★★★★ |
| 技术掌握 | 关键帧动画 |

扫码深度学习

### 操作思路

　　本实例讲解了在Premiere Pro中创建缩放、位置属性的关键帧动画。

### 操作步骤

**01** 在菜单栏中执行"文件"｜"新建"｜"项目"命令，并在弹出的"新建项目"对话框中设置"名称"，接着单击"浏览"按钮设置保存路径，最后单击"确定"按钮，如图8-171所示。

图8-171

**02** 在"项目"面板空白处双击鼠标左键，选择所需的"01.png"～"06.png"和"背景.jpg"素材文件，最后单击"打开"按钮，将它们进行导入，如图8-172所示。

图8-172

**03** 选择"项目"面板中的素材文件，并按住鼠标左键依次将它们拖曳到轨道上，如图8-173所示。

图8-173

**04** 选择V2轨道上的"01.png"素材文件，将时间轴拖动到初始位置，单击"缩放"和"旋转"前面的 ⏱，创建关键帧，并设置"缩放"为0.0、"旋转"为1x0.0°；将时间轴拖动到1秒的位置，设置"缩放"为100.0、"旋转"为1x0.0°，如图8-174所示。

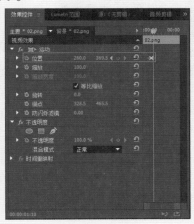

图8-174

**05** 选择V3轨道上的"02.png"素材文件，将时间轴拖动到1秒的位置，单击"位置"前面的 ⏱，创建关键帧，并设置"位置"为（260.0,95.5）；将时间轴拖动到1秒10帧的位置，设置"位置"为（260.0,369.5），如图8-175所示。

图8-175

**06** 选择V4轨道上的"03.png"素材文件，设置"缩放"为80.0，将时间轴拖动到1秒10帧的位置，单击

"位置"前面的◎，创建关键帧，并设置"位置"为（260.0,348.5）；将时间轴拖动到1秒20帧的位置，设置"位置"为（260.0,370.5），如图8-176所示。

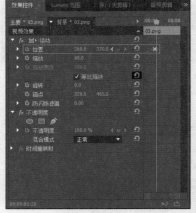

图8-176

07 选择V5轨道上的"04.png"素材文件，将时间轴拖动到1秒20帧的位置，单击"位置"前面的◎，创建关键帧，并设置"位置"为（-241.0,348.5）；将时间轴拖动到2秒20帧的位置，设置"位置"为（246.0,348.5），如图8-177所示。

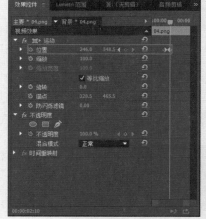

图8-177

08 选择V6轨道上的"05.png"素材文件，将时间轴拖动到2秒10帧的位置，单击"位置"前面的◎，创建关键帧，并设置"位置"为（260.0,411.5）；将时间轴拖动到3秒的位置，设置"位置"为（260.0,349.5），如图8-178所示。

09 选择V7轨道上的"06.png"素材文件，将时间轴拖动到3秒的位置，单击"位置"前面的◎，创建

关键帧，并设置"位置"为（644.0,340.5）；将时间轴拖动到3秒20帧的位置时，设置"位置"为（265.0,340.5），如图8-179所示。

图8-178

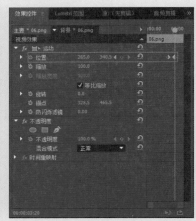

图8-179

10 拖动时间轴查看效果，如图8-180所示。

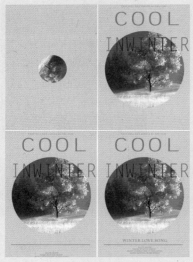

图8-180

**实例166　风景动画效果**

| 文件路径 | 第8章 \ 风景动画效果 |
| --- | --- |
| 难易指数 | ★★★★★ |
| 技术掌握 | 关键帧动画 |

🔍扫码深度学习

💡 操作思路

　　本实例讲解了在Premiere Pro中创建位置属性的关键帧动画。

🎙 操作步骤

01 在菜单栏中执行"文件"|"新建"|"项目"命令，并在弹出的"新建项目"对话框中设置"名称"，接着单击"浏览"按钮设置保存路径，最后单击"确定"按钮，如图8-181所示。

图 8-181

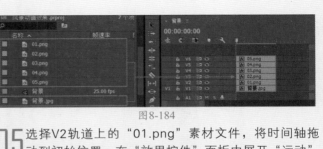

图 8-184

$\square$ 2 在"项目"面板空白处单击鼠标右键，执行"新建项目"|"序列"命令。接着在弹出的"新建序列"对话框中选择DV-PAL文件夹下的"标准48kHz"，如图8-182所示。

图 8-182

$\square$ 3 在"项目"面板空白处双击鼠标左键，选择所需的"01.png"～"05.png"和"背景.jpg"素材文件，最后单击"打开"按钮，将它们进行导入，如图8-183所示。

图 8-183

$\square$ 4 选择"项目"面板中的所有素材文件，并按住鼠标左键依次将它们拖曳到轨道上，如图8-184所示。

$\square$ 5 选择V2轨道上的"01.png"素材文件，将时间轴拖动到初始位置，在"效果控件"面板中展开"运动"效果，单击"位置"前面的⊙，创建关键帧，并设置"位置"为（2541.0,600.0）；将时间轴拖动到20帧的位置，设置"位置"为（960.0,600.0）。如图8-185所示。

图 8-185

$\square$ 6 选择V3轨道上的"02.png"素材文件。将时间轴拖动到20帧的位置，单击"位置"前面的⊙，并设置"位置"为（960.0,771.0）；将时间轴拖动到1秒15帧的位置，设置"位置"为（960.0,600.0），如图8-186所示。

图 8-186

$\square$ 7 选择V4轨道上的"03.png"素材文件，将时间轴拖动到1秒15帧的位置，单击"位置"前面的⊙，并设置"位置"为（165.0,600.0）；将时间轴拖动到2秒20帧的位置，设置"位置"为（960.0,600.0），如图8-187所示。

图8-187

08 选择V5轨道上的"04.png"素材文件，将时间轴拖动到1秒15帧的位置，单击"位置"前面的 ，并设置"位置"为（1792.0,600.0）；将时间轴拖动到2秒20帧的位置，设置"位置"为（960.0,600.0），如图8-188所示。

图8-188

09 选择V6轨道上的"05.png"素材文件，将时间轴拖动到2秒20帧的位置，单击"位置"前面的 ，并设置"位置"为（960.0,–105.0）；将时间轴拖动到4秒的位置，设置"位置"为（960.0,600.0），如图8-189所示。

图8-189

10 拖动时间轴查看效果，如图8-190所示。

图8-190

| 实例167 | 服装网页动画效果 | |
|---|---|---|
| 文件路径 | 第8章\服装网页动画效果 | |
| 难易指数 | ★★★★★ | |
| 技术掌握 | 关键帧动画 | 扫码深度学习 |

💡 操作思路

　　本实例讲解了在Premiere Pro中创建不透明度、缩放属性的关键帧动画。

🎙 操作步骤

01 在菜单栏中执行"文件"｜"新建"｜"项目"命令，并在弹出的"新建项目"对话框中设置"名称"，接着单击"浏览"按钮设置保存路径，最后单击"确定"按钮，如图8-191所示。

图8-191

02 在"项目"面板空白处双击鼠标左键，选择所需的"01.png"～"04.png"和"背景.jpg"素材文件，最后单击"打开"按钮，将它们进行导入，如图8-192所示。

03 选择"项目"面板中的所有素材文件，并按住鼠标左键依次将它们拖曳到轨道上，如图8-193所示。

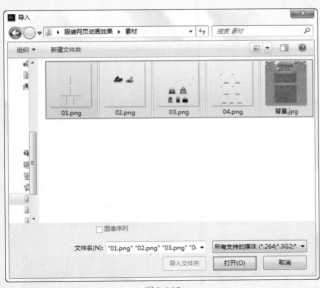

图8-192

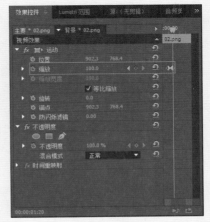

图8-195

图8-193

**04** 选择V2轨道上的"01.png"素材文件,将时间轴拖动到初始位置,在"效果控件"面板中展开"不透明度"效果,单击"不透明度"前面的 ⬛,创建关键帧,并设置"不透明度"为0.0;将时间轴拖动到1秒的位置,设置"不透明度"为100.0%,如图8-194所示。查看效果如图8-195所示。

**05** 选择V3轨道上的"02.png"素材文件,将时间轴拖动到1秒的位置,在"效果控件"面板中展开"运动"效果,单击"缩放"前面的 ⬛,创建关键帧,并设置"缩放"为0.0;将时间轴拖动到1秒20帧的位置,设置"缩放"为100.0,如图8-196和图8-197所示。

图8-196

图8-194

图8-197

**06** 选择V4轨道上的"03.png"素材文件,将时间轴拖动到1秒20帧的位置,单击"缩放"和"不透明度"前面的 ⬛,创建关键帧,并设置"缩放"为0.0、"不透明度"为0.0;将时间轴拖动到2秒15帧的位置,设置"缩放"为100.0、"不透明度"为100.0%,如图8-198所示。查看效果如图8-199所示。

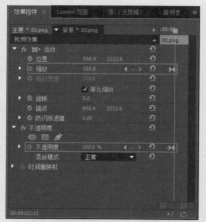

图8-198

图8-201

图8-199

07 选择V5轨道上的"04.png"素材文件，将时间轴拖动到2秒15帧的位置，单击"不透明度"前面的🕙，创建关键帧，并设置"不透明度"为0.0；将时间轴拖动到3秒20帧的位置，设置"不透明度"为100.0%，如图8-200和图8-201所示。

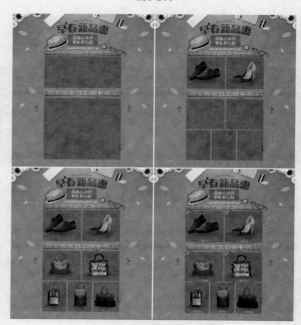

图8-202

### 实例168　花店宣传海报

| 文件路径 | 第8章\花店宣传海报 |
|---|---|
| 难易指数 | ★★★★★ |
| 技术掌握 | 关键帧动画 |

扫码深度学习

### 🔖操作思路

本实例讲解了在Premiere Pro中创建旋转、不透明度、位置、缩放属性的关键帧动画。

### 🎤操作步骤

图8-200

08 拖动时间轴查看效果，如图8-202所示。

01 在菜单栏中执行"文件"|"新建"|"项目"命令，并在弹出的"新建项目"对话框中设置"名

称"，接着单击"浏览"按钮设置保存路径，最后单击"确定"按钮，如图8-203所示。

图8-203

02 在"项目"面板空白处双击鼠标左键，选择所需的"01.png"～"06.png"和"背景.png"素材文件，最后单击"打开"按钮，将它们进行导入，如图8-204所示。

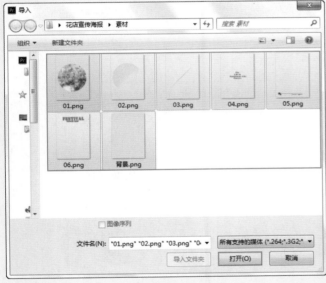

图8-204

03 选择"项目"面板中的所有素材文件，并按住鼠标左键依次将它们拖曳到轨道上，如图8-205所示。

图8-205

04 选择V2轨道上的"01.png"素材文件，将时间轴拖动到初始位置，单击"旋转"和"不透明度"前面的 ⏱️，创建

关键帧，并设置"旋转"为1x0.0°、"不透明度"为0.0；将时间轴拖动到1秒的位置，设置"旋转"为1x0.0°、"不透明度"为100.0%，设置"锚点"为（327.2,470.6），如图8-206所示。

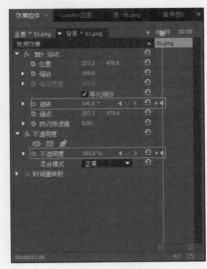

图8-206

05 选择V3轨道上的"02.png"素材文件，将时间轴拖动到1秒的位置，单击"位置"前面的 ⏱️，创建关键帧，并设置"位置"为（−208.5,101.5）；将时间轴拖动到1秒15帧的位置，设置"位置"为（327.5,463.5），如图8-207所示。

图8-207

06 选择V4轨道上的"03.png"素材文件，将时间轴拖动到1秒15帧的位置，单击"缩放"前面的 ⏱️，创建关键帧，并设置"缩放"为0.0；将时间轴拖动到2秒05帧的位置，设置"缩放"为100.0，如图8-208所示。

07 选择V5轨道上的"04.png"素材文件，将时间轴拖动到2秒05帧的位置，单击"缩放"和"旋转"前面的 ⏱️，创建关键帧，并设置"缩放"为0.0、"旋转"为1x0.0°；将时间轴拖动到3秒的位置，设置"缩放"为100.0、"旋转"为1x0.0°，如图8-209所示。

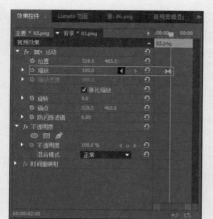

图8-208

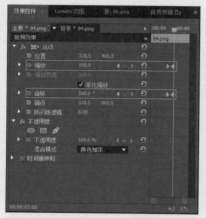

图8-209

08 选择V6轨道上的"05.png"素材文件，将时间轴拖动到3秒的位置，单击"位置"前面的 ，创建关键帧，并设置"位置"为（328.5,574.5）；将时间轴拖动到3秒10帧的位置，设置"位置"为（328.5,465.5），如图8-210所示。

图8-210

09 选择V7轨道上的"06.png"素材文件，将时间轴拖动到3秒10帧的位置，单击"位置"前面的 ，创建关键

帧，并设置"位置"为（328.5,292.5）；将时间轴拖动到4秒05帧的位置，设置"位置"为（328.5,465.5），如图8-211所示。

图8-211

10 拖动时间轴查看效果，如图8-212所示。

图8-212

| 实例169 | 家电网页动画效果 | |
|---|---|---|
| 文件路径 | 第8章\家电网页动画效果 | |
| 难易指数 | ★★★★★ | |
| 技术掌握 | 关键帧动画 | 扫码深度学习 |

操作思路

本实例讲解了在Premiere Pro中制作位置、缩放、不透明度属性的关键帧动画。

## 操作步骤

**01** 在菜单栏中执行"文件"｜"新建"｜"项目"命令，并在弹出的"新建项目"对话框中设置"名称"，接着单击"浏览"按钮设置保存路径，最后单击"确定"按钮，如图8-213所示。

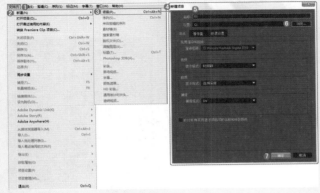

图8-213

**02** 在"项目"面板空白处双击鼠标左键，选择所需的"01.png～04.png"和"背景.png"素材文件，最后单击"打开"按钮，将它们进行导入，如图8-214所示。

图8-214

**03** 选择"项目"面板中的所有素材文件，并按住鼠标左键依次将它们拖曳到轨道上，如图8-215所示。

图8-215

**04** 选择V2轨道上的"01.png"素材文件，将时间轴拖动到初始位置，在"效果控件"面板中展开"运动"效果，单击"位置"前面的 ，创建关键帧，并设置"位置"为（450.5,143.5）；将时间轴拖动到1秒的位置，设

置"位置"为（450.5,237.5），如图8-216所示。

图8-216

**05** 选择V3轨道上的"02.png"素材文件，将时间轴拖动到1秒的位置，单击"缩放"前面的 ，创建关键帧，并设置"缩放"为0；将时间轴拖动到1秒20帧的位置，设置"缩放"为100.0，如图8-217所示。

图8-217

**06** 选择V4轨道上的"03.png"素材文件，将时间轴拖动到1秒20帧的位置，单击"位置"前面的 ，创建关键帧，并设置"位置"为（450.5,376.5）；将时间轴拖动到2秒20帧的位置，设置"位置"为（450.5,237.5），如图8-218所示。

图8-218

07 选择V5轨道上的"04.png"素材文件，将时间轴拖动到2秒10帧的位置，单击"不透明度"前面的 ⏱，创建关键帧，并设置"不透明度"为0.0；将时间轴拖动到3秒的位置，设置"不透明度"为100.0%，如图8-219所示。

图8-219

08 拖动时间轴查看效果，如图8-220所示。

图8-220

---

### 实例170　流动图片效果——动画

| 文件路径 | 第 8 章 \ 流动图片效果 |
|---|---|
| 难易指数 | ★★★★★ |
| 技术掌握 | 关键帧动画 |

扫码深度学习

#### 操作思路

本实例讲解了在Premiere Pro中制作缩放、旋转、不透

明度、位置属性的关键帧动画。

#### 操作步骤

01 在菜单栏中执行"文件"｜"新建"｜"项目"命令，并在弹出的"新建项目"对话框中设置"名称"，接着单击"浏览"按钮设置保存路径，最后单击"确定"按钮，如图8-221所示。

图8-221

02 在"项目"面板空白处双击鼠标左键，选择所需的"01.jpg"～"08.jpg"和"背景.jpg"素材文件，最后单击"打开"按钮，将它们进行导入，如图8-222所示。

图8-222

03 选择"项目"面板中的所有素材文件，并按住鼠标左键依次将它们拖曳到轨道上，如图8-223所示。

图8-223

04 选择V2轨道上的"01.jpg"素材文件，设置"位置"为（550.0,274.5）。将时间线拖动到初始位置，在"效果控件"面板中展开"运动"效果，单击"缩放""旋转"和"不透明度"前面的 ⏱，创建关键帧，并设置"缩放"为0.0、"旋转"为1x0.0、"不透明度"为0.0；将时间轴拖动到20帧的位置，设置"缩放"为40.0、"旋转"为1x0.0、"不透明度"为100.0%，如图8-224所示。查看效果如图8-225所示。

图8-224

图8-225

05 选择V3轨道上的"02.jpg"素材文件，设置"缩放"为40.0。将时间轴拖动到20帧的位置，单击"位置"前面的 ⏱，创建关键帧，并设置"位置"为（-97,455.0）；将时间轴拖动到1秒10帧的位置，设置"位置"为（191.0,455.0），如图8-226所示。查看效果如图8-227所示。

图8-226

图8-227

06 选择V4轨道上的"03.jpg"素材文件，设置"缩放"为40.0。将时间轴拖动到1秒10帧的位置，单击"位置"前面的 ⏱，创建关键帧，并设置"位置"为（1193,455）；将时间轴拖动到1秒20帧的位置，设置"位置"为（904,455），如图8-228所示。查看效果，如图8-229所示。

图8-228

图8-229

07 选择V5轨道上的"04.jpg"素材文件，设置"缩放"为45.0。将时间轴拖动到1秒20帧的位置，单击"位置"前面的 ⏱，创建关键帧，并设置"位置"为（-106.0,515.0）；将时间轴拖动到2秒05帧的位置，设置"位置"为

（288.0,515.0），如图8-230所示。查看效果如图8-231所示。

图8-230

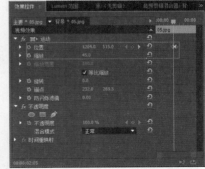
图8-231

08 选择V6轨道上的"05.jpg"素材文件，设置"缩放"为45.0。将时间轴拖动到2秒05帧的位置，单击"位置"前面的 ⏱，创建关键帧，并设置"位置"为（1204.0,515.0），如图8-232所示；将时间轴拖动到2秒15帧的位置，设置"位置"为（792.0,515.0），查看效果如图8-233所示。

图8-232

图8-233

09 选择V7轨道上的"06.jpg"素材文件，设置"缩放"为50.0。将时间轴拖动到2秒15帧的位置，单击"位置"前面的 📷，创建关键帧，并设置"位置"为（-118.0,574.0）；将时间轴拖动到3秒05帧的位置，设置"位置"为（373.0,574.0），如图8-234所示。查看效果如图8-235所示。

图8-234

图8-235

10 选择V8轨道上的"07.jpg"素材文件，设置"缩放"为50.0。将时间轴拖动到3秒05帧的位置，单击"位置"前面的 📷，创建关键帧，并设置"位置"为（1217.0,574.0）；将时间轴拖动到3秒15帧的位置，设置"位置"为（703.0,574.0），如图8-236所示。查看效果如图8-237所示。

图8-236

图8-237

11 选择V9轨道上的"08.jpg"素材文件，设置"位置"为（550.0,522.0）。将时间轴拖动到3秒15帧的位置，单击"缩放"和"不透明度"前面的 📷，创建关键帧，并设置"缩放"为0.0、"不透明度"为0.0；将时间轴拖动到4秒10帧的位置，设置"缩放"为70.0、"不透明度"为100.0%，如图8-238所示。查看效果如图8-239所示。

图8-238

图8-239

## 实例171 流动图片效果——真实投影

| 文件路径 | 第8章\流动图片效果 |
|---|---|
| 难易指数 | ★★★★★ |
| 技术掌握 | "投影"效果 |

🔍 扫码深度学习

💡 操作思路

本实例讲解了在Premiere Pro中使用"投影"效果制作素材的真实阴影。

🎤 操作步骤

01 选择V2轨道上的"01.jpg"素材文件，在"效果"面板中搜索"投影"效果，并按住鼠标左键将其拖曳到"01.jpg"素材文件上，如图8-240所示。

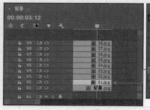

图8-240

02 在"效果控件"面板中展开"投影"效果，设置"不透明度"为65%、"距离"为25.0、"柔和度"为128.0，如图8-241所示。

图8-241

03 选择"效果控件"面板中的"投影"效果，按Ctrl+C 快捷键复制，再分别将其粘贴到"02.jpg～08.jpg"素材文件上，如图8-242所示。

图8-242

04 拖动时间轴查看效果，如图8-243所示。

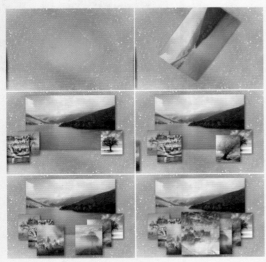

图8-243

| 实例172 | 片头动画效果 |
|---|---|
| 文件路径 | 第8章\片头动画效果 |
| 难易指数 | ★★★★★ |
| 技术掌握 | 关键帧动画 |

扫码深度学习

💡 操作思路

本实例讲解了在Premiere Pro中创建位置属性的关键帧动画，并创建蒙版路径属性的关键帧动画。

🎙 操作步骤

01 在菜单栏中执行"文件"｜"新建"｜"项目"命令，并在弹出的"新建项目"对话框中设置"名称"，接着单击"浏览"按钮设置保存路径，最后单击

"确定"按钮，如图8-244所示。

图8-244

02 在"项目"面板空白处双击鼠标左键，选择所需的"01.png"～"05.png"和"背景.jpg"素材文件，最后单击"打开"按钮，将它们进行导入，如图8-245所示。

图8-245

03 选择"项目"面板中的素材文件，并按住鼠标左键依次将它们拖曳到轨道上，如图8-246所示。

图8-246

04 选择V3轨道上的"02.png"素材文件，将时间轴拖动到初始位置，单击"不透明度"下面的4点多边形蒙版，并单击"蒙版路径"前面的 ◎ ，创建关键帧，再在"节目"监视器中调节蒙版路径；将时间轴拖动到1秒15帧的位置，再次在"节目"监视器中调整蒙版路径，如图8-247所示。

图8-247

05 选择V4轨道上的"03.png"素材文件，将时间轴拖动到1秒15帧的位置，单击"不透明度"下面的4点多边形蒙版，并单击"蒙版路径"和"位置"前面的 ，创建关键帧，再在"节目"监视器中调整蒙版路径，设置"位置"为（1200.0,600.0）；将时间轴拖动到2秒20帧的位置，再次在"节目"监视器中调整蒙版路径，设置"位置"为（902.0,600.0），如图8-248和图8-249所示。

图8-248　　　　　　　　图8-249

06 选择V5轨道上的"04.png"素材文件，将时间轴拖动到2秒20帧的位置，单击"不透明度"下面的4点多边形蒙版，并单击"蒙版路径"和"位置"前面的 ，创建关键帧，再在"节目"监视器中调整蒙版路径，设置"位置"为（552.0,600.0）；将时间轴拖动到4秒的位置，再次在"节目"监视器中调整蒙版路径，设置"位置"为（902.0,600.0），如图8-250和图8-251所示。

图8-250　　　　　　　　图8-251

07 选择V6轨道上的"05.png"素材文件，将时间轴拖动到4秒的位置，单击"不透明度"下面的4点多边形蒙版，并单击"蒙版路径"前面的 ，创建关键帧，再在"节目"监视器中调整蒙版路径；将时间轴拖动到4秒20帧的位置时，再次在"节目"监视器中调整蒙版路径，如图8-252和图8-253所示。

图8-252

图8-253

08 拖动时间轴查看效果，如图8-254所示。

图8-254

## 实例173 圣诞海报效果

| | |
|---|---|
| 文件路径 | 第8章 \ 圣诞海报效果 |
| 难易指数 | ★★★★★ |
| 技术掌握 | ● 关键帧动画　● "投影"效果 |

扫码深度学习

### 操作思路

　　本实例讲解了在Premiere Pro中创建位置、缩放、旋转、不透明度、缩放宽度属性的关键帧动画，从而制作圣诞动画，并添加"投影"效果制作阴影。

### 操作步骤

**01** 在菜单栏中执行"文件" | "新建" | "项目"命令，并在弹出的"新建项目"对话框中设置"名称"，接着单击"浏览"按钮设置保存路径，最后单击"确定"按钮，如图8-255所示。

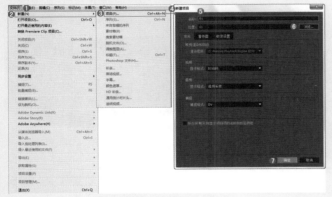

图8-255

**02** 在"项目"面板空白处双击鼠标左键，选择所需的"01.png"～"08.png"素材文件，最后单击"打开"按钮，将它们进行导入，如图8-256所示。

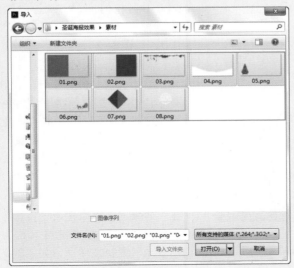

图8-256

**03** 选择"项目"面板中的素材文件，并按住鼠标左键依次将它们拖曳到轨道V1~V8上，如图8-257所示。

图8-257

**04** 选择V1轨道上的"01.png"素材文件，并隐藏其他轨道上的素材文件。将时间轴拖动到初始位置，在"效果控件"面板中单击"位置"前面的◎，创建关键帧，设置"位置"为（-23.0,300.0）；将时间轴拖动到10帧的位置，设置"位置"为（550.5,300.0），如图8-258所示。查看效果如图8-259所示。

图8-258

图8-259

**05** 显现并选择V2轨道上的"02.png"素材文件。将时间轴拖动到初始位置，并单击"位置"前面的◎，创建关键帧，设置"位置"为（1086.5,300.0）；将时间轴拖动到10帧的位置，设置"位置"为（550.5,300.0），如图8-260所示。查看效果如图8-261所示。

**06** 显现并选择V3轨道上的"07.png"素材文件，设置"位置"为（564.8,270.7）。将时间轴拖动到3秒的位置，单击"缩放""旋转"和"不透明度"前面的◎，创建关键帧，设置"缩放"为0.0、"旋转"为1x0.0°、"不透明度"为0.0；将时间轴拖动到4秒的位置，设置"缩放"为100.0、"旋转"为1x0.0°、"不透明度"为100.0%，设置"锚点"为（590.8,270.7），如图8-262所示。查看效果如图8-263所示。

图8-260

图8-261

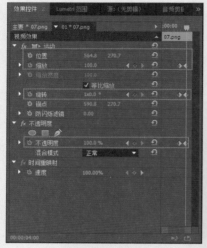

图8-262

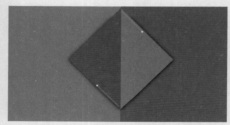

图8-263

图8-266

图8-267

（550.5,564.0），将时间轴拖动到1秒20帧的位置，设置"位置"为（550.5,323.0），如图8-266所示。查看效果如图8-267所示。

07 显现并选择V4轨道上的"03.png"素材文件。将时间轴拖动到10帧的位置，单击"位置"前面的 ◎，创建关键帧，设置"位置"为（550.5,86.0）；将时间轴拖动到1秒的位置，设置"位置"为（550.5,300.0），如图8-264所示。查看效果如图8-265所示。

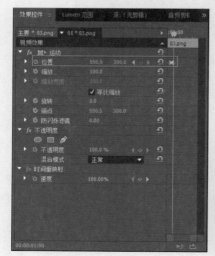

图8-264

图8-265

08 显现并选择V5轨道上的"04.png"素材文件。将时间轴拖动到1秒的位置，单击"位置"前面的 ◎，创建关键帧，设置"位置"为

09 显现并选择V6轨道上的"05.png"素材文件。将时间轴拖动到1秒的位置，取消勾选"等比缩放"复选框，并单击"缩放宽度"前面的 ◎，创建关键帧，设置"缩放宽度"为510.0；将时间轴拖动到2秒05帧的位置时，设置"缩放宽度"为100.0，如图8-268所示。查看效果如图8-269所示。

10 显现并选择V7轨道上的"06.png"素材文件。将时间轴拖动到2秒05帧的位置，单击"位置"前面的 ◎，创建关键帧，设置"位置"为（869.1,192.7）；将时间轴拖动到3秒的位置时，设置"位置"为（514.5,300.0），如图8-270所示。

11 在"效果"面板中搜索"投影"效果，并按住鼠标左键将其拖曳到"06.png"素材文件上，如图8-271所示。

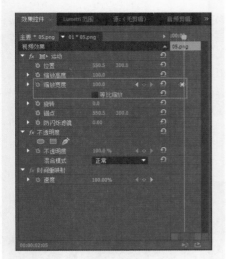

图8-268

图8-269

图8-270

图8-271

**12** 在"效果控件"面板中展开"投影"效果，设置"不透明度"为43%、"方向"为-8.0°、"距离"为16.0、"柔和度"为19.0，如图8-272所示。查看效果如图8-273所示。

图8-272

图8-273

**13** 显现并选择V8轨道上的"08.png"素材文件，设置"位置"为（522.5,300）。将时间轴拖动到4秒的位置，单击"不透明度"前面的🕐，创建关键帧，设置"不透明度"为0.0；将时间轴拖动到4秒05帧的位置，设置"不透明度"为100.0%，如图8-274所示。

**14** 拖动时间轴查看效果，如图8-275所示。

图8-274

图8-275

**实例174　水粉动画效果——画面部分**

| 文件路径 | 第8章\水粉动画效果 |
| --- | --- |
| 难易指数 | ⭐⭐⭐⭐⭐ |
| 技术掌握 | 关键帧动画 |

Q扫码深度学习

## 操作思路

本实例讲解了在Premiere Pro中制作旋转、不透明度、位置属性的关键帧动画，并添加"投影"效果制作投影。

## 操作步骤

01 在菜单栏中执行"文件"｜"新建"｜"项目"命令，并在弹出的"新建项目"对话框中设置"名称"，接着单击"浏览"按钮设置保存路径，最后单击"确定"按钮，如图8-276所示。

图8-276

02 在"项目"面板空白处双击鼠标左键，选择所需的"01.png"～"03.png"和"背景.jpg"素材文件，最后单击"打开"按钮，将它们进行导入，如图8-277所示。

图8-277

03 选择"项目"面板中的所有素材文件，并按住鼠标左键依次将它们拖曳到轨道上，如图8-278所示。

图8-278

04 选择V2轨道上的"01.png"素材文件，将时间轴拖动到初始位置，在"效果控件"面板中展开"运动"效果，单击"旋转"和"不透明度"前面的 🕐，创建关键帧，并设置"旋转"为1x0.0°、"不透明度"为0.0；将时间轴拖动到1秒的位置，设置"旋转"为1x0.0°、"不透明度"为100.0%、"锚点"为（1129.8,496.1），如图8-279所示。

05 选择V3轨道上的"02.png"素材文件，在"效果"面板中搜索"投影"效果，并按住鼠标左键将其拖曳到"02.png"素材文件上，如图8-280所示。

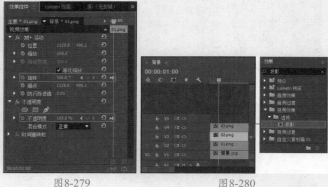

图8-279　　　　　　　图8-280

06 在"效果控件"面板中展开"投影"效果，并设置"不透明度"为46%、"方向"为237.0°、"距离"为13.0、"柔和度"为32.0，如图8-281所示。

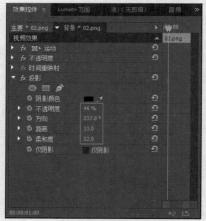

图8-281

07 选择V3轨道上的"02.png"素材文件，将时间轴拖动到1秒的位置，单击"位置"前面的 🕐，创建关键帧，并设置"位置"为（573.5,521.0）；将时间轴拖动到1秒20帧的位置，设置"位置"为（833.5,521.0），如图8-282所示。

08 选择V4轨道上的"03.png"素材文件，将时间轴拖动到1秒20帧的位置，单击"位置"前面的 🕐，创建关键帧，并设置"位置"为（833.5,780.0）；将时间轴拖动到2秒20帧的位置，设置"位置"为（833.5,521.0），如图8-283所示。

图8-282

图8-283

09 拖动时间轴查看效果，如图8-284所示。

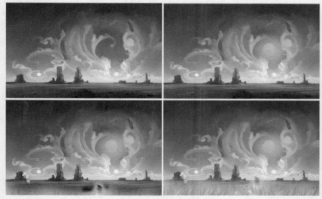

图8-284

| 实例175 | 水粉动画效果——文字部分 |
|---|---|
| 文件路径 | 第8章\水粉动画效果 |
| 难易指数 | ★★★★★ |
| 技术掌握 | 关键帧动画 |

扫码深度学习

## 操作思路

本实例讲解了在Premiere Pro中使用文字工具创建文字，并创建缩放属性的关键帧动画，制作文字变大动画效果。

## 操作步骤

01 在菜单栏中执行"字幕"|"新建字幕"|"默认静态字幕"命令，并在弹出的"新建字幕"对话框中设置"名称"，最后单击"确定"按钮，如图8-285所示。

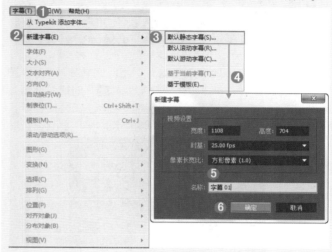

图8-285

02 在工具箱中单击"文字工具"按钮 T ，并在工作区域输入英文，设置"字体系列"为Cooper Std、"字体大小"为110.0，设置"填充类型"为"线性渐变"、"颜色"为黄色和橘红色，设置"角度"为31.0°，最后勾选"阴影"复选框，再适当调整文字，如图8-286所示。

图8-286

03 关闭字幕窗口。在"项目"面板中选择"字幕01"，并按住鼠标左键将其拖曳到V5轨道上，如图8-287所示。

图8-287

04 选择V5轨道上的"字幕01"，将时间轴拖动到2秒20帧的位置时，单击"缩放"前面的 ，创建关键帧，并设置"缩放"为0.0；将时间轴拖动到3秒15帧的位置，设置"缩放"为100.0，如图8-288所示。

图8-288

05 拖动时间轴查看效果，如图8-289所示。

图8-289

### 实例176 雪景动画效果

| 文件路径 | 第8章\雪景动画效果 |
|---|---|
| 难易指数 | ★★★★★ |
| 技术掌握 | 关键帧动画 |

扫码深度学习

## 操作思路

本实例讲解了在Premiere Pro中制作不透明度、位置属性的关键帧动画。

## 操作步骤

01 在菜单栏中执行"文件"｜"新建"｜"项目"命令，并在弹出的"新建项目"对话框中设置"名称"，接着单击"浏览"按钮设置保存路径，最后单击"确定"按钮，如图8-290所示。

图8-290

02 在"项目"面板空白处双击鼠标左键，选择所需的"01.png"～"04.png"和"背景.jpg"素材文件，最后单击"打开"按钮，将它们进行导入，如图8-291所示。

图8-291

03 选择"项目"面板中的所有素材文件，并按住鼠标左键依次将它们拖曳到轨道上，如图8-292所示。

04 选择V2轨道上的"01.png"素材文件，将时间轴拖动到初始位置，单击"不透明度"前面的 ，创建关键帧，并设置"不透明度"为0.0；将时间轴拖动到1秒的位置，设置"不透明度"为100.0%，如图8-293所示。

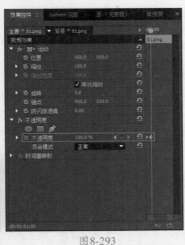

图8-293

图8-296

07 选择V5轨道上的"04.png"素材文件，将时间轴拖动到3秒的位置，单击"位置"前面的 ⏱，创建关键帧，并设置"位置"为（-5.0,600.0）；将时间轴拖动到4秒20帧的位置，设置"位置"为（2632.0,600.0），如图8-296所示。

08 拖动时间轴查看效果，如图8-297所示。

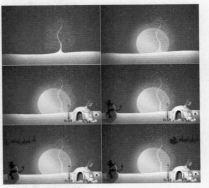

图8-297

图8-292

05 选择V3轨道上的"02.png"素材文件，将时间轴拖动到1秒的位置，单击"位置"前面的 ⏱，创建关键帧，并设置"位置"为（960.0,1106.0）；将时间轴拖动到2秒的位置，设置"位置"为（960.0,600.0），如图8-294所示。

06 选择V4轨道上的"03.png"素材文件，将时间轴拖动到2秒的位置，单击"位置"和"不透明度"前面的 ⏱，创建关键帧，并设置"位置"为（531.0,600.0）、"不透明度"为0.0；将时间轴拖动到3秒的位置，设置"位置"为（960.0,600.0）、"不透明度"为100.0%，如图8-295所示。

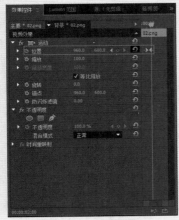

图8-294

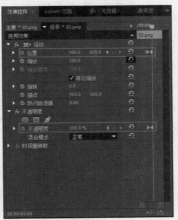

图8-295

# 第 **9** 章

# 音频特效应用

**本章概述**　人类能够听到的所有声音都可称之为音频，它可能包括噪音等。声音被录制下来以后，无论是说话声、歌声、乐器，都可以通过数字音乐软件处理。在 Premiere Pro 中，可以对音频的音量调整，也可对音频制作不同的声音特效。

**本章重点**
◆ 添加和删除音频关键帧
◆ 不同音频效果的应用

/ 佳 / 作 / 欣 / 赏 /

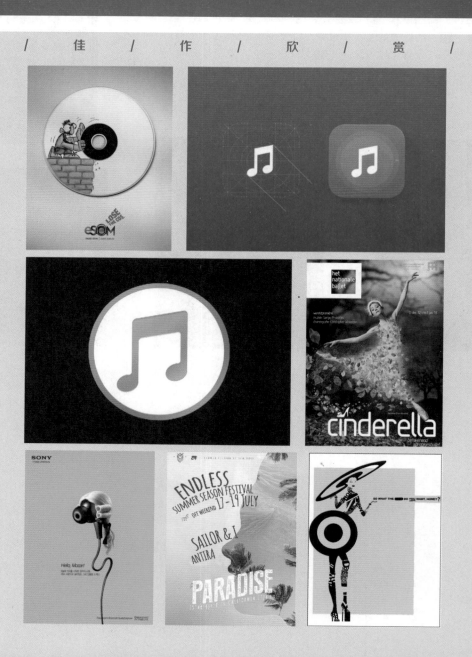

## 实例177 添加和删除音频

| 文件路径 | 第9章 \ 添加和删除音频 |
|---|---|
| 难易指数 | ★★★★★ |
| 技术掌握 | ● 剃刀工具　　● "清除"功能 |

扫码深度学习

### 操作思路

　　本实例讲解了在Premiere Pro中使用剃刀工具切割音频素材，并使用"清除"功能去除多余的音频片段。

### 操作步骤

**01** 打开"添加和删除音频.prproj"素材文件。在"项目"面板空白处双击鼠标左键，选择所需的"01.mp3"音频文件，最后单击"打开"按钮，将其进行导入，如图9-1所示。

图9-1

**02** 选择"项目"面板中的"01.mp3"音频文件，并按住鼠标左键将其拖曳到A1轨道上，如图9-2所示。

图9-2

**03** 单击"剃刀工具"按钮，在"01.mp3"音频文件20秒的位置，单击鼠标左键剪辑音频文件，如图9-3所示。

**04** 选择后半部的"01.mp3"音频文件，按Delete键删除，如图9-4所示。

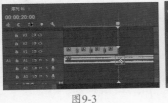
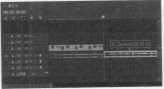

图9-3　　　　　　图9-4

**05** 此时，音频素材已经添加上，如图9-5所示。

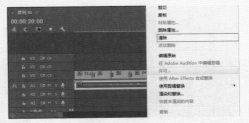

图9-5

**06** 删除素材。选择A1轨道上的"01.mp3"音频文件，单击鼠标右键，并在弹出的快捷菜单中选择"清除"命令，如图9-6所示。

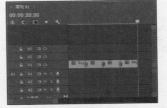

图9-6

**07** 此时，A1轨道上的"01.mp3"音频文件已经被删除，如图9-7所示。

图9-7

## 实例178 调整音频速度

| 文件路径 | 第9章 \ 调整音频速度 |
|---|---|
| 难易指数 | ★★★★★ |
| 技术掌握 | ● 剃刀工具<br>● "速度/持续时间"功能 |

扫码深度学习

### 操作思路

　　本实例讲解了在Premiere Pro中使用剃刀工具切割素材，并使用"速度/持续时间"功能改变素材的速度。

### 操作步骤

**01** 打开"调整音频速度.prproj"素材文件。在"项目"面板空白处双击鼠标左键，选择所需的"01.mp3"音频文件，最后单击"打开"按钮，将其进行导入，如图9-8所示。

图9-8

$\boxed{02}$ 选择"项目"面板中的"01.mp3"音频文件，并按住鼠标左键将其拖曳到A1轨道上，如图9-9所示。

图9-9

$\boxed{03}$ 单击"剃刀工具"按钮，在"01.mp3"音频文件10秒的位置，单击鼠标左键剪辑音频文件，如图9-10所示。

$\boxed{04}$ 选择后半部的"01.mp3"音频文件，按Delete键删除，如图9-11所示。

| 图9-10 | 图9-11 |

$\boxed{05}$ 选择A1轨道上的"01.mp3"音频文件，单击鼠标右键，在弹出的快捷菜单中执行"速度/持续时间"命令，此时在弹出的"剪辑速度/持续时间"对话框，可设置"速度"百分比，如图9-12所示。

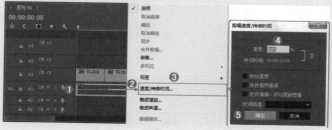

图9-12

**设置"速度"百分比**

设置"速度"百分比越大，素材的时间越短；设置"速度"百分比越小，素材的时间越长。"速度"为50%和150%时素材的时间长短效果如图9-13所示。

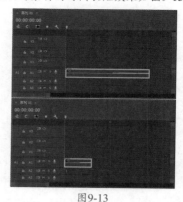

图9-13

$\boxed{06}$ 此时就可以改变音频速度。

## 实例179　音频的淡入、淡出

| 文件路径 | 第9章\音频的淡入、淡出 |
|---|---|
| 难易指数 | ★★★★★ |
| 技术掌握 | ● 剃刀工具　　● 关键帧动画 |

扫码深度学习

### 操作思路

本实例讲解了在Premiere Pro中使用剃刀工具切割音频长度，并为音频添加关键帧动画，使其产生淡入淡出的声调变换。

### 操作步骤

$\boxed{01}$ 打开"音频的淡入、淡出.prproj"素材文件。在"项目"面板空白处双击鼠标左键，选择所需的"01.mp3"音频文件，最后单击"打开"按钮，将其进行导入，如图9-14所示。

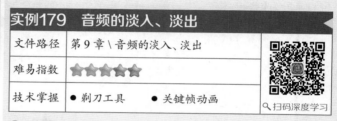

图9-14

02 选择"项目"面板中的"01.mp3"音频文件，并按住鼠标左键将其拖曳到A1轨道上，如图9-15所示。

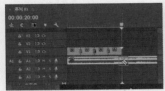

图9-15

03 单击"剃刀工具"按钮，在"01.mp3"音频文件20秒的位置，单击鼠标左键剪辑音频文件，如图9-16所示。

04 选择后半部的"01.mp3"音频文件，按Delete键删除，如图9-17所示。

 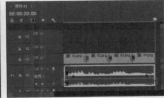

图9-16 　　　　　　　　　　 图9-17

05 选择A1轨道上的"01.mp3"音频文件，再将时间轴分别拖到初始位置、2秒、18秒和20秒的位置时单击按钮，创建关键帧，如图9-18所示。

06 选择第一个和最后一个关键帧，并按住鼠标左键向下拖曳，制作出淡入、淡出的效果，如图9-19所示。此时播放音频会听到音频淡入淡出的效果。

图9-18 　　　　　　　　　　 图9-19

### 实例180　自动控制

| 文件路径 | 第9章 \ 自动控制 | |
|---|---|---|
| 难易指数 | ★★★★★ | |
| 技术掌握 | ● 剃刀工具　　● 音轨混合器 | 扫码深度学习 |

💡 操作思路

　　本实例讲解了在Premiere Pro中使用剃刀工具切割音频长度，并在"音轨混合器"对话框中设置参数。

🎤 操作步骤

01 打开"自动控制.prproj"素材文件。在"项目"面板空白处双击鼠标左键，选择所需的"01.mp3"音频文件，

最后单击"打开"按钮，将其进行导入，如图9-20所示。

图9-20

02 选择"项目"面板中的"01.mp3"音频文件，并按住鼠标左键将其拖曳到A1轨道上，如图9-21所示。

图9-21

03 单击"剃刀工具"按钮，在"01.mp3"音频文件10秒的位置，单击鼠标左键剪辑音频文件，如图9-22所示。

04 选择后半部的"01.mp3"音频文件，按Delete键删除，如图9-23所示。

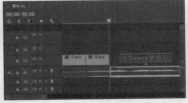 

图9-22 　　　　　　　　　　 图9-23

05 单击A1轨道前面的显示关键帧按钮，在弹出的快捷菜单中执行"轨道关键帧" | "音量"命令，如图9-24所示。

图9-24

06 在菜单栏中执行"窗口" | "工作区" | "音频"命令，如图9-25所示。

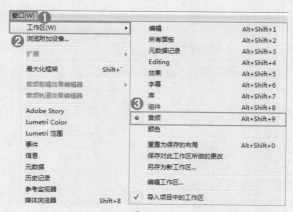

图9-25

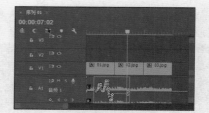

图9-28

07 在"音轨混合器"面板中设置A1的"自动控制"为"写入",如图9-26所示。

图9-26

08 单击"音轨混合器"面板下面的"播放"按钮▶,并同时上下拖动A1音量按钮,如图9-27所示。

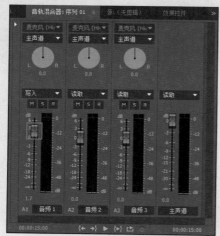

图9-27

09 在适当的位置再次单击"播放"按钮▶,A1轨道的"01.mp3"音频文件上会出现很多音量关键帧。此时已经完成了写入自动控制,如图9-28所示。

## 实例181 变调

| 文件路径 | 第9章\变调 |
|---|---|
| 难易指数 | ★★★★★ |
| 技术掌握 | PitchShifter 音频效果 |

扫码深度学习

### 操作思路

本实例讲解了在Premiere Pro中使用剃刀工具切割音频素材,并为素材添加PitchShifter音频效果使其产生变调效果。

### 操作步骤

01 打开"变调.prproj"素材文件。在"项目"面板空白处双击鼠标左键,选择所需的"01.mp3"音频文件,最后单击"打开"按钮,将其进行导入,如图9-29所示。

图9-29

02 选择"项目"面板中的"01.mp3"音频文件,并按住鼠标左键将其拖曳到A1轨道上,如图9-30所示。

图9-30

艺境 中文版Premiere Pro视频编辑剪辑设计与制作全视频 实战228例

03 单击"剃刀工具"按钮，在"01.mp3"音频文件20秒的位置，单击鼠标左键剪辑音频文件，如图9-31所示。

04 选择后半部的"01.mp3"音频文件，按Delete键删除，如图9-32所示。

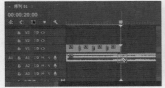

图9-31　　　　　　　　　　　图9-32

05 在"效果"面板中搜索PitchShifter音频效果，并按住鼠标左键分别将其拖曳到A1音频文件上，如图9-33所示。

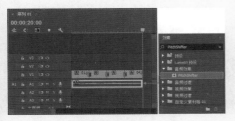

图9-33

06 在"效果控件"面板中展开PitchShifter音频效果，单击"自定义设置"后面的"编辑"，在弹出的"剪辑效果编辑器"对话框中设置Pitch为12、Fine Tune为20，如图9-34所示。此时再播放音频，音频会产生杂乱无序的变调效果。

图9-34

## 实例182　低音效果

| 文件路径 | 第9章\低音效果 |
| --- | --- |
| 难易指数 | ★★★★★ |
| 技术掌握 | "低音"效果 |

扫码深度学习

操作思路

　　本实例讲解了在Premiere Pro中使用剃刀工具切割音频素材长度，并为素材添加"低音"效果制作低音声调。

操作步骤

01 打开"低音效果.prproj"素材文件。在"项目"面板空白处双击鼠标左键，选择所需的"01.mp3"音频文件，最后单击"打开"按钮，将其进行导入，如图9-35所示。

图9-35

02 选择"项目"面板中的"01.mp3"音频文件，并按住鼠标左键将其拖曳到A1轨道上，如图9-36所示。

图9-36

03 单击"剃刀工具"按钮，在"01.mp3"音频文件20秒的位置，单击鼠标左键剪辑音频文件，如图9-37所示。

04 选择后半部的"01.mp3"音频文件，按Delete键删除，如图9-38所示。

图9-37　　　　　　　　　　　图9-38

05 在"效果"面板中搜索"低音"效果，并按住鼠标左键将其拖曳到A1轨道的"01.mp3"音频文件上，如图9-39所示。

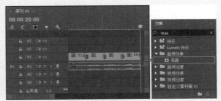

图9-39

**06** 在"效果控件"面板中展开"低音"效果，设置"提升"为10dB，如图9-40所示。此时再播放就会听到音频的低音效果。

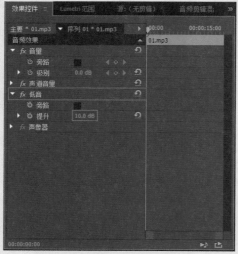

图9-40

**操作思路**

　　本实例讲解了在Premiere Pro中使用剃刀工具切割音频素材长度，并为素材添加"高音"效果制作高音声调。

**操作步骤**

**01** 打开"高音效果.prproj"素材效果。在"项目"面板空白处双击鼠标左键，选择所需的"01.mp3"音频文件，最后单击"打开"按钮，将其进行导入，如图9-41所示。

图9-41

**02** 选择"项目"面板中的"01.mp3"音频文件，并按住鼠标左键将其拖曳到A1轨道上，如图9-42所示。

图9-42

**03** 单击"剃刀工具"按钮◪，在"01.mp3"音频文件24秒的位置，单击鼠标左键剪辑音频文件，如图9-43所示。

**04** 选择后半部的"01.mp3"音频文件，按Delete键删除，如图9-44所示。

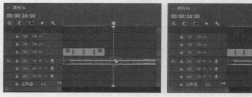

图9-43　　　　　　　　　图9-44

**05** 选择A1轨道上的"01.mp3"音频文件，并将结束帧移动到24秒，如图9-45所示。

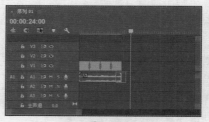

图9-45

**06** 在"效果"面板中搜索"高音"效果，并按住鼠标左键将其拖曳到A1轨道的"01.mp3"音频文件上，如图9-46所示。

图9-46

**07** 在"效果控件"面板中展开"高音"效果，设置"提升"为8dB，如图9-47所示。此时再播放就会听到音频的高音效果。

中文版Premiere Pro视频编辑剪辑设计与制作全视频　实战228例

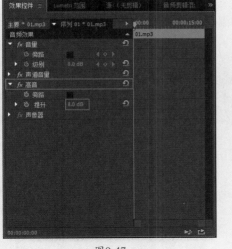

图9-47

🔆 **操作思路**

　　本实例讲解了在Premiere Pro中使用剃刀工具切割音频素材长度，并为素材添加Chorus效果制作和声声调。

🎙 **操作步骤**

**01** 打开"和声效果.prproj"素材文件。在"项目"面板空白处双击鼠标左键，选择所需的"01.mp3"音频文件，最后单击"打开"按钮，将其进行导入，如图9-48所示。

图9-48

**02** 选择"项目"面板中的"01.mp3"音频文件，并按住鼠标左键将其拖曳到A1轨道上，如图9-49所示。

图9-49

**03** 单击"剃刀工具"按钮◢，在"01.mp3"音频文件20秒的位置，单击鼠标左键剪辑音频文件，如图9-50所示。

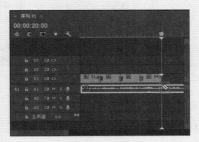

图9-50

**04** 选择后半部的"01.mp3"音频文件，按Delete键删除，如图9-51所示。

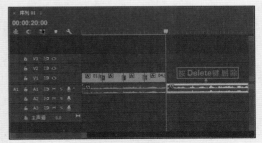

图9-51

**05** 在"效果"面板中搜索Chorus效果，并按住鼠标左键将其拖曳到A1轨道的"01.mp3"音频文件上，如图9-52所示。

图9-52

**06** 在"效果控件"面板中展开Chorus效果，设置Rate为1.74、Mix为54.70、FeedBack为6.2，如图9-53所示。此时再播放就会听到音频的和声效果。

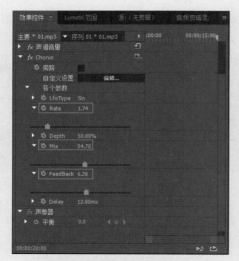

图9-53

| 实例185 | 两种音频混合 |
|---|---|
| 文件路径 | 第9章\两种音频混合 |
| 难易指数 | ★★★★★ |
| 技术掌握 | ● "低通"效果<br>● "声道音量"效果 |

🔍扫码深度学习

### 📖 操作思路

本实例讲解了在Premiere Pro中使用剃刀工具切割音频素材长度，并为素材添加"低通"和"声道音量"音频效果制作两种音频混合。

### 🎤 操作步骤

01 打开"两种音频混合.prproj"素材文件。在"项目"面板空白处双击鼠标左键，选择所需的"01.mp3"音频文件，最后单击"打开"按钮，将其进行导入，如图9-54所示。

图9-54

02 选择"项目"面板中的"01.mp3"音频文件，并按住鼠标左键将其拖曳到A1轨道上，如图9-55所示。

图9-55

03 单击"剃刀工具"按钮◆，在"01.mp3"音频文件20秒的位置，单击鼠标左键剪辑音频文件，如图9-56所示。

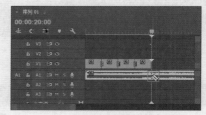

图9-56

04 选择后半部的"01.mp3"音频文件，按Delete键删除，如图9-57所示。

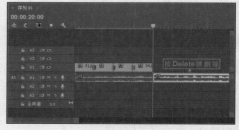

图9-57

05 在"效果"面板中分别搜索"低通"和"声道音量"音频效果，并按住鼠标左键分别将它们拖曳到A1音频文件上，如图9-58所示。

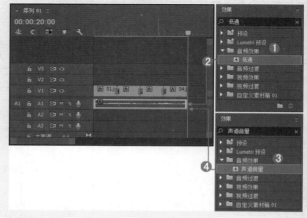

图9-58

06 在"效果控件"面板中展开"低通"效果，并设置"屏蔽度"为650Hz，如图9-59所示。

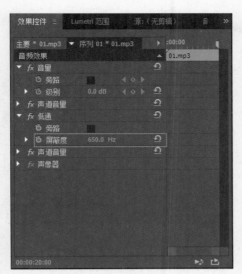

图9-59

07 在"效果控件"面板中展开"声道音量"效果,并分别拖动"左"、"右"声道滑块,如图9-60所示。此时再播放音频,会有不同的效果。

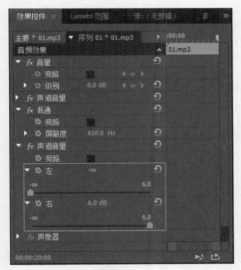

图9-60

## 实例186 延迟效果

| 文件路径 | 第9章\延迟效果 |
|---|---|
| 难易指数 | ★★★★★ |
| 技术掌握 | "延迟"效果 |

扫码深度学习

### 操作思路

本实例讲解了在Premiere Pro中使用剃刀工具切割音频素材长度,并为素材添加"延迟"效果制作声音延迟效果。

### 操作步骤

01 打开"延迟效果.prproj"素材文件。在"项目"面板空白处双击鼠标左键,选择所需的"01.mp3"音频文件,最后单击"打开"按钮,将其进行导入,如图9-61所示。

图9-61

02 选择"项目"面板中的"01.mp3"音频文件,并按住鼠标左键将其拖曳到A1轨道上,如图9-62所示。

图9-62

03 单击"剃刀工具"按钮,在"01.mp3"音频文件20秒的位置,单击鼠标左键剪辑音频文件,如图9-63所示。

图9-63

04 选择后半部的"01.mp3"音频文件,按Delete键删除,如图9-64所示。

图9-64

**05** 在"效果"面板中搜索"延迟"音频效果，并按住鼠标左键将其拖曳到A1轨道的"01.mp3"音频文件上，如图9-65所示。

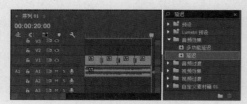

图9-65

**06** 在"效果控件"面板中展开"延迟"效果，设置"反馈"为30%、"混合"为90%，如图9-66所示。此时再播放就会听到音频的延迟效果。

图9-66

艺境 中文版Premiere Pro视频编辑剪辑设计与制作全视频 实战228例

# 第 **10** 章

# 常用效果综合应用

 本章概述 在 Premiere Pro 中可以为素材添加多种效果，如视频效果、音频效果、调色效果、抠像效果等，从而得到很多常用的特殊效果。

 本章重点
- ◆ 常用效果中关键帧动画的应用
- ◆ 常用效果中不同效果的应用
- ◆ 作品合成的技巧

/ 佳 / 作 / 欣 / 赏 /

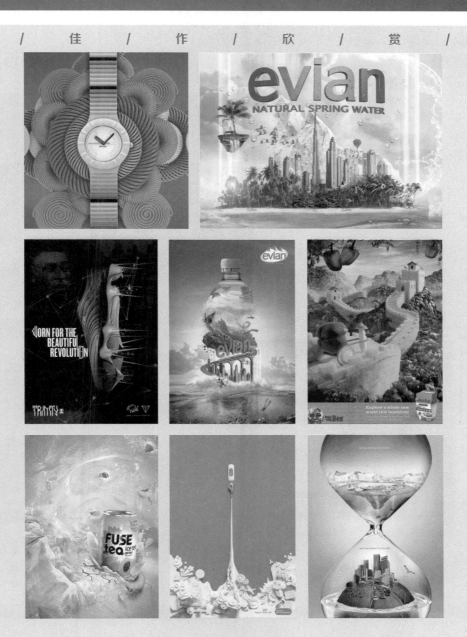

## 实例187 叠加相框效果

| 文件路径 | 第10章 \ 叠加相框效果 |
|---|---|
| 难易指数 | ★★★★★ |
| 技术掌握 | ● "边角定位"效果　● 关键帧动画 |

扫码深度学习

### 操作思路

本实例讲解了在Premiere Pro中为位置、缩放属性设置关键帧动画，并为素材添加"边角定位"效果，且将素材四角定位到画框四个角。

### 操作步骤

**01** 在菜单栏中执行"文件"｜"新建"｜"项目"命令，并在弹出的"新建项目"对话框中设置"名称"，接着单击"浏览"按钮设置保存路径，最后单击"确定"按钮，如图10-1所示。

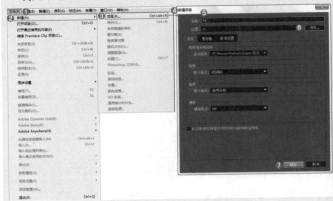

图10-1

**02** 在"项目"面板空白处单击鼠标右键，执行"新建项目"｜"序列"命令。接着在弹出的"新建序列"对话框中选择DV-PAL文件夹下的"标准48kHz"，如图10-2所示。

图10-2

**03** 在"项目"面板空白处双击鼠标左键，选择所需的"01.png""02.png""03.jpg~06.jpg"和"背

景.jpg"素材文件，最后单击"打开"按钮，将它们进行导入，如图10-3所示。

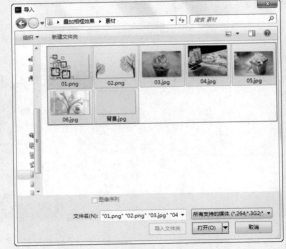

图10-3

**04** 选择"项目"面板中的所有素材文件，并按住鼠标左键依次将它们拖曳到时间轨道上，如图10-4所示。

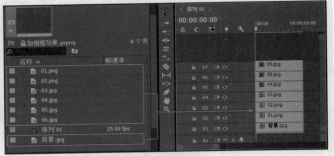

图10-4

**05** 选择V2轨道上的"01.png"素材文件，在"效果控件"面板中展开"运动"效果，设置"位置"为（360.0,323.0）、"缩放"为78.0，如图10-5所示。

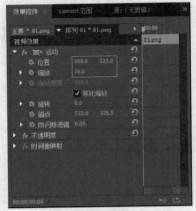

图10-5

**06** 选择V3轨道上的"02.png"素材文件，在"效果控件"面板中展开"运动"效果，设置"位置"为（360.0,343.0）、"缩放"为77.0，如图10-6所示。

图10-6

**07** 选择V4轨道上的"03.jpg"素材文件，在"效果控件"面板中展开"运动"效果，设置"位置"为（4.0,188.0）、"缩放"为14.0，如图10-7所示。

图10-7

**08** 在"效果"面板中搜索"边角定位"效果，并按住鼠标左键分别将它们拖曳到"04.jpg"～"06.jpg"素材文件上，如图10-8所示。

图10-8

**09** 选择V5轨道上的"04.jpg"素材文件，在"效果控件"面板中设置"位置"为（162.0,221.0）、"缩放"为6.0；再展开"边角定位"效果，设置"右上"为（975.0,0.0）、"右下"为（975.0,900.0），如图10-9所示。

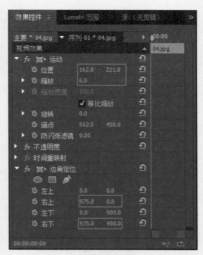

图10-9

**提示** **在节目监视器中调节素材**

　　在"节目"监视器中双击素材文件，便会显现出矩形框，可以更便捷地调整素材文件的大小，如图10-10所示。

图10-10

**10** 选择V6轨道上的"05.jpg"素材文件，在"效果控件"面板中设置"位置"为（225.0,282.0）、"缩放"为11.2；再展开"边角定位"效果，设置"左上"为（571.0,0.0）、"右上"为（1440.0,0.0）、"左下"为（574.0,900.0）、"右下"为（1440.0,900.0），如图10-11所示。

图10-11

**11** 选择V7轨道上的"06.jpg"素材文件，在"效果控件"面板中设置"位置"为（281.0,439.0）、"缩放"为12.6；再展开"边角定位"效果，设置"右上"为（956.0,0.0）、"右下"为（956.0,900.0），如图10-12所示。

图10-12

**12** 拖动时间轴查看效果，如图10-13所示。

图10-13

| 实例188 | 动画综合效果 |
|---|---|
| 文件路径 | 第10章\动画综合效果 |
| 难易指数 | ★★★★★ |
| 技术掌握 | ● "颜色平衡"效果　● 关键帧动画 |

💡**操作思路**

　　本实例讲解了在Premiere Pro中为缩放、位置、不透明度属性设置关键帧动画，并为素材添加"颜色平衡"效果调整颜色。

🎤**操作步骤**

**01** 在菜单栏中执行"文件"｜"新建"｜"项目"命令，并在弹出的"新建项目"对话框中设置"名

称"，接着单击"浏览"按钮设置保存路径，最后单击"确定"按钮，如图10-14所示。

图10-14

**02** 在"项目"面板空白处单击鼠标右键，执行"新建项目"｜"序列"命令。接着在弹出的"新建序列"对话框中选择DV-PAL文件夹下的"标准48kHz"，如图10-15所示。

图10-15

**03** 在"项目"面板空白处双击鼠标左键，选择所需的"01.png"～"03.png"和"背景.png"素材文件，最后单击"打开"按钮，将它们进行导入，如图10-16所示。

图10-16

艺境 中文版Premiere Pro视频编辑剪辑设计与制作全视频 实战228例

**04** 选择"项目"面板中的所有素材文件，并按住鼠标左键依次将它们拖曳到轨道V1~V4上，如图10-17所示。

图10-17

**05** 分别选择轨道上的素材文件，在"效果控件"面板中展开"运动"效果，并分别设置"缩放"为69.0，如图10-18所示。

**06** 选择V2轨道上的"01.png"素材文件，在"效果"面板中搜索"颜色平衡"效果，并按住鼠标左键将其拖曳到"01.png"素材文件上，如图10-19所示。

图10-18

10-19

**07** 在"效果控件"面板中展开"颜色平衡"效果，并设置"阴影红色平衡"为50.0、"阴影绿色平衡"为-15.0、"阴影蓝色平衡"为5.0、"高光蓝色平衡"为-100.0，如图10-20所示。

**08** 选择V3轨道上的"02.png"素材文件，将时间轴拖动到1秒的位置，单击"位置"和"不透明度"前面的 ◎ ，创建关键帧，并设置"位置"为（398.0,109.0）、"不透明度"为0.0；将时间轴拖动到2秒05帧的位置，设置"位置"为（339.0,308.0）、"不透明度"为100.0%，如图10-21所示。

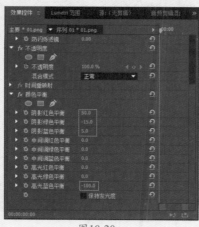
图10-20

图10-21

**09** 选择V4轨道上的"03.png"素材文件，将时间轴拖动到2秒05帧的位置，单击"位置"前面的 ◎ ，创建关键帧，并设置"位置"为（-151.0,288.0）；将时间轴拖动到3秒10帧的位置，设置"位置"为（360.0,288.0）、"不透明度"为100.0%，如图10-22所示。

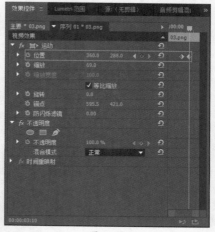
图10-22

**10** 拖动时间轴查看效果，如图10-23所示。

图10-23

| **实例189** | 服装宣传广告——背景效果 |
| --- | --- |
| 文件路径 | 第10章\服装宣传广告 |
| 难易指数 | ★★★★★ |
| 技术掌握 | ● "超级键"效果<br>● 关键帧动画 |

🔍扫码深度学习

## 操作思路

本实例讲解了在Premiere Pro中为人像素材添加"超级键"效果，并抠除背景。同时为素材的位置、不透明度属性添加关键帧动画，制作背景动画效果。

## 操作步骤

**01** 在菜单栏中执行"文件"|"新建"|"项目"命令，并在弹出的"新建项目"对话框中设置"名称"，接着单击"浏览"按钮设置保存路径，最后单击"确定"按钮，如图10-24所示。

图10-24

**02** 在"项目"面板空白处双击鼠标左键，选择所需的"01.png""02.jpg""03.png"～"10.png"和"背景.jpg"等素材文件，最后单击"打开"按钮，将它们进行导入，如图10-25所示。

图10-25

**03** 选择V2轨道上的"01.png"，将时间轴拖动到初始位置，在"效果控件"面板中单击"位置"前面的 ，创建关键帧，并设置"位置"为（712.0,288.0）；将时间轴拖动到15帧的位置，设置"位置"为（712.0,589.0），如

图10-26所示。查看效果如图10-27所示。

图10-26

图10-27

**04** 选择V3轨道上的"02.jpg"素材文件，在"效果"面板中搜索"超级键"效果，并按住鼠标左键将其拖曳到"02.jpg"素材文件上，如图10-28所示。

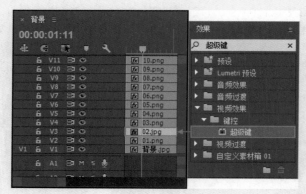

图10-28

**05** 在"效果控件"面板中，展开"超级键"效果，单击"主要颜色"后面的吸管 ，并在"节目"监视器中吸取绿色，如图10-29和图10-30所示。

图10-29 图10-30

图10-33

06 选择V3轨道上的"02.jpg"素材文件，将时间轴拖动到15帧的位置，设置"不透明度"为0.0；将时间轴拖动到1秒10帧的位置，设置"不透明度"为100.0%，如图10-31所示。查看效果如图10-32所示。

图10-31 图10-32

图10-34

02 选择V5轨道上的"04.png"素材文件，将时间轴拖动到2秒的位置，设置"不透明度"为0.0；将时间轴拖动到2秒10帧的位置，设置"不透明度"为100.0%，如图10-35所示。查看效果如图10-36所示。

### 实例190 服装宣传广告——版式动画

| 文件路径 | 第10章\服装宣传广告 |
|---|---|
| 难易指数 | ★★★★★ |
| 技术掌握 | 关键帧动画 |

扫码深度学习

扫码深度学习

💡 操作思路

本实例讲解了在Premiere Pro中为缩放、不透明度、位置属性设置关键帧动画。

🎤 操作步骤

01 选择V4轨道上的"03.png"素材文件，将时间轴拖动到1秒10帧的位置，单击"缩放"前面的🔘，创建关键帧，并设置"缩放"为0.0；将时间轴拖动到2秒的位置，设置"缩放"为100.0，如图10-33所示。查看效果如图10-34所示。

图10-35

图10-36

**03** 选择V6轨道上的"05.png"素材文件，将时间轴拖动到2秒10帧的位置，单击"缩放"前面的 ，创建关键帧，并设置"缩放"为0.0；将时间轴滑动到3秒的位置，设置"缩放"为100.0，如图10-37所示。查看效果如图10-38所示。

图10-37

图10-38

**04** 选择V7轨道上的"06.png"素材文件，将时间轴拖动到3秒的位置，单击"缩放"前面的 ，创建关键帧，并设置"缩放"为0.0；将时间轴拖动到3秒15帧的位置，设置"缩放"为100.0，如图10-39所示。查看效果如图10-40所示。

图10-39

图10-40

**05** 选择V8轨道上的"07.png"素材文件，将时间轴拖动到3秒15帧的位置，设置"不透明度"为0.0；将时间轴拖动到4秒的位置，设置"不透明度"为100.0%，如图10-41所示。查看效果如图10-42所示。

图10-41

图10-42

**06** 选择V9轨道上的"08.png"素材文件，将时间轴拖动到4秒的位置，设置"不透明度"为0.0；将时间轴拖动到4秒15帧的位置，设置"不透明度"为100.0%，如图10-43所示。查看效果如图10-44所示。

图10-43

图10-44

**07** 选择V10轨道上的"09.png"素材文件，将时间轴拖动到4秒15帧的位置，单击"位置"前面的 ，创建关键帧，并设置"位置"为（712.0,1191.0）；将时间轴拖动到5秒05帧的位置，设置"位置"为（712.0,589.0），如图10-45所示。查看效果如图10-46所示。

图10-45

图 10-46

08 选择V11轨道上的"10.png"素材文件,将时间轴拖动到5秒05帧的位置,单击"位置"前面的 ,创建关键帧,并设置"位置"为(233.0,589.0);将时间轴拖动到5秒20帧的位置,设置"位置"为(712.0,589.0),如图10-47所示。查看效果如图10-48所示。

图 10-49

图 10-47

图 10-48

09 拖动时间轴查看效果,如图10-49所示。

| 实例191 | 蝴蝶动画效果 |
| --- | --- |
| 文件路径 | 第10章 \ 蝴蝶动画效果 |
| 难易指数 | ★★★★★ |
| 技术掌握 | ● "颜色平衡"效果<br>● "亮度与对比度"效果<br>● 关键帧动画 |

扫码深度学习

操作思路

本实例讲解了在Premiere Pro中为缩放、旋转、位置、不透明度属性设置关键帧动画,并为素材添加"颜色平衡"效果、"亮度与对比度"效果,调整画面色彩。

操作步骤

01 在菜单栏中执行"文件" | "新建" | "项目"命令,并在弹出的"新建项目"对话框中设置"名称",接着单击"浏览"按钮设置保存路径,最后单击"确定"按钮,如图10-50所示。

图 10-50

02 在"项目"面板空白处双击鼠标左键，选择所需的"01.png"～"04.png"和"背景.jpg"素材文件，最后单击"打开"按钮，将它们进行导入，如图10-51所示。

图10-51

03 选择"项目"面板中的所有素材文件，并按住鼠标左键将它们拖曳到轨道上，如图10-52所示。

图10-52

04 选择V1轨道上的"背景.jpg"素材文件，在"效果"面板中搜索"颜色平衡"效果，并按住鼠标左键将其拖曳到"背景.jpg"素材文件上，如图10-53所示。

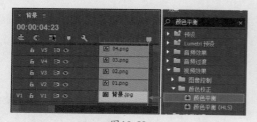

图10-53

05 在"效果控件"面板中展开"颜色平衡"效果，并设置"阴影红色平衡"为-43.0、"阴影绿色平衡"为-25.0、"阴影蓝色平衡"为9.0、"中间调红色平衡"为22.0、"中间调绿色平衡"为-15.0、"中间调蓝色平衡"为-7.0、"高光红色平衡"为-51.0、"高光绿色平衡"为1.0、"高光蓝色平衡"为-40.0，如图10-54所示。

06 在"效果"面板中搜索"亮度与对比度"效果，并按住鼠标左键将其拖曳到"背景.jpg"素材文件上，如图10-55所示。

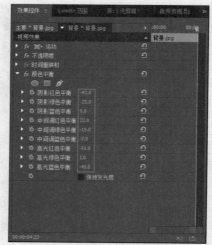

图10-54

图10-55

07 在"效果控件"面板中展开"亮度与对比度"效果，并设置"亮度"为-2.0、"对比度"为-1.0、如图10-56所示。

图10-56

08 选择V2轨道上的"01.png"素材文件，将时间轴拖动到初始位置，在"效果控件"面板中单击"缩放"和"旋转"前面的◎，创建关键帧，并设置"缩放"为0.0、"旋转"为1×0.0°；将时间轴拖动到1秒10帧的位置，设置"缩放"为100.0、"旋转"为1×0.0°，如图10-57所示。

09 选择V3轨道上的"02.png"素材文件，将时间轴拖动到1秒10帧的位置，单击"不透明度"前面的◎，创建关键帧，并设置"不透明度"为0.0；将时间轴拖动到2秒15帧的位置，设置"不透明度"为100.0%，如图10-58所示。

图10-57

图10-58

10 选择V4轨道上的"03.png"素材文件,将时间轴拖动到2秒15帧的位置,单击"不透明度"前面的 ,创建关键帧,并设置"不透明度"为0.0;将时间轴拖动到3秒15帧的位置,设置"不透明度"为100.0%,如图10-59所示。

图10-59

11 选择V5轨道上的"04.png"素材文件,将时间轴拖动到3秒15帧的位置,单击"位置"前面的 ,创建关键帧,并设置"位置"

为(685.0,517.5);将时间轴拖动到4秒15帧的位置时,设置"位置"为(685.0,417.5),如图10-60所示。

12 拖动时间轴查看效果,如图10-61所示。

图10-60

图10-61

## 实例192  灰色动画海报效果

| 文件路径 | 第10章\灰色动画海报效果 | |
|---|---|---|
| 难易指数 | ★★★★★ |  |
| 技术掌握 | ● "色彩"效果    ● "亮度与对比度"效果 | 扫码深度学习 |

### 操作思路

本实例讲解了在Premiere Pro为位置、不透明度属性添加关键帧动画。并为素材添加"色彩"效果、"亮度与对比度"效果,制作灰色动画。

### 操作步骤

01 在菜单栏中执行"文件"|"新建"|"项目"命令,并在弹出的"新建项目"对话框中设置"名称",接着单击"浏览"按钮设置保存路径,最后单击"确定"按钮,如图10-62所示。

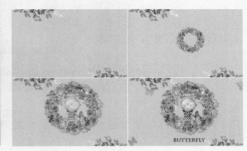

图10-62

02 在"项目"面板空白处单击鼠标右键,执行"新建项目"|"序列"命令。接着在弹出的"新建序列"对话框中选择DV-PAL文件夹下的"标准48kHz",如图10-63所示。

图10-63

**03** 在"项目"面板空白处双击鼠标左键,选择所需的"01.png"~"04.png"和"背景.jpg"素材文件,最后单击"打开"按钮,将它们进行导入,如图10-64所示。

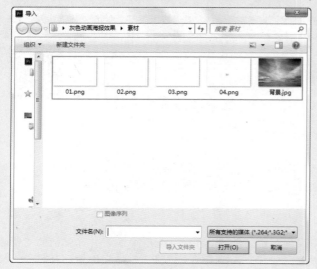

图10-64

**04** 选择"项目"面板中的所有素材文件,并按住鼠标左键依次将它们拖曳到轨道上,如图10-65所示。

图10-65

**05** 选择V1轨道上的"背景.jpg"素材文件,在"效果控件"面板中展开"运动"效果,并设置"缩放"为54,如图10-66所示。

**06** 选择V1轨道上的"背景.jpg"素材文件,在"效果"面板中搜索"色彩"效果,并按住鼠标左键将其拖曳到"背景.jpg"素材文件上,如图10-67所示。

图10-66

图10-67

**07** 选择V1轨道上的"背景.jpg"素材文件,在"效果"面板中搜索"亮度与对比度"效果,并按住鼠标左键将其拖曳到"背景.jpg"素材文件上,如图10-68所示。

图10-68

**08** 在"效果控件"面板中展开"亮度与对比度"效果,并设置"亮度"为-20.0,如图10-69所示。

图10-69

09 选择V2轨道上的"02.png"素材文件，设置"缩放"为54.0。将时间轴拖动到初始位置，在"效果控件"面板中单击"位置"前面的 🔘，创建关键帧，并设置"位置"为（-101.0,288.0）；将时间轴拖动到1秒的位置，设置"位置"为（360.0,288.0），如图10-70所示。

图10-70

10 选择V3轨道上的"01.png"素材文件，设置"缩放"为54.0。将时间轴拖动到1秒的位置，单击"位置"前面的 🔘，创建关键帧，并设置"位置"为（851.0,288.0）；将间轴拖动到2秒的位置，设置"位置"为（360.0,288.0），如图10-71所示。

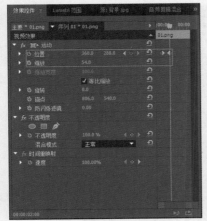

图10-71

11 选择V4轨道上的"03.png"素材文件，设置"缩放"为54.0。将时间轴拖动到2秒的位置，单击"不透明度"前面的 🔘，创建关键帧；并设置"不透明度"为0.0；将时间轴拖动到3秒的位置，设置"不透明度"为

100%，如图10-72所示。

12 选择V5轨道上的"04.png"素材文件，设置"缩放"为54.0。将时间轴拖动到3秒的位置，单击"不透明度"前面的 🔘，创建关键帧，并设置"不透明度"为0.0；将时间轴拖动到4秒的位置，设置"不透明度"为100.0%，如图10-73所示。

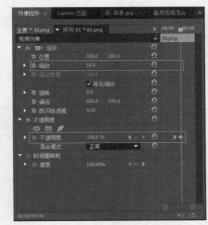

图10-72　　　　　　　　图10-73

13 拖动时间轴查看效果，如图10-74所示。

图10-75

### 实例193　吉祥动画效果——画面部分

| 文件路径 | 第 10 章 \ 吉祥动画效果 |
| --- | --- |
| 难易指数 | ⭐⭐⭐⭐⭐ |
| 技术掌握 | 关键帧动画 |

扫码深度学习

#### 操作思路

本实例讲解了在Premiere Pro中为不透明度属性的蒙版添加关键帧动画，制作动画效果。

#### 操作步骤

01 在菜单栏中执行"文件"|"新建"|"项目"命令，并在弹出的"新建项目"对话框中设置"名称"，接着单击"浏览"按钮设置保存路径，最后单击"确定"按钮，如图10-75所示。

图10-75

**02** 在"项目"面板空白处单击鼠标右键，执行"新建项目"|"序列"命令。接着在弹出的"新建序列"对话框中选择DV-PAL文件夹下的"标准48kHz"，如图10-76所示。

图10-76

**03** 在"项目"面板空白处双击鼠标左键，选择所需的"01.png"和"背景.jpg"素材文件，最后单击"打开"按钮，将它们进行导入，如图10-77所示。

图10-77

**04** 选择"项目"面板中的"01.png"和"背景.jpg"素材文件，并按住鼠标左键依次将其拖曳到V1和V2轨

道上，如图10-78所示。

图10-78

**05** 选择V2轨道上的"01.png"素材文件，在"效果控件"面板中展开"运动"效果，并设置"位置"为（360.0,330.0）、"缩放"为127.0，如图10-79所示。

图10-79

**06** 在"效果控件"面板中展开"不透明度"效果，并单击"不透明度"下面的4点多边形蒙版▣，如图10-80所示。

图10-80

**07** 将时间轴滑动到初始位置，单击"蒙版路径"前面的🕑，创建关键帧，并在"节目"监视器中调整蒙版路径；再将时间轴分别滑动到1秒、2秒、3秒和4秒的位置，分别在"节目"监视器中调整蒙版路径，最后设置"混合模式"为"亮光"，如图10-81和图10-82所示。

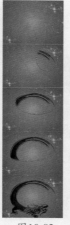

图10-81　　　　　　　　　图10-82

## 实例194　吉祥动画效果——文字部分

| 文件路径 | 第10章 \ 吉祥动画效果 |
| --- | --- |
| 难易指数 | ★★★★★ |
| 技术掌握 | ● 文字工具　　● 关键帧动画 |

扫码深度学习

### 操作思路

本实例讲解了在Premiere Pro中使用文字工具创建文字，并为文字添加"不透明度"属性的关键帧动画，制作文字逐渐出现动画。

### 操作步骤

01 在菜单栏中执行"字幕" | "新建字幕" | "默认静态字幕"命令，并在弹出的"新建字幕"对话框中设置"名称"，最后单击"确定"按钮，如图10-83所示。

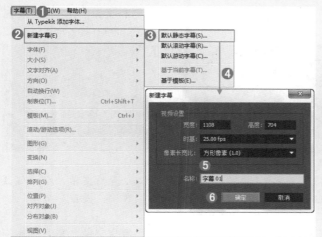

图10-83

02 在工具箱中单击文字工具按钮T，并在工作区域输入"吉祥"，设置"字体系列"为"汉仪圆叠体简"、"字体大小"为149.0，设置"颜色"为黄色，勾选"阴

影"复选框，设置"距离"为15.0、"大小"为0.0、"扩展"为19.0，如图10-84所示。

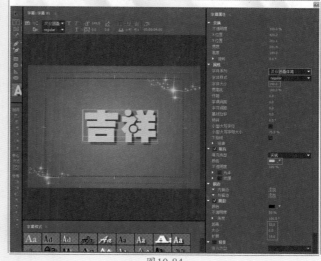

图10-84

03 关闭字幕窗口。选择"项目"面板中的"字幕01"，并按住鼠标左键将其拖曳到V3轨道上，如图10-85所示。

图10-85

04 选择V3轨道上的"字幕01"文件，将时间轴拖动到4秒的位置，单击"不透明度"下面的4点多边形蒙版，再单击"蒙版路径"前面的，创建关键帧，并在"节目"监视器中调整蒙版路径；将时间轴拖动到4秒20帧的位置，再一次在"节目"监视器中调整路径蒙版，如图10-86和图10-87所示。

图10-86　　　　　　　　　图10-87

05 拖动时间轴查看效果，如图10-88所示。

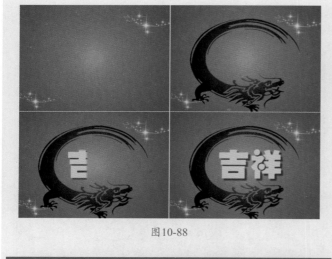

图10-88

## 实例195 纪念册效果

| 文件路径 | 第10章\纪念册效果 |
|---|---|
| 难易指数 | ★★★★★ |
| 技术掌握 | ● 关键帧动画　　● "投影"效果 |

Q扫码深度学习

### 🔆操作思路

本实例讲解了在Premiere Pro中为素材的位置、不透明度、缩放属性添加关键帧动画，并为素材添加"投影"效果，使其产生真实阴影。

### 🎙操作步骤

01 在菜单栏中执行"文件"｜"新建"｜"项目"命令，并在弹出的"新建项目"对话框中设置"名称"，接着单击"浏览"按钮设置保存路径，最后单击"确定"按钮，如图10-89所示。

02 在"项目"面板空白处单击鼠标右键，执行"新建项目"｜"序列"命令。接着在弹出的"新建序列"对话框中选择DV-PAL文件夹下的"标准48kHz"，如图10-90所示。

图10-89

图10-90

03 在"项目"面板空白处双击鼠标左键，选择所需的"01.png""02.jpg""03.png""04.png"和"背景.jpg"素材文件，最后单击"打开"按钮，将它们进行导入，如图10-91所示。

图10-91

04 选择"项目"面板中的所有素材文件，并按住鼠标左键依次将它们拖曳到轨道上，如图10-92所示。

图10-92

05 选择V1轨道上的"背景.jpg"素材文件，在"效果控件"面板中展开"运动"效果，设置"缩放"为124.0，如图10-93所示。

06 选择V2轨道上的"01.png"素材文件，将时间轴拖动到2秒的位置，单击"位置"前面的⬛，创建关键帧，并设置"位置"为（627.0,833.0）。将时间轴拖动到3秒05帧的位置，设置"位置"为（627.0,-289.0），如图10-94所示。

艺境 中文版Premiere Pro视频编辑剪辑设计与制作全视频 实战228例

图10-93

图10-94

07 选择V3轨道上的"04.png"素材文件，将时间轴拖动到3秒20帧的位置，单击"位置"前面的💿，创建关键帧，并设置"位置"为（94.0,−262.0）。将时间轴拖动到4秒15帧的位置，设置"位置"为（94.0,286.0），如图10-95所示。

图10-95

08 选择V4轨道上的"02.jpg"素材文件，在"效果控件"面板中设置"位置"为（348.0,342.0），"缩放"为84.0，如图10-96所示。

09 将时间轴拖动到1秒的位置，单击"不透明度"前面的💿，创建

关键帧，并设置"不透明度"为0.0；将时间轴拖动到2秒的位置，设置"不透明度"为100.0%，如图10-97所示。

图10-96　　　　　　　　图10-97

10 选择V5轨道上的"03.png"素材文件，在"效果控件"面板中设置"位置"为（604.0,368.0），将时间轴拖动到3秒05帧的位置，单击"缩放"前面的💿，创建关键帧，设置"缩放"为0.0，将时间轴拖动到3秒20帧的位置，设置"缩放"为100.0%，并单击"不透明度"前面的💿，创建关键帧，设置"不透明度"为100.0%。将时间轴滑动到4秒15帧的位置，设置"不透明度"为0.0，如图10-98所示。

11 在"效果"面板中搜索"投影"效果，并按住鼠标左键分别将其拖曳到"01.png""02.jpg""03.png"和"04.png"素材文件上，如图10-99所示。

图10-98　　　　　　　　图10-99

12 拖动时间轴查看效果，如图10-100所示。

图10-100

## 实例196 夹子动画效果

| | |
|---|---|
| 文件路径 | 第10章\夹子动画效果 |
| 难易指数 | ★★★★★ |
| 技术掌握 | 关键帧动画 |

扫码深度学习

### 操作思路

本实例讲解了在Premiere Pro中为位置属性添加关键帧动画制作夹子动画效果。

### 操作步骤

**01** 在菜单栏中执行"文件"|"新建"|"项目"命令，并在弹出的"新建项目"对话框中设置"名称"，接着单击"浏览"按钮设置保存路径，最后单击"确定"按钮，如图10-101所示。

图10-101

**02** 在"项目"面板空白处单击鼠标右键，执行"新建项目"|"序列"命令。接着在弹出的"新建序列"对话框中选择DV-PAL文件夹下的"标准48kHz"，如图10-102所示。

图10-102

**03** 在"项目"面板空白处双击鼠标左键，选择所需的"01.png"~"07.png"和"背景.jpg"素材文件，最后单击"打开"按钮，将它们进行导入，如图10-103所示。

图10-103

**04** 选择"项目"面板中的所有素材文件，并按住鼠标左键将它们拖曳到轨道上，如图10-104所示。

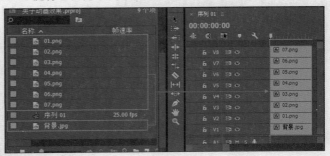

图10-104

**05** 选择V2轨道上的"01.png"素材文件，将时间轴拖动到初始位置，在"效果控件"面板中展开"运动"效果，设置"缩放"为68.0；单击"位置"前面的 ，创建关键帧，并设置"位置"为（360.0,77.0）；将时间轴拖动到1秒的位置，设置"位置"为（360.0,288.0），如图10-105所示。

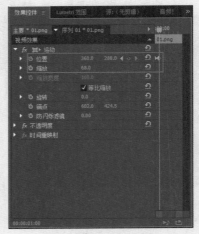

图10-105

**06** 选择V3轨道上的"02.png"素材文件，设置"缩放"为68.0；将时间轴拖动到1秒的位置，单击"位置"前面的 ，创建关键帧，并设置"位置"为（360.0,-20.0），如图10-106所示；将时间轴拖动到1秒20帧的位置，设置

"位置"为（360.0,288.0）。

图10-106

**07** 选择V4轨道上的"03.png"素材文件，设置"缩放"为68.0；将时间轴滑动到1秒20帧的位置，单击"位置"前面的 ▣，创建关键帧，并设置"位置"为（360.0,-38.0），如图10-107所示；将时间轴拖动到2秒15帧的位置，设置"位置"为（360,288）。

图10-107

**08** 选择V5轨道上的"04.png"素材文件，设置"缩放"为68.0；将时间轴滑动到2秒15帧的位置，单击"位置"前面的 ▣，创建关键帧，并设置"位置"为（360.0,-34.0），如图10-108所示；将时间轴拖动到3秒05帧的位置，设置"位置"为（360.0,288.0）。

**09** 选择V6轨道上的"05.png"素材文件，设置"缩放"为68.0；将时间轴滑动到3秒05帧的位置，单击"位置"前面的 ▣，创建关键帧，并设置"位置"为（715.0,288.0），如图10-109所示；将时间轴滑动到3秒20帧

的位置，设置"位置"为（360.0,288.0）。

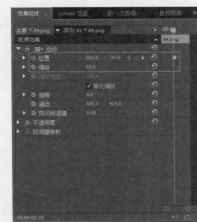

图10-108

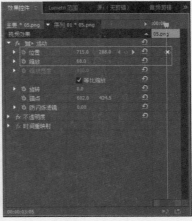

图10-109

**10** 选择V7轨道上的"06.png"素材文件，设置"缩放"为68.0；将时间轴拖动到3秒20帧的位置，单击"位置"前面的 ▣，创建关键帧，并设置"位置"为（605.0,288.0），如图10-110所示；将时间轴拖动到4秒15帧的位置，设置"位置"为（360,288）。

**11** 选择V8轨道上的"07.png"素材文件，设置"缩放"为68.0；将时间轴拖动到4秒15帧的位置，单击"位置"前面的 ▣，创建关键帧，并设置"位置"为（503.0,288.0）；将时间轴拖动到5秒05帧的位置，设置"位置"为（360.0,288.0），如图10-111所示。

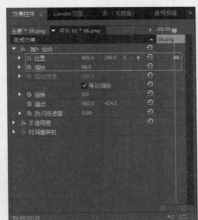

图10-110

图10-111

**12** 拖动时间轴查看效果，如图10-112所示。

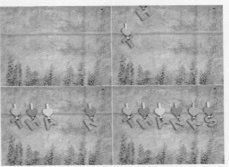

图10-112

## 实例197 经典设计动画效果

| | |
|---|---|
| 文件路径 | 第10章\经典设计动画效果 |
| 难易指数 | ★★★★★ |
| 技术掌握 | 关键帧动画 |

⊙扫码深度学习

### 操作思路

本实例讲解了在Premiere Pro中为不透明度、位置属性添加关键帧动画，制作经典设计动画效果。

### 操作步骤

01 在菜单栏中执行"文件"|"新建"|"项目"命令，并在弹出的"新建项目"对话框中设置"名称"，接着单击"浏览"按钮设置保存路径，最后单击"确定"按钮，如图10-113所示。

图10-113

02 在"项目"面板空白处双击鼠标左键，选择所需的"01.jpg"、"02.png"～"05.png"素材文件，最后单击"打开"按钮，将它们进行导入，如图10-114所示。

图10-114

03 选择"项目"面板中的素材文件，并按住鼠标左键依次将它们拖曳到轨道上，如图10-115所示。

图10-115

04 选择V2轨道上的"02.png"素材文件，将时间轴拖动到初始位置，在"效果控件"面板中展开"不透明度"效果，单击"不透明度"前面的◎，创建关键帧；并设置"不透明度"为0.0；将时间轴拖动到1秒10帧的位置，设置"不透明度"为100.0%，如图10-116所示。

图10-116

05 选择V3轨道上的"03.png"素材文件，将时间轴拖动到1秒10帧的位置，单击"位置"和"不透明度"前面的◎，创建关键帧，并设置"位置"为（109.5,512.0），"不透明度"为0.0；将时间轴拖动到2秒15帧的位置，设置"位置"为（373.5,512.0）、"不透明度"为100.0%，如图10-117所示。

图10-117

06 选择V4轨道上的"04.png"素材文件，将时间轴拖动到2秒15帧的位置，单击"位置"前面的◎，创建关键帧，并设置"位置"为（373.5,642.0）；将时间轴拖动到3秒05帧的位置，设置"位置"为（373.5,512.0），如图10-118所示。

艺境 中文版Premiere Pro视频编辑剪辑设计与制作全视频 实战228例

**07** 选择V5轨道上的"05.png"素材文件，将时间轴拖动到3秒05帧的位置，单击"位置"前面的◎，创建关键帧。并设置"位置"为（373.5,578.0），将时间轴拖动到4秒05帧的位置，设置"位置"为（373.5,512.0），如图10-119所示。

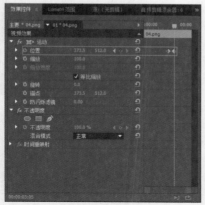

图10-118

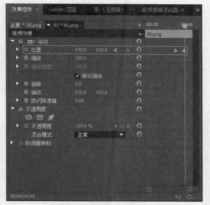

图10-119

**08** 拖动时间轴查看效果，如图10-120所示。

图10-120

| 实例198 | 立体动画效果 | |
|---|---|---|
| 文件路径 | 第10章\立体动画效果 | |
| 难易指数 | ★★★★★ | |
| 技术掌握 | ● "基本3D"效果　● 关键帧动画 | ◎扫码深度学习 |

### 💡操作思路

本实例讲解了在Premiere Pro中使用"基本3D"效果，并为缩放、不透明度、旋转、位置属性设置关键帧动画，制作立体动画效果。

### 🎤操作步骤

**01** 在菜单栏中执行"文件"｜"新建"｜"项目"命令，并在弹出的"新建项目"对话框中设置"名称"，接着单击"浏览"按钮设置保存路径，最后单击"确定"按钮，如图10-121所示。

图10-121

**02** 在"项目"面板空白处双击鼠标左键，选择所需的"01.png"～"03.png"和"背景.jpg"素材文件，最后单击"打开"按钮，将它们进行导入，如图10-122所示。

图10-122

**03** 选择"项目"面板中的素材文件，并按住鼠标左键依次将它们拖曳到轨道上，如图10-123所示。

图 10-123

图 10-127

**04** 选择V2轨道上的 "01.png" 素材文件，在 "效果" 面板中搜索 "基本3D" 效果，并按住鼠标左键将其拖曳到 "01.png" 素材文件上，如图10-124所示。

图 10-124

**05** 选择V2轨道上的 "01.png" 素材文件，将时间轴拖动到初始位置，在 "效果控件" 面板中单击 "缩放" 和 "不透明度" 前面的 █，再单击 "基本3D" 中的 "旋转" 前面的 █，创建关键帧，并设置 "缩放" 为0.0、 "不透明度" 为0.0、 "旋转" 为1x0.0°；将时间轴拖动到2秒20帧的位置，设置 "缩放" 为100.0、 "不透明度" 为100.0%、 "旋转" 为2x0.0°，如图10-125所示。查看效果如图10-126所示。

图 10-128

图 10-125

图 10-126

图 10-129

**06** 选择V3轨道上的 "02.png" 素材文件，将时间轴拖动到2秒20帧的位置，单击 "位置" 前面的 █，创建关键帧，并设置 "位置" 为（223.5，118.0）；将时间轴拖动到3秒15帧的位置，设置 "位置" 为（223.5，295.0），如图10-127和图10-128所示。

**07** 选择V4轨道上的 "03.png" 素材文件，将时间轴拖动到3秒15帧的位置，单击 "位置" 前面的 █，创建关键帧，并设置 "位置" 为（223.5，390.0）；将时间轴拖动到4秒10帧的位置，设置 "位置" 为（223.5，295.0），如图10-129所示。

**08** 拖动时间轴查看效果，如图10-130所示。

图 10-130

艺境 中文版Premiere Pro视频编辑剪辑设计与制作全视频 实战228例

## 实例199　立体旋转动画效果

| 文件路径 | 第10章\立体旋转动画效果 |
|---|---|
| 难易指数 | ★★★★★ |
| 技术掌握 | ● "基本3D"效果　● 关键帧动画 |

（扫码深度学习）

### 操作思路

本实例讲解了在Premiere Pro中为素材添加"基本3D"效果，并为缩放、不透明度、旋转属性设置关键帧动画。

### 操作步骤

**01** 在菜单栏中执行"文件"｜"新建"｜"项目"命令，并在弹出的"新建项目"对话框中设置"名称"，接着单击"浏览"按钮设置保存路径，最后单击"确定"按钮，如图10-131所示。

图10-131

**02** 在"项目"面板空白处单击鼠标右键，执行"新建项目"｜"序列"命令。接着在弹出的"新建序列"对话框中选择DV-PAL文件夹下的"标准48kHz"，如图10-132所示。

图10-132

**03** 在"项目"面板空白处双击鼠标左键，选择所需的"01.jpg""02.jpg"和"背景.jpg"素材文件，最后单击"打开"按钮，将它们进行导入，如图10-133所示。

图10-133

**04** 选择"项目"面板中的所有素材文件，并按住鼠标左键依次将它们拖曳到轨道上，如图10-134所示。

图10-134

**05** 选择V2轨道上的"01.jpg"素材文件，将时间轴拖动到初始位置。在"效果控件"面板中展开"运动"效果，单击"缩放"和"不透明度"前面的■，创建关键帧，并设置"缩放"为49.0、"不透明度"为100.0%；将时间轴拖动到1秒的位置，设置"缩放"为0.0、"不透明度"为0.0，如图10-135所示。

图10-135

**06** 在"效果"面板中搜索"基本3D"效果，并按住鼠标左键将其拖曳到"01.jpg"素材文件上，如图10-136所示。

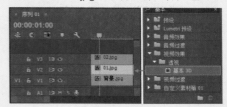

图10-136

07 在"效果控件"面板中展开"基本3D"效果，并将时间轴拖动到初始位置，再单击"旋转"前面的圆，创建关键帧，设置"旋转"为1x0.0°；将时间轴拖动到1秒的位置，设置"旋转"为1x0.0°，如图10-137所示。

图10-137

08 选择V3轨道上的"02.jpg"素材文件，将时间轴拖动到1秒的位置，单击"缩放"和"不透明度"前面的圆，创建关键帧，并设置"缩放"为0.0、"不透明度"为0.0；将时间轴拖动到2秒15帧的位置，设置"缩放"为49.0、"不透明度"为100.0%，如图10-138所示。

图10-138

09 在"效果"面板中搜索"基本3D"效果，并按住鼠标左键将其拖曳到"02.jpg"素材文件上，如图10-139所示。

图10-139

10 在"效果控件"面板中展开"基本3D"效果，并将时间轴拖动到1秒的位置，再单击"倾斜"前面的圆，创建关键帧，设置"倾斜"为1x0.0°；将时间轴拖动到2秒15帧的位置，设置"倾斜"为1x0.0°，如图10-140所示。

图10-140

11 拖动时间轴查看效果，如图10-141所示。

图10-141

## 实例200　巧克力情缘

| 文件路径 | 第10章 \ 巧克力情缘 | |
| --- | --- | --- |
| 难易指数 | ★★★★★ | |
| 技术掌握 | ● "风车"和"棋盘"效果<br>● 关键帧动画 | 扫码深度学习 |

### 操作思路

本实例讲解了在Premiere Pro中为素材添加"风车"和"棋盘"效果，并为素材的不透明度属性创建关键帧动画。

### 操作步骤

01 在菜单栏中执行"文件"｜"新建"｜"项目"命令，并在弹出的"新建项目"对话框中设置"名称"，接着单击"浏览"按钮设置保存路径，最后单击"确定"按钮，如图10-142所示。

02 在"项目"面板空白处单击鼠标右键，执行"新建项目"｜"序列"命令。接着在弹出的"新建序列"

中文版Premiere Pro视频编辑剪辑设计与制作全视频　实战228例

对话框中选择DV-PAL文件夹下的"标准48kHz",如图
10-143所示。

图10-142

图10-143

**03** 在"项目"面板空白处双击鼠标左键,选择所需的
"01.png"~"04.png"和"背景.jpg"素材文件,最
后单击"打开"按钮,将它们进行导入,如图10-144所示。

图10-144

**04** 选择"项目"面板中的"背景.jpg"素材文件,并按住
鼠标左键将其拖曳到V1轨道上,如图10-145所示。

图10-145

**05** 选择"项目"面板中的素材文件,并按住鼠标左键将
它们拖曳到V2轨道上,如图10-146所示。

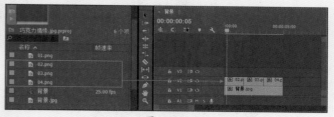

图10-146

**06** 在"效果"面板中搜索"风车"和"棋盘"效果,并
按住鼠标左键分别拖曳到"02.png"和"03.png"素
材文件之间、"03.png"和"04.png"素材文件之间,如
图10-147所示。

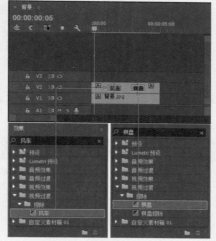

图10-147

**07** 选择"项目"面板中的"01.png"素材文件,并按住
鼠标左键将其拖曳到V3轨道上,如图10-148所示。

图10-148

**08** 选择V2轨道上的"02.png"素材文件,将时间轴滑
动到初始位置,单击"不透明度"前面的 ,创建关
键帧,并设置"不透明度"为0.0;将时间轴拖动到05帧的
位置,设置"不透明度"为100.0%,如图10-149所示。

图10-149

**09** 拖动时间轴查看效果，如图10-150所示。

图10-150

| 实例201 | 请柬动画设计——画面部分 |
|---|---|
| 文件路径 | 第10章\请柬动画设计 |
| 难易指数 | ⭐⭐⭐⭐⭐ |
| 技术掌握 | 关键帧动画 |

🔍扫码深度学习

### 🔎操作思路

本实例讲解了在Premiere Pro中为缩放、旋转、不透明度属性添加关键帧动画，制作请柬的动画画面部分。

### 🎤操作步骤

**01** 在菜单栏中执行"文件"|"新建"|"项目"命令，并在弹出的"新建项目"对话框中设置"名称"，接着单击"浏览"按钮设置保存路径，最后单击"确定"按钮，如图10-151所示。

**02** 在"项目"面板空白处双击鼠标左键，选择所需的"01.jpg""02.png"~"04.png"素材文件，最后单击"打开"按钮，将它们进行导入，如图10-152

所示。

图10-151

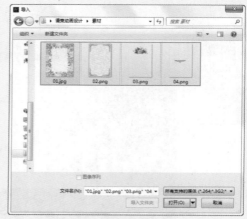

图10-152

**03** 选择"项目"面板中的所有素材文件，并按住鼠标左键依次将它们拖曳到轨道上，如图10-153所示。

图10-153

**提示** **为什么不创建序列**

将"项目"面板中的素材文件直接拖曳到轨道上，"项目"面板会自动生成序列，"时间轴"面板也会自动显现出轨道，如图10-154所示。

图10-154

**04** 选择V1轨道上的"01.jpg"素材文件，在"效果控件"面板中展开"运动"效果，设置"缩放"为127.0，如图

10-155所示。查看效果如图10-156所示。

图10-155　　　　　　　　　　　图10-156

**05** 选择V2轨道上的"02.png"素材文件，在"效果控件"面板中展开"运动"效果，设置"位置"为（325.0,406.0）；再将时间轴拖动到初始位置，并单击"缩放"前面的 ⌚，创建关键帧，设置"缩放"为0.0；将时间轴拖动到22帧的位置，设置"缩放"为75.0，如图10-157所示。查看效果如图10-158所示。

图10-157　　　　　　　　　　图10-158

**06** 选择V3轨道上的"03.png"素材文件，在"效果控件"面板中展开"运动"效果，设置"位置"为（325.0,409.0）、"缩放"为80.0；再将时间轴拖动到10帧的位置，并单击"旋转"和"不透明度"前面的 ⌚，创建关键帧，设置"旋转"为1x0.0°、"不透明度"为0.0%；将时间轴拖动到1秒05帧的位置，设置"旋转"为1x0.0°、"不透明度"为100%，如图10-159所示。查看效果如图10-160所示。

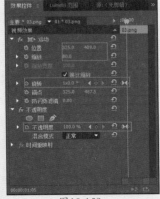

图10-159　　　　　　　　　　图10-160

**07** 选择V4轨道上的"04.png"素材文件，并将时间轴拖动到1秒05帧的位置。在"效果控件"面板中展开"运动"效果，设置"位置"为（348.0,508.0）；单击"缩放"和"不透明度"前面的 ⌚，创建关键帧，设置"缩放"为0.0、"不透明度"为0.0；将时间轴滑动到2秒的位置，设置"缩放"为100.0，"不透明度"为100%，如图10-161所示。查看效果如图10-162所示。

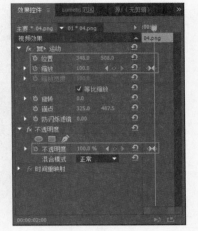

图10-161

图10-162

**实例202　请柬动画设计——文字部分**

| 文件路径 | 第10章\请柬动画设计 |
| --- | --- |
| 难易指数 | ⭐⭐⭐⭐⭐ |
| 技术掌握 | ● 文字工具<br>● 关键帧动画 |

🔍扫码深度学习

## 操作思路

本实例讲解了在Premiere Pro中使用"文字工具"创建文字，并为文字添加位置属性的关键帧动画，制作文字位移动画。

## 操作步骤

**01** 在菜单栏中执行"字幕"|"新建字幕"|"默认静态字幕"命令，并在弹出的"新建字幕"对话框中设置"名称"，最后单击"确定"按钮，如图10-163所示。

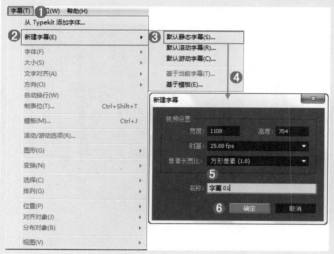

图10-163

**02** 在工具箱中单击"文字工具"按钮 **T**，并在工作区域输入"Wdeeing"，设置"字体系列"为 DomLovesMaryPro，"颜色"为褐色，如图10-164所示。

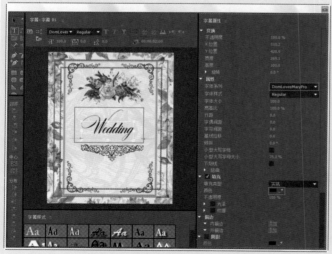

图10-164

**03** 关闭字幕窗口。选择"项目"面板中的"字幕01"，并按住鼠标左键将其拖曳到V5轨道上，如图10-165所示。

图10-165

**04** 选择V5轨道上的"字幕01"，将时间轴拖动到2秒的位置，单击"位置"前面的 ◎，创建关键帧，并设置"位置"为（325.0,923.0）。将时间轴拖动到3秒15帧的位置，设置"位置"为（325.0,420.0），如图10-166所示。

图10-166

**05** 拖动时间轴查看效果，如图10-167所示。

图10-167

## 实例203　人物变换动画效果

| | |
|---|---|
| 文件路径 | 第10章＼人物变换动画效果 |
| 难易指数 | ★★★★★ |
| 技术掌握 | ● 关键帧动画　　● "投影"效果<br>● 修改混合模式 |

### 操作思路

　　本实例讲解了在Premiere Pro中为位置、不透明度、缩放属性创建关键帧动画，并为素材添加"投影"效果，并设置"混合模式"。

### 操作步骤

**01** 在菜单栏中执行"文件"｜"新建"｜"项目"命令，并在弹出的"新建项目"对话框中设置"名称"，接着单击"浏览"按钮设置保存路径，最后单击"确定"按钮，如图10-168所示。

图10-168

**02** 在"项目"面板空白处双击鼠标左键，选择所需的"01.jpg""02.png～11.png"素材文件，最后单击"打开"按钮，将它们进行导入，如图10-169所示。

图10-169

**03** 选择"项目"面板中的所有素材文件，并按住鼠标左键依次将它们拖曳到轨道上，如图10-170所示。

图10-170

**04** 选择V2轨道上的"02.png"素材文件，将时间轴滑动到20帧的位置，在"效果控件"面板中展开"运动"效果，单击"位置"前面的 ，创建关键帧，并设置"位置"为（644.0,300.0）、"不透明度"为100.0%；将时间轴拖动到1秒10帧的位置，设置"位置"为（304.0,300.0）；将时间轴拖动到1秒15帧的位置，设置"不透明度"为100.0%，如图10-171所示。

图10-171

**05** 选择V3轨道上的"03.png"素材文件，将时间轴拖动到20帧的位置，设置"不透明度"为0.0；将时间轴拖动到1秒10帧的位置，设置"不透明度"为100.0%；将时间轴拖动到1秒15帧的位置，单击"位置"前面的 ，创建关键帧，并设置"位置"为（126.0,300.0）；将时间轴拖动到3秒的位置时，设置"位置"为（-266.0,300.0）、"不透明度"为0.0，如图10-172所示。

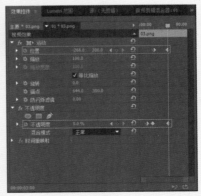

图10-172

**06** 选择V5轨道上的"05.png"素材文件，将时间轴拖动到20帧的位置，单击"位置"前面的 ，创建关键帧，并设置"位置"为（644.0,300.0），如图10-176所示。
（644.0,908.0）；将时间轴拖动到
1秒10帧的位置，设置"位置"为
（644.0,300.0），如图10-173所示。

**07** 选择V6轨道上的"06.png"素材文件，将时间轴拖动到初始位置，单击"位置"前面的 ⏱ ，创建关键帧，并设置"位置"为（139.0,300.0）；将时间轴拖动到20帧的位置，设置"位置"为（644.0,300.0），如图10-174所示。

图10-175

图10-176

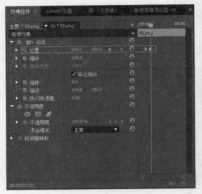
图10-173

**10** 选择V9轨道上的"09.png"素材文件，将时间轴拖动到2秒的位置，设置"不透明度"为0.0；将时间轴拖动到2秒15帧的位置，设置"不透明度"为100.0%，如图10-177所示。

**11** 选择V10轨道上的"10.png"素材文件，设置"位置"和"锚点"（804.6,30.9）。将时间轴拖动到2秒15帧的位置，单击"缩放"前面的 ⏱ ，创建关键帧，并设置"缩放"为0.0；将时间轴拖动到3秒05帧的位置，设置"缩放"为100.0，如图10-178所示。

图10-174

图10-177

图10-178

**08** 选择V7轨道上的"07.png"素材文件，将时间轴拖动到1秒10帧的位置，单击"位置"前面的 ⏱ ，创建关键帧，并设置"位置"为（644.0,75.0）；将时间轴拖动到2秒的位置，设置"位置"为（644.0,300.0），如图10-175所示。

**09** 选择V8轨道上的"08.png"素材文件，将时间轴拖动到2秒的位置，单击"位置"前面的 ⏱ ，创建关键帧，并设置"位置"为（644.0,536.0）；将时间轴拖动到2秒20帧的位置，设置"位置"为

**12** 选择V11轨道上的"11.png"素材文件，在"效果"面板中搜索"投影"效果，并按住鼠标左键将其拖曳到"11.png"素材文件上，如图10-179所示。

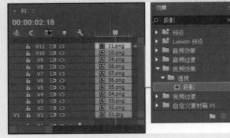
图10-179

**13** 在"效果控件"面板中设置"混合模式"为"强光"，再展开"投影"效果，并设置"不透明度"为33.0%、"方向"为98.0°、"距离"为15.0、"柔和度"为23.0，如图10-180所示。

**14** 选择V11轨道上的"11.png"素材文件，设置"位置"这（268.0,366.0）。将时间轴拖动到3秒05帧的位置，设置"不透明度"为0.0；将时间轴拖动到3秒20帧的位置，设置"不透明度"为100.0%，如图10-181所示。

图 10-180

图 10-181

**15** 拖动时间轴查看效果，如图10-182所示。

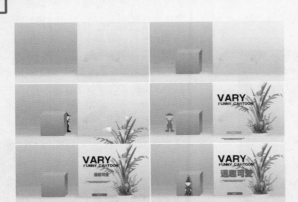

图 10-182

| 实例204 | 天空文字动画效果 |
| --- | --- |
| 文件路径 | 第 10 章 \ 天空文字动画效果 |
| 难易指数 | ★★★★★ |
| 技术掌握 | 关键帧动画 |

**操作思路**

本实例讲解了在Premiere Pro中为位置、缩放、不透明

度属性创建关键帧动画，制作天空文字动画效果。

**操作步骤**

**01** 在菜单栏中执行"文件" | "新建" | "项目"命令，并在弹出的"新建项目"对话框中设置"名称"，接着单击"浏览"按钮设置保存路径，最后单击"确定"按钮，如图10-183所示。

图 10-183

**02** 在"项目"面板空白处双击鼠标左键，选择所需的"01.png" ~ "08.png"和"背景.jpg"素材文件，最后单击"打开"按钮，将它们进行导入，如图10-184所示。

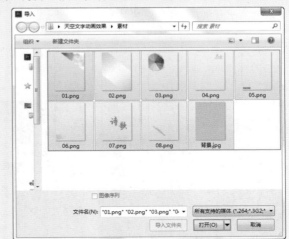

图 10-184

**03** 选择"项目"面板中的所有素材文件，并按住鼠标左键依次将它们拖曳到轨道上，如图10-185所示。

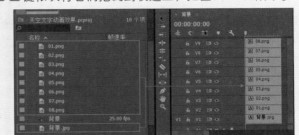

图 10-185

04 选择V2轨道上的"01.png"素材文件，将时间轴拖动到初始位置，在"效果控件"面板中展开"运动"效果，单击"位置"前面的 ◎，创建关键帧，并设置"位置"为（355.2,102.1）；将时间轴拖动到1秒的位置，设置"位置"为（220.0,293.0），并在"不透明度"下方设置"混合模式"为叠加，如图10-186所示。

05 选择V3轨道上的"02.png"素材文件，将时间轴拖动到1秒的位置，单击"位置"前面的 ◎，创建关键帧，并设置"位置"为（−105.7,732.0）；将时间轴拖动到1秒20帧的位置，设置"位置"为（220.0,293.0），如图10-187所示。

图10-190

图10-186

图10-187

06 选择V4轨道上的"03.png"素材文件，将时间轴拖动到1秒20帧的位置，单击"位置"前面的 ◎，创建关键帧，并设置"位置"为（−23.8,90.7）；将时间轴拖动到2秒10帧的位置，设置"位置"为（220.0,293.0），如图10-188所示。

07 选择V5轨道上的"04.png"素材文件，将时间轴拖动到2秒10帧的位置，单击"位置"前面的 ◎，创建关键帧，并设置"位置"为（382.0,293.0）；将时间轴拖动到3秒的位置，设置"位置"为（220.0,293.0），如图10-189所示。

图10-191

10 选择V8轨道上的"07.png"素材文件，设置"位置"和"锚点"均为（249.5,320.7）。将时间轴拖动到4秒的位置，单击"缩放"和"不透明度"前面的 ◎，创建关键帧，并设置"缩放"为0.0、"不透明度"为0.0；将时间轴拖动到4秒15帧的位置，设置"缩放"为100.0、"不透明度"为100.0%，设置"混合模式"为"差值"，如图10-192所示。

图10-188

图10-189

08 选择V6轨道上的"05.png"素材文件，将时间轴拖动到3秒的位置，单击"位置"前面的 ◎，创建关键帧，并设置"位置"为（220.0,330.0）；将时间轴拖动到3秒15帧的位置，设置"位置"为（220.0,293.0），并在"不透明度"下方设置"混合模式"为"相减"，如图10-190所示。

09 选择V7轨道上的"06.png"素材文件，将时间轴拖动到3秒15帧的位置，单击"位置"前面的 ◎，创建关键帧，并设置"位置"为（62.0,293.0）；将时间轴拖动到4秒的位置，设置"位置"为（220.0,293.0），并在"不透明度"下方设置"混合模式"为"排除"，如图10-191所示。

图10-192

11 选择V9轨道上的"08.png"素材文件，将时间轴拖动到4秒的位置，单击"不透明度"前面的 ◎，创建关键帧，并设置"不透明度"为0.0；将时间轴拖动到4秒15帧的位置，设置"不透明度"为100.0%，如图10-193所示。

图10-193

**12** 拖动时间轴查看效果，如图10-194所示。

图10-194

---

### 实例205　鲜花动画效果

| 文件路径 | 第10章\鲜花动画效果 |
| --- | --- |
| 难易指数 | ★★★★★ |
| 技术掌握 | ● "投影"效果　　● 关键帧动画 |

扫码深度学习

#### 操作思路

本实例讲解了在Premiere Pro中为位置、缩放、旋转、不透明度属性添加关键帧动画，并添加"投影"效果制作阴影。

#### 操作步骤

**01** 在菜单栏中执行"文件" | "新建" | "项目"命令，并在弹出的"新建项目"对话框中设置"名称"，接着单击"浏览"按钮设置保存路径，最后单击"确定"按钮，如图10-195所示。

**02** 在"项目"面板空白处单击鼠标右键，执行"新建项目" | "序列"命令。接着在弹出的"新建序

---

列"对话框中选择DV-PAL文件夹下的"标准48kHz"，如图10-196所示。

图10-195

图10-196

**03** 在"项目"面板空白处双击鼠标左键，选择所需的"01.png"～"05.png"和"背景.jpg"素材文件，最后单击"打开"按钮，将它们进行导入，如图10-197所示。

图10-197

**04** 选择"项目"面板中的所有素材文件，并按住鼠标左键依次将它们拖曳到轨道上，如图10-198所示。

图10-198

**05** 选择V2轨道上的"01.png"素材文件,在"效果"面板中搜索"投影"效果,并按住鼠标左键将其拖曳到"01.png"素材文件上,如图10-199所示。

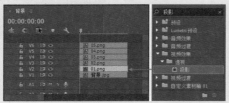

图10-199

**06** 在"效果控件"面板中展开"投影"效果,并设置"距离"为11.0、"柔和度"为17.0,如图10-200所示。

图10-200

**07** 选择V2轨道上的"01.png"素材文件,将时间轴拖动到初始位置,单击"不透明度"前面的圈,创建关键帧,并设置"不透明度"为0.0;将时间轴拖动到1秒的位置,设置"不透明度"为100.0%,如图10-201所示。

图10-201

**08** 选择V3轨道上的"02.png"素材文件,将时间轴拖动到1秒的位置,单击"位置"前面的圈,创建关键帧,并设置"位置"为(505.2,429.8);将时间轴拖动到2秒的位置时,设置"位置"为(366.5,311.5),再设置"混合模式"为"线性加深",如图10-202所示。

图10-202

**09** 选择V4轨道上的"03.png"素材文件,设置"位置"为(370.4,257.1);将时间轴拖动到2秒的位置,单击"缩放""旋转"和"不透明度"前面的圈,创建关键帧,并设置"缩放"为0.0、"旋转"为1x0.0°、"不透明度"为0.0;将时间轴拖动到3秒的位置,设置"缩放"100.0、"旋转"为1x0.0°、"不透明度"为100.0%,如图10-203所示。

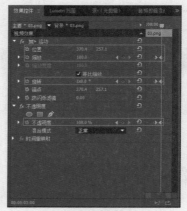

图10-203

**10** 选择V5轨道上的"04.png"素材文件,将时间轴拖动到3秒的位置,单击"位置"前面的圈,创建关键帧,并设置"位置"为(−229.5,311.5);将时间轴拖动到3秒15帧的位置,设置"位置"为(366.5,311.5),如图10-204所示。

**11** 选择V6轨道上的"05.png"素材文件,将时间轴拖动到3秒15帧的位置,单击"位置"和"不透明度"前面的圈,创建关键帧,并设置"位置"为(366.5,592.5)、"不透明度"为0.0;将时间轴拖动到4秒10帧的位置,设置"位置"

艺境 中文版Premiere Pro视频编辑剪辑设计与制作全视频 实战228例

为（366.5,311.5）、"不透明度"为100.0%，如图10-205所示。

图10-204

图10-205

12 拖动时间轴查看效果，如图10-206 所示。

图10-206

# 第11章

## 输出作品

**本章概述**　渲染输出是指在 Premiere Pro 中将完成的工程文件生成最终影片的过程。因为 Premiere Pro 的源文件无法在电视、电影、广告、播放器中播放使用，因此需要根据实际情况，选择不同的格式进行输出。

**本章重点**
◆ 输出视频作品
◆ 输出音频作品
◆ 输出图片和序列作品

/ 佳 / 作 / 欣 / 赏 /

## 实例206　输出AVI视频文件

| 文件路径 | 第11章 \ 输出 AVI 视频文件 |
|---|---|
| 难易指数 | ★★★★★ |
| 技术掌握 | "媒体"命令 |

🔍 扫码深度学习

### 🔔 操作思路

本实例讲解了在Premiere Pro中使用"文件"|"导出"|"媒体"命令输出AVI格式的视频文件。

### 🎤 操作步骤

**01** 打开"01.prproj"素材文件，如图11-1所示。

图11-1

**02** 选择"时间轴"面板，然后选择菜单栏中的"文件"|"导出"|"媒体"命令，或者按快捷键Ctrl+M，如图11-2所示。

图11-2

**03** 在弹出的"导出设置"对话框中设置"格式"为"AVI"。然后单击"输出名称"后面的Sequence 01.avi，如图11-3所示。在弹出的对话框中设置保存路径和文件名称，并单击"保存"按钮，如图11-4所示。

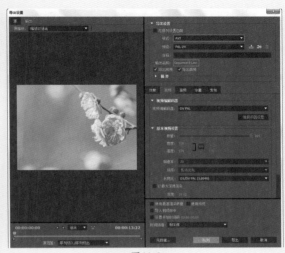

图11-3

图11-4

**04** 在"导出设置"对话框中设置"视频"面板中的"视频编解码器"为Microsoft Video 1，"场序"为"逐行"，并且勾选"使用最高渲染质量"复选框。接着单击"导出"按钮，即可开始渲染，如图11-5所示。

图11-5

**05** 在弹出的提示框中会显示渲染进度，如图11-6所示。在渲染完成后，在设置的保存路径下出现了AVI格式的视频文件，如图11-7所示。

图11-6

图11-7

提示

**为什么在输出的时候提示磁盘空间不足**

现在的硬盘最大支持单个文件的大小为4GB，一般如果输出AVI格式的文件很容易超过这个范围，把硬盘分区改成NTFS格式就没有4GB的限制了。

提示

**为什么输出几秒的AVI格式视频文件会那么大**

AVI是一种无损的压缩模式，当然会很大。如果选择无压缩的AVI输出，文件会更大。所以如果需要视频小一些的话，可以降低参数、输出为其他格式，或者输出完成后使用视频转换软件将其转换得小一些。

| 实例207 | 输出DPX格式文件 | |
|---|---|---|
| 文件路径 | 第11章\输出DPX格式文件 | |
| 难易指数 | ★★★★★ | |
| 技术掌握 | "媒体"命令 | ⌕扫码深度学习 |

**操作思路**

本实例讲解了在Premiere Pro中使用"文件" | "导出" | "媒体"命令，输出DPX格式的文件。

**操作步骤**

**01** 打开"02.prproj"素材文件，如图11-8所示。

**02** 选择"时间轴"面板，然后选择菜单栏中的"文件" | "导出" | "媒体"命令，或者按快捷键Ctrl+M，如图11-9所示。

图11-8

图11-9

**03** 在弹出的"导出设置"对话框中设置"格式"为DPX、"预设"为"自定义"。然后单击"输出名称"后面的"序列 01.dpx"，如图11-10所示。在弹出的对话框中设置保存路径和文件名称，并单击"保存"按钮，如图11-11所示。

图11-10

图11-11

**04** 在"导出设置"对话框的"视频"面板中勾选"以最大深度渲染"复选框和"使用最高渲染质量"复选框，单击"导出"按钮，即可开始渲染，如图11-12所示。

图11-12

**05** 在弹出的提示框中会显示渲染进度，如图11-13所示。在渲染完成后，在设置的保存路径下出现了DPX格式的视频文件，如图11-14所示。

图11-13

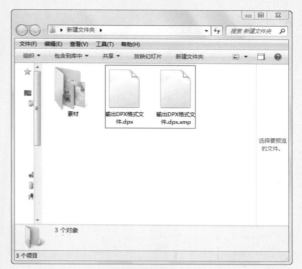

图11-14

**提示** **为什么输出DPX格式文件**

DPX文件格式通常用于高质量的合成、数字电影和胶片电影等应用。

### 实例208　输出GIF动画文件

| 文件路径 | 第11章\输出GIF动画文件 |
|---|---|
| 难易指数 | ★★★★★ |
| 技术掌握 | "媒体"命令 |

扫码深度学习

**操作思路**

本实例讲解了在Premiere Pro中使用"文件" | "导出" | "媒体"命令，输出GIF格式的动画文件。

**操作步骤**

**01** 打开"03.prproj"素材文件，如图11-15所示。

图11-15

02 选择"时间轴"面板，然后选择菜单栏中的"文件"|"导出"|"媒体"命令，或者按快捷键Ctrl+M，如图11-16所示。

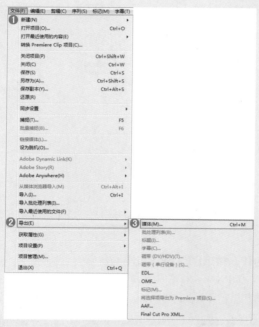

图11-16

03 在弹出的对话框中设置"格式"为"动画GIF"，然后单击"输出名称"后面的"序列01.gif"，设置保存路径和文件名称。接着勾选"使用最高渲染质量"复选框，并单击"导出"按钮，如图11-17所示。

图11-17

04 在输出完成后，在设置的保存路径下出现了GIF文件，如图11-18所示。

图11-18

## 实例209 输出H.264格式文件

| 文件路径 | 第11章 \ 输出 H.264 格式文件 |
| --- | --- |
| 难易指数 | ★★★★★ |
| 技术掌握 | "媒体"命令 |

扫码深度学习

### 操作思路

本实例讲解了在Premiere Pro中使用"文件"|"导出"|"媒体"命令，输出MP4格式的视频文件。

### 操作步骤

01 打开"04.prproj"素材文件，如图11-19所示。

图11-19

02 选择"时间轴"面板，然后选择菜单栏中的"文件"|"导出"|"媒体"命令，或者按快捷键Ctrl+M，如图11-20所示。

图11-20

图11-22

03 在弹出的"导出设置"对话框中设置"格式"为"H.264"、"预设"为"自定义"。然后单击"输出名称"后面的"序列 01.mp4"，如图11-21所示。在弹出的对话框中设置保存路径和文件名称，并单击"保存"按钮，如图11-22所示。

04 在"导出设置"对话框的"视频"面板中勾选"使用最高渲染质量"复选框，接着单击"导出"按钮，即可开始渲染，如图11-23所示。

图11-21

图11-23

05 在弹出的提示框中会显示渲染进度，如图11-24所示。在渲染完成后，在设置的保存路径下出现了MP4格式的视频文件，如图11-25所示。

图11-24

图11-25

**提示**

**为什么输出H.264格式文件**

H.264格式是MPEG-4标准所定义的最新格式，同时也是技术含量最高、代表最新技术水平的视频编码格式之一，有的也称AVC。

---

**实例210　输出QuickTime文件**

| 文件路径 | 第11章\输出 QuickTime 文件 |
|---|---|
| 难易指数 | ★★★★★ |
| 技术掌握 | "媒体"命令 |

扫码深度学习

**操作思路**

本实例讲解了在Premiere Pro中使用"文件"｜"导出"｜"媒体"命令，输出MOV格式的视频文件。

**操作步骤**

**01** 打开"05.prproj"素材文件，如图11-26所示。

图11-26

**02** 选择"时间轴"面板，然后选择菜单栏中的"文件"｜"导出"｜"媒体"命令，或者按快捷键Ctrl+M，如图11-27所示。

图11-27

**03** 在弹出的对话框中设置"格式"为QuickTime、"预设"为PAL DV，然后单击"输出名称"后面的"序列01.mov"，设置保存路径和文件名称。在"导出设置"对话框中的"视频"选项卡中勾选"使用最高渲染质量"复选框单击"导出"按钮，如图11-28所示。

图11-28

**04** 等待视频输出完成后，可以看到设置的保存路径下出现了"输出QuickTime文件.mov"，如图11-29所示。

图 11-29

中设置保存路径和文件名称，并单击"保存"按钮，如图 11-33所示。

图 11-31

## 实例211 输出TIFF格式文件

| 文件路径 | 第 11 章 \ 输出 TIFF 格式文件 |
|---|---|
| 难易指数 | ⭐⭐⭐⭐⭐ |
| 技术掌握 | "媒体"命令 |

🔍扫码深度学习

### 操作思路

本实例讲解了在Premiere Pro中使用"文件"｜"导出"｜"媒体"命令，输出TIFF格式的文件。

### 操作步骤

01 打开"06.prproj"素材文件，如图11-30所示。

图 11-30

02 选择"时间轴"面板，然后选择菜单栏中的"文件"｜"导出"｜"媒体"命令，或者按快捷键 Ctrl+M，如图11-31所示。

03 在弹出的"导出设置"窗口中设置"格式"为TIFF、"预设"为"自定义"。然后单击"输出名称"后面的"序列01.tif"，如图11-32所示。在弹出的对话框

图 11-32

图 11-33

04 勾选"使用最高渲染质量"复选框,单击"导出"按钮,即可开始渲染,如图11-34所示。

图11-34

05 在弹出的提示框中会显示渲染进度,如图11-35所示。在渲染完成后,在设置的保存路径下出现了TIFF格式的图像文件,如图11-36所示。

图11-35

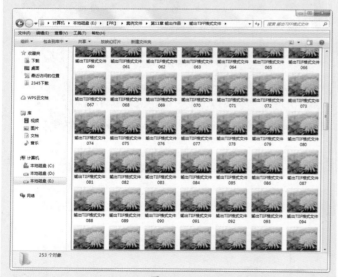

图11-36

> **提示**
>
> **为什么输出TIFF格式文件**
>
> DIFF格式文件可以制作出质量非常高的图像,多用于出版印刷。

## 实例212 输出WMV格式的流媒体文件

| 文件路径 | 第11章\输出WMV格式的流媒体文件 |
| --- | --- |
| 难易指数 | ★★★★★ |
| 技术掌握 | "媒体"命令 |

扫码深度学习

### 操作思路

本实例讲解了在Premiere Pro中使用"文件"|"导出"|"媒体"命令,输出WMV格式的视频文件。

### 操作步骤

01 打开"07.prproj"素材文件,如图11-37所示。

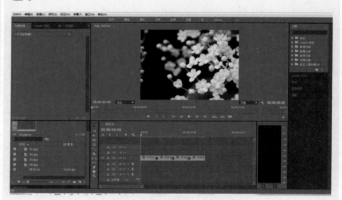

图11-37

02 选择"时间轴"面板,然后选择菜单栏中的"文件"|"导出"|"媒体"命令,或者按快捷键Ctrl+M,如图11-38所示。

图11-38

艺境 中文版Premiere Pro视频编辑剪辑设计与制作全视频 实战228例

**03** 在弹出的对话框中设置"格式"为"Windows Media（Windows媒体）"，然后单击"输出名称"后面的"序列 01.wmv"，在弹出的对话框中设置保存路径和文件名称，如图11-39和图11-40所示。

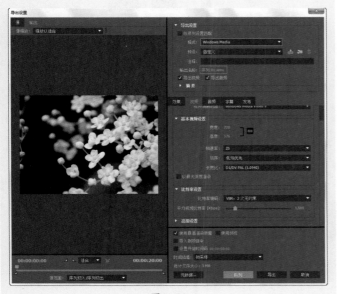

图11-39

图11-40

**04** 接着勾选"使用最高渲染质量"复选框，最后单击"导出"按钮，此时在弹出的提示框中会显示渲染进度，如图11-41所示。在渲染完成后，在设置的保存路径下出现了WMV格式的视频文件，如图11-42所示。

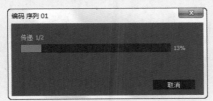

图11-41

图11-42

提示 **视频为什么在计算机上看有锯齿**

一般计算机为逐行扫描，而DV拍摄的素材都是隔行的，所以在计算机上看会有锯齿，刻成DVD在电视上看就不会出现这种问题了，当然如果想在计算机上看没有锯齿，也可以在输出设置的时候改成逐行的。

## 实例213 输出单帧图像

| 文件路径 | 第11章\输出单帧图像 |
|---|---|
| 难易指数 | ★★★★★ |
| 技术掌握 | "媒体"命令 |

扫码深度学习

**操作思路**

本实例讲解了在Premiere Pro中使用"文件"导出｜"媒体"命令，输出BMP格式的图片文件。

**操作步骤**

**01** 打开"08.prproj"素材文件，如图11-43所示。

图11-43

**02** 选择"时间轴"面板,然后选择菜单栏中的"文件"|"导出"|"媒体"命令,或者按快捷键Ctrl+M,如图11-44所示。

图11-44

**03** 在弹出的"导出设置"对话框中设置"格式"为BMP,然后单击"输出名称"后面的Sequence 01.bmp,设置保存路径和文件名称。接着取消勾选"视频"面板中的"导出为序列"复选框,最后勾选"使用最大渲染质量"复选框,并单击"导出"按钮,如图11-45所示。

图11-45

**04** 在输出完成后,在设置的保存路径下出现了该单帧图像文件,如图11-46所示。

图11-46

**提示** 输出的单帧图像有哪些作用

输出单帧图像就是一张静止的图片,可以对图像单独进行编辑操作。

连续的单帧图像就形成了动态效果,如电视图像等。帧数越多,所表现出的动作就会越流畅。所以可以将视频素材文件中的某些连续的图像进行单帧图像输出,用于制作序列静帧图像效果。

**实例214　输出静帧序列文件**

| 文件路径 | 第11章\输出静帧序列文件 |
| --- | --- |
| 难易指数 | ★★★★★ |
| 技术掌握 | "媒体"命令 |

Q扫码深度学习

**操作思路**

本实例讲解了在Premiere Pro中使用"文件"|"导出"|"媒体"命令,输出Targa格式的序列文件。

**操作步骤**

**01** 打开"09.prproj"素材文件,如图11-47所示。

图11-47

**02** 选择"时间轴"面板，然后选择菜单栏中的"文件"|"导出"|"媒体"命令，或者按快捷键Ctrl+M，如图11-48所示。

图11-48

**03** 在弹出的对话框中设置"格式"为Targa，接着单击"输出名称"后面的"序列01.tga"，设置保存路径和文件名称。勾选"导出为序列"和"使用最高渲染质量"复选框，并单击"导出"按钮，如图11-49所示。

图11-49

**提示** **勾选"导出为序列"复选框**

一定要注意勾选"导出为序列"复选框，这样在渲染输出时才会输出多张序列。假如不勾选该选项，则只能输出一张序列。

**04** 在序列输出完成后，在设置的保存路径下出现了输出静帧序列文件，如图11-50所示。

图11-50

## 实例215 输出音频文件

| 文件路径 | 第11章\输出音频文件 |
|---|---|
| 难易指数 | ★★★★★ |
| 技术掌握 | "媒体"命令 |

扫码深度学习

**操作思路**

本实例讲解了在Premiere Pro中使用"文件"|"导出"|"媒体"命令，输出WAV格式的音频文件。

**操作步骤**

**01** 打开"10.prproj"素材文件，如图11-51所示。

图11-51

**02** 选择"时间轴"面板，然后选择菜单栏中的"文件"|"导出"|"媒体"命令，或者按快捷键Ctrl+M，如图11-52所示。

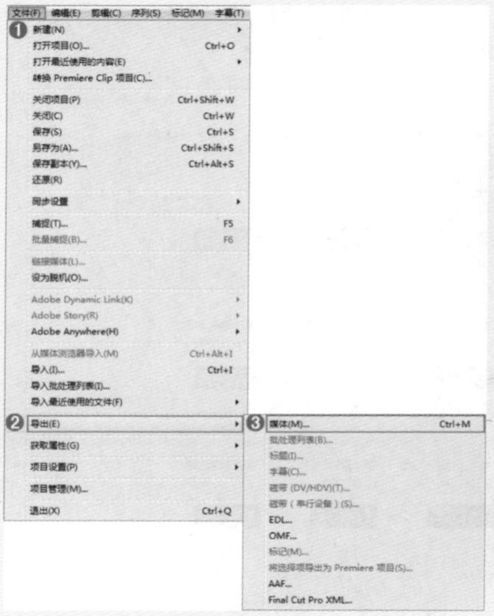

文件名称，并单击"导出"按钮，如图11-53所示。

**04** 音频输出完成后，在设置好的保存路径下出现了该音频文件，如图11-54所示。

图11-52

图11-53            图11-54

**03** 在弹出的"导出设置"对话框中设置"格式"为"波形音频"。然后单击"输出名称"后面的Sequence 01.wav，设置保存路径和

**提示** **是否可以将视频中的音频输出**

　　可以。在编辑素材文件时，分离视频和音频，然后提取音频中需要的音频部分，接着进行输出各种音频格式即可。常用的音频格式有WAV、MP3、WMA等。

# 创意设计

佳 / 作 / 欣 / 赏

## 实例216　创意设计——动画背景

| 文件路径 | 第 12 章 \ 创意设计 |
|---|---|
| 难易指数 | ★★★★★ |
| 技术掌握 | 关键帧动画 |

扫码深度学习

### 操作思路

本实例讲解在Premiere Pro中为"不透明度""位置"属性添加关键帧动画，制作创意设计的动画背景。

### 操作步骤

**01** 在菜单栏中执行"文件"｜"新建"｜"项目"命令，并在弹出的"新建项目"对话框中设置"名称"，接着单击"浏览"按钮设置保存路径，最后单击"确定"按钮，如12-1所示。

图12-1

**02** 在"项目"面板空白处双击鼠标左键，选择所需的"01.png" ~ "11.png"和"背景.jpg"素材文件，最后单击"打开"按钮，将它们进行导入，如图12-2所示。

图12-2

**03** 选择"项目"面板中的素材文件，按住鼠标左键将它们依次拖曳到V1、V2、V3轨道上，并分别设置结束帧为23秒，如图12-3所示。

图12-3

**04** 选择V2轨道上的"01.png"素材文件，将时间轴拖动到初始帧的位置，单击"不透明度"前面的 图标，创建关键帧，并设置"不透明度"0.0；将时间轴拖动到2秒的位置，设置"不透明度"为100.0%，如图12-4所示。

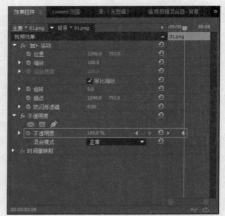

图12-4

**05** 选择V3轨道上的"02.png"素材文件，将时间轴拖动到2秒的位置，单击"位置"前面的 图标，创建关键帧，并设置"位置"为（1240.0,21.5）；将时间轴拖动到4秒的位置，设置"位置"为（1240.0,753.5），如图12-5所示。

图12-5

**06** 拖动时间轴查看效果，如图12-6所示。

图12-6

## 实例217 创意设计——动画部分

| 文件路径 | 第11章 \ 创意设计 |
|---|---|
| 难易指数 | ★★★★★ |
| 技术掌握 | 关键帧动画 |

扫码深度学习

### 操作思路

本实例讲解了在Premiere Pro中为位置、缩放、旋转、不透明度属性添加关键帧动画，制作创意设计的动画部分。

### 操作步骤

**01** 选择"项目"面板中的"03.png"～"11.png"素材文件，并按住鼠标左键将它们依次拖曳到V4～V12轨道上，并设置结束帧为23秒，如图12-7所示。

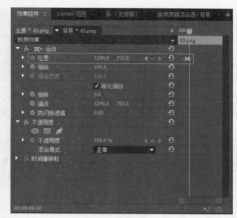

图12-8

图12-9

**02** 选择V4轨道上的"03.png"素材文件，将时间轴拖动到4秒的位置，单击"位置"前面的◎，创建关键帧，并设置"位置"为（181.8,1173.7）；将时间轴拖动到6秒的位置，设置"位置"为（1240.0,753.5），如图12-8所示。

**03** 选择V5轨道上的"04.png"素材文件，设置"位置"和"锚点"均为（1268.3,965.6），将时间轴拖动到6秒的位置，单击"缩放"和"旋转"前面的◎，创建关键帧，并设置"缩放"为0.0、"旋转"为1x0.0°；将时间轴拖动到8秒的位置，设置"缩放"为100.0、"旋转"为1x0.0°，如图12-9所示。

**04** 选择V6轨道上的"05.png"素材文件，将时间轴拖动到8秒的位置，单击"不透明度"前面的◎，创建关键帧，并设置"不透明度"为0.0；将时间轴滑动到10秒的位置，设置"不透明度"为100.0%，如图12-10所示。

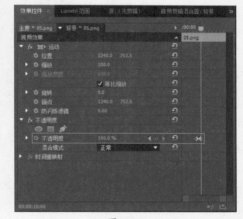

图12-10

**05** 选择V7轨道上的"06.png"素材文件，将时间轴滑动到10秒的位置，单击"不透明度"前面的◎，创建关键帧，并设置"不透明度"为0.0；将时间轴滑动到12秒的位置，设置"不透明度"为100.0%，如图12-11所示。

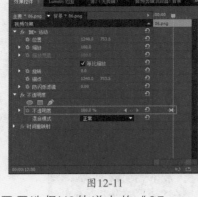

图12-11

**06** 选择V8轨道上的"07.png"素材文件，将时间轴拖动到12秒的位置，单击"位置"前面的 ⏱ ，创建关键帧，并设置"位置"为（-795.7,1181.8）；将时间轴拖动到14秒的位置，设置"位置"为（1240.0,753.5），如图12-12所示。

图12-12

**07** 选择V9轨道上的"08.png"素材文件，将时间轴拖动到14秒的位置，单击"位置"前面的 ⏱ ，创建关键帧，并设置"位置"为（2795.0,357.6）；将时间轴滑动到16秒的位置，设置"位置"为（1240.0,753.5），如图12-13所示。

**08** 选择V10轨道上的"09.png"素材文件，将时间轴滑动到16秒的位置，单击"位置"前面的 ⏱ ，创建关键帧，并设置"位置"为（2524.4,1048.4），如图12-14所示；将时间轴拖动到16秒的位置，设置"位置"为（1240.0,753.5）。

图12-13

图12-14

**09** 选择V11轨道上的"10.png"素材文件，将时间轴拖动到18秒的位置，单击"位置"前面的 ⏱ ，创建关键帧，并设置"位置"为（7.7,763.8），如图12-15所示；将时间轴拖动到20秒的位置，设置"位置"为（1240.0,753.5）。

**10** 选择V12轨道上的"11.png"素材文件，将时间轴拖动到20秒的位置，单击"位置"和"不透明度"前面的 ⏱ ，创建关键帧，并设置"位置"为（1240.0,117.5）、"不透明度"为0.0，如图12-16所示%；将时间轴拖动到22秒的位置，设置"位置"为（1240.0,753.5）、"不透明度"为100.0%。

图12-15

图12-16

**11** 拖动时间轴查看最终效果，如图12-17所示。

图12-17

/ 佳 / 作 / 欣 / 赏 /

## 实例218 纯净水广告设计——水花背景

| | |
|---|---|
| 文件路径 | 第13章\纯净水广告设计 |
| 难易指数 | ★★★★★ |
| 技术掌握 | 关键帧动画 |

🔍扫码深度学习

### 📖 操作思路

本实例讲解了在Premiere Pro中为位置、不透明度、缩放高度属性添加关键帧动画，制作纯净水广告设计中的水花背景效果。

### 🎙 操作步骤

**01** 在菜单栏中执行"文件"｜"新建"｜"项目"命令，并在弹出的"新建项目"对话框中设置"名称"，接着单击"浏览"按钮设置保存路径，最后单击"确定"按钮，如图13-1所示。

图13-1

**02** 在"项目"面板空白处双击鼠标左键，选择所需的"01.png"～"11.png"和"背景.jpg"素材文件，最后单击"打开"按钮，将它们进行导入，如图13-2所示。

图13-2

**03** 选择"项目"面板中的"背景.jpg"和"01.png"～"04.png"素材文件，按住鼠标左键将它们依次拖曳到V1~V5轨道上，并分别设置结束帧为18秒，如图13-3所示。

图13-3

**04** 选择V2轨道上的"01.png"素材文件，将时间轴拖动到1秒的位置，单击"位置"和"不透明度"前面的🕐，创建关键帧，并设置"位置"为（1178.5,1695.5）、"不透明度"为0.0；将时间轴拖动到2秒15帧的位置，设置"位置"为（1178.5,820.5）、"不透明度"为100.0%，如图13-4所示。

图13-4

**05** 选择V3轨道上的"02.png"素材文件，取消勾选"等比缩放"复选框。将时间轴拖动到2秒15帧的位置，单击"位置"和"缩放高度"前面的🕐，创建关键帧，并设置"位置"为（1178.5,1330.5）、"缩放高度"为0.0；将时间轴拖动到4秒的位置，设置"位置"为（1178.5,820.5），"缩放高度"为100.0，如图13-5所示。

图13-5

06 选择V4轨道上的"03.png"素材文件，取消勾选"等比缩放"复选框。将时间轴拖动到4秒的位置，单击"位置"和"缩放高度"前面的 ⏱，创建关键帧，并设置"位置"为（1178.5,1318.5）、"缩放高度"为0.0，如图13-6所示；将时间轴拖动到6秒的位置，设置"位置"为（1178.5,820.5），"缩放高度"为100.0。

图13-6

07 选择V5轨道上的"04.png"素材文件，设置"位置"和"锚点"均为（1091.7,448.0）。将时间轴拖动到6秒的位置，单击"缩放"前面的 ⏱，创建关键帧，并设置"缩放"为0.0；将时间轴拖动到7秒的位置，设置"缩放"为100.0，如图13-7所示。

图13-7

08 拖动时间轴查看效果，如图13-8所示。

图13-8

## 实例219　纯净水广告设计——动画部分

| 文件路径 | 第13章\纯净水广告设计 |
| --- | --- |
| 难易指数 | ★★★★★ |
| 技术掌握 | 关键帧动画 |

### 💡 操作思路

　　本实例讲解了在Premiere Pro中为不透明度、位置、缩放属性添加关键帧动画，制作广告设计中的动画部分。

### 🎤 操作步骤

01 选择"项目"面板中的"05.png"～"11.png"素材文件，并按住鼠标左键将它们依次拖曳到V6~V12轨道上，并分别设置结束帧为18秒，如图13-9所示。

图13-9

02 选择V6轨道上"05.png"素材文件，将时间轴拖动到7秒的位置，单击"不透明度"前面的 ⏱，创建关键帧，并设置"不透明度"为0.0；将时间轴拖动到8秒10帧的位置，设置"不透明度"为100.0%，如图13-10所示。

图13-10

03 选择V7轨道上"06.png"素材文件，将时间轴拖动到8秒10帧的位置，单击"位置"前面的 ⏱，创建关键帧，并设置"位置"为（1178.5,1341.5）；将时间轴拖动到10秒的位置，设置"位置"为（1178.5,820.5），如图13-11所示。

04 选择V8轨道上"07.png"素材文件，将时间轴拖动到10秒的位置，单击"位置"前面的 ⏱，创建关键帧，并设置"位置"为（2413.5,820.5）；将时间轴拖动到11秒的位置，设置"位置"为（1178.5,820.5），如图13-12所示。

图13-11

图13-12

100.0、"不透明度"为100.0%，如图13-16所示。

13-15

05 选择V9轨道上"08.png"素材文件，将时间轴拖动到11秒的位置，单击"位置"前面的 ，创建关键帧，并设置"位置"为（−279.5,820.5）；将时间轴拖动到12秒的位置，设置"位置"为（1178.5,820.5），如图13-13所示。

06 选择V10轨道上"09.png"素材文件，将时间轴拖动到12秒的位置，单击"位置"和"不透明度"前面的 ，创建关键帧，并设置"位置"为（1178.5,−598.5）、"不透明度"为0.0；将时间轴拖动到13秒的位置，设置"位置"为（1178.5,820.5）、"不透明度"为100.0%，如图13-14所示。

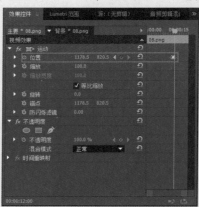
图13-13

图13-14

07 选择V11轨道上"10.png"素材文件，将时间轴拖动到13秒的位置，单击"缩放"和"不透明度"前面的 ，创建关键帧，并设置"缩放"为634.0、"不透明度"为0.0；将时间轴拖动到15秒的位置，设置"缩放"为100.0、"不透明度"为100.0%，如图13-15所示。

08 选择V12轨道上"11.png"素材文件，将时间轴拖动到15秒的位置，单击"缩放"和"不透明度"前面的 ，创建关键帧，并设置"缩放"为654.0、"不透明度"为0.0；将时间轴拖动到17秒的位置，设置"缩放"为

图13-16

09 拖动时间轴查看最终效果，如图13-17所示。

图13-17

中文版Premiere Pro视频编辑剪辑设计与制作全视频 实战228例

# 横幅广告设计

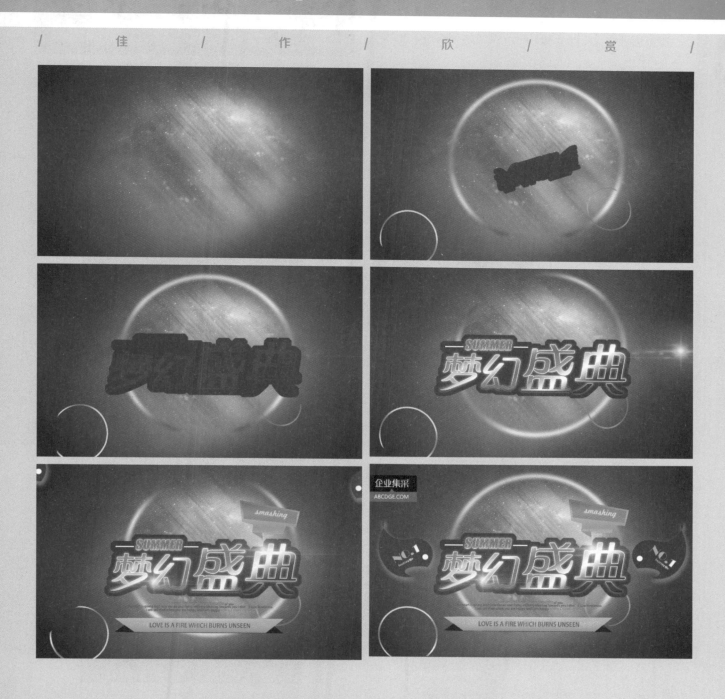

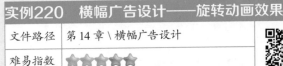

| 文件路径 | 第 14 章 \ 横幅广告设计 |
| --- | --- |
| 难易指数 | ★★★★★ |
| 技术掌握 | 关键帧动画 |

扫码深度学习

### 操作思路

本实例讲解了在Premiere Pro中为旋转、不透明度属性设置关键帧动画。

### 操作步骤

**01** 在菜单栏中执行"文件" | "新建" | "项目"命令，并在弹出的对话框中设置"名称"，接着单击"浏览"按钮设置保存路径，最后单击"确定"按钮，如图14-1所示。

图14-1

**02** 在"项目"面板空白处双击鼠标左键，选择所需的"01.png" ~ "15.png"和"背景.jpg"素材文件，最后单击"打开"按钮，将它们进行导入，如图14-2所示。

图14-2

**03** 选择"项目"面板中的"01.png" ~ "03.png"和"背景.jpg"素材文件，按住鼠标左键将它们依次拖曳到V1 ~ V4轨道上，并分别设置结束帧为1分钟，如图14-3所示。

图14-3

**04** 选择V2轨道上的"01.png"素材文件，设置"位置"和"锚点"均为(531.3,279.6)。将时间轴拖动到2秒的位置，单击"旋转"和"不透明度"前面的 ，创建关键帧，并设置"旋转"为1x0.0°、"不透明度"0.0；将时间轴拖动到13秒10帧的位置，设置"旋转"为3x0.0°、"不透明度"为100.0%，如图14-4所示；将时间轴拖动到59秒的位置，设置"旋转"为15x0.0°。

图14-4

**05** 选择V3轨道上的"02.png"素材文件，设置"位置"和"锚点"均为（746.0,431.5）。将时间轴拖动到4秒的位置，单击"旋转"和"不透明度"前面的 ，创建关键帧，并设置"旋转"为1x0.0°、"不透明度"为0.0；将时间轴拖动到13秒10帧的位置，设置"旋转"为2x202.9°、"不透明度"为100.0%，如图14-5所示；将时间轴拖动到59秒的位置，设置"旋转"为15x0.0°。

图14-5

**06** 选择V4轨道上的"03.png"素材文件，设置"位置"和"锚点"均为（133.3,527.8）。将时间轴拖动到6秒的位置，单击"旋转"和"不透明度"前面的，创建关键帧，并设置"旋转"为 1x0.0°、"不透明度"为0.0；将时间轴拖动到13秒10帧的位置，设置"不透明度"为 100.0%，如图14-6所示；将时间轴拖动到59秒的位置，设置"旋转"为15x0.0°。

07 拖动时间轴查看效果，如图14-7所示。

图14-6

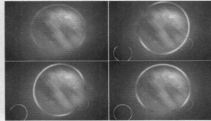

图14-7

## 实例221 横幅广告设计——文字部分

| 文件路径 | 第14章\横幅广告设计 |
| --- | --- |
| 难易指数 | ★★★★★ |
| 技术掌握 | 关键帧动画 |

扫码深度学习

### 操作思路

　　本实例讲解了在Premiere Pro中为缩放、旋转、不透明度、位置、缩放高度属性设置关键帧动画，从而制作文字部分。

### 操作步骤

01 选择"项目"面板中的"04.png"~"09.png"素材文件，按住鼠标左键将它们依次拖曳到V5~V10轨道上，并分别设置结束帧为1分钟，如图14-8所示。

图14-8

02 选择V5轨道上的"04.png"素材文件，设置"位置"和"锚点"均为（523.9,313.0）。将时间轴拖动8秒的位置，单击"缩放"和"旋转"前面的，创建关键帧，并设置"缩放"为0.0、"旋转"为1x0.0°；将时间轴拖动到20秒的位置，设置"缩放"为100.0、"旋转"为1x0.0°，如图14-9所示。

03 选择V6轨道上的"05.png"素材文件，将时间轴拖动到20秒的位置，单击"不透明度"前面的，创建关键帧，并设置"不透明度"为0.0；将时间轴拖动到30秒的位置，设置"不透明度"为100.0%，如图14-10所示。

图14-9

图14-10

04 选择V7轨道上的"06.png"素材文件，将时间轴拖动到30秒的位置，单击"位置"前面的，创建关键帧，并设置"位置"为（4.5,300.0）；将时间轴拖动到40秒的位置，设置"位置"为（503.5,300.0），如图14-11所示。

图14-11

05 选择V8轨道上的"07.png"素材文件，设置"混合模式"为滤色。将时间轴拖动到40秒的位置，单击"位置"前面的，创建关键帧，并设置"位置"为（1067.5,300.0）；将时间轴拖动到43秒的位

置，设置"位置"为（503.5,300.0），如图14-12所示。

图14-12

06选择V9轨道上的"08.png"素材文件，设置"混合模式"为"滤色"。将时间轴拖动到43秒的位置，单击"位置"前面的 ，创建关键帧，并设置"位置"为（-86.5,300.0）；将时间轴拖动到45秒的位置，设置"位置"为（503.5,300.0），如图14-13所示。

图14-13

07选择V10轨道上的"09.png"素材文件，取消勾选"等比缩放"复选框。将时间轴拖动到45秒的位置，单击"位置"和"缩放高度"前面的 ，创建关键帧，并设置"位置"为（503.5,219.0），"缩放高度"为0.0；将时间轴拖动到50秒的位置，设置"位置"为（503.5,300.0）、"缩放高度"为100.0，如图14-14所示。

图14-14

08 拖动时间轴查看效果，如图14-15所示。

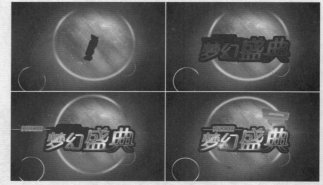

图14-15

## 实例222　横幅广告设计——动画部分

| 文件路径 | 第14章\横幅广告设计 |
|---|---|
| 难易指数 | ★★★★★ |
| 技术掌握 | 关键帧动画 |

扫码深度学习

**操作思路**

　　本实例讲解了在Premiere Pro中为位置属性设置关键帧动画，制作横幅广告的整体动画效果。

**操作步骤**

01 选择"项目"面板中的"10.png"～"15.png"素材文件，并按住鼠标左键将它们依次拖曳到V11～V16轨道上，如图14-16所示。

图14-16

02 选择V11轨道上的"10.png"素材文件，将时间轴拖动到50秒的位置，单击"位置"前面的 ，创建关键帧，并设置"位置"为（503.5,429.0）；将时间轴拖动到51秒的位置，设置"位置"为（503.5,300.0），如图14-17所示。

03 选择V12轨道上的"11.png"素材文件，将时间轴拖动到51秒的位置，单击"位置"前面的 ，创建关键帧，并设置"位置"为（503.5,413.0）；将时间轴拖动到52秒的位置，设置"位置"为（503.5,300.0），如图14-18所示。

图14-17　　　　　　　　　　图14-18

图14-21

**04** 选择V13轨道上的"12.png"素材文件，将时间轴拖动到52秒的位置，单击"位置"前面的⏱，创建关键帧，并设置"位置"为（503.5,479.0）；将时间轴拖动到53秒的位置，设置"位置"为（503.5,300.0），如图14-19所示。

**05** 选择V14轨道上的"13.png"素材文件，将时间轴拖动到53秒的位置，单击"位置"前面的⏱，创建关键帧，并设置"位置"为（269.2,-51.4）；将时间轴拖动到54秒的位置，设置"位置"为（503.5,300.0），如图14-20所示。

图14-19

图14-20

图14-22

**08** 拖动时间轴查看最终效果，如图14-23所示。

**06** 选择V15轨道上的"14.png"素材文件，设置"锚点"为（470.6,287.7）。将时间轴拖动到53秒的位置，单击"位置"前面的⏱，创建关键帧，并设置"位置"为（661.7,-4.1）；将时间轴拖动到54秒的位置，设置"位置"为（468.6,287.7），如图14-21所示。

**07** 选择V16轨道上的"15.png"素材文件，将时间轴拖动到54秒的位置，单击"位置"前面的⏱，创建关键帧，并设置"位置"为（344.5,300.0）；将时间轴拖动到56秒的位置，设置"位置"为（503.5,300），如图14-22所示。

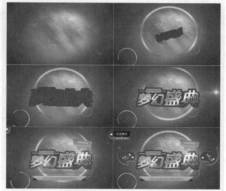

图14-23

# 卡通风格广告设计

## 实例223 卡通风格广告设计——背景动画

| 文件路径 | 第15章\卡通风格广告设计 |
|---|---|
| 难易指数 | ★★★★★ |
| 技术掌握 | 关键帧动画 |

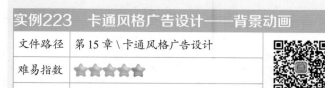
🔍扫码深度学习

### 💡 操作思路

本实例讲解了在Premiere Pro中为不透明度、旋转、位置属性设置关键帧动画，制作卡通风格海报的背景动画效果。

### 🎤 操作步骤

**01** 在菜单栏中执行"文件"|"新建"|"项目"命令，并在弹出的"新建项目"对话框中设置"名称"，接着单击"浏览"按钮设置保存路径，最后单击"确定"按钮，如图15-1所示。

图15-1

**02** 在"项目"面板空白处双击鼠标左键，选择所需的"01.png"～"13.png"和"背景.jpg"素材文件，最后单击"打开"按钮，将它们进行导入，如图15-2所示。

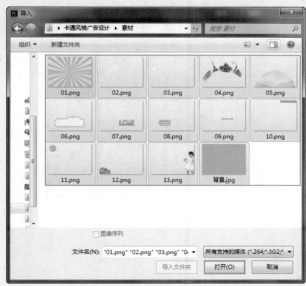

图15-2

**03** 选择"项目"面板中的"背景.jpg"和"01.png"～"05.png"素材文件，按住鼠标左键将它们依次拖曳到V1～V6轨道上，并分别设置结束帧为30秒，如图15-3所示。

图15-3

**04** 选择V2轨道上的"01.png"素材文件，设置"位置"和"锚点"均为（1751.5,1277.7）。将时间轴拖动到1秒的位置，单击"不透明度"前面的⏱，创建关键帧，并设置"不透明度"0.0%；将时间轴拖动到2秒20帧的位置，设置"不透明度"为100.0%，如图15-4所示。

图15-4

**05** 选择V3轨道上的"02.png"素材文件，设置"位置"和"锚点"均为（1041.3,2044.5）。将时间轴拖动到2秒20帧的位置，单击"旋转"前面的⏱，创建关键帧，并调整"节目"监视器中的中心点。设置"旋转"为–138°，如图15-5所示；将时间轴拖动到4秒的位置，设置"旋转"为0.0°，如图15-6所示。

图15-5

图15-6

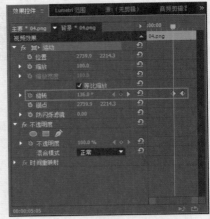

图15-9

06 选择V4轨道上的"03.png"素材文件，设置"位置"和"锚点"均为（924.9,1948.6）。将时间轴拖动到4秒的位置，单击"旋转"前面的，创建关键帧，并调整"节目"监视器中的中心点。接着设置"旋转"为−138.0°，如图15-7所示；将时间轴拖动到5秒05帧的位置，设置"旋转"为0.0°，如图15-8所示。

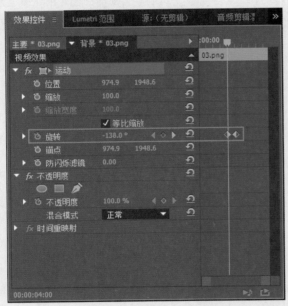

图15-7

图15-10

08 选择V6轨道上的"05.png"素材文件，将时间轴拖动到7秒的位置，单击"位置"前面的，创建关键帧，并设置"位置"为（1754.0,2676.0），如图15-11所示；将时间轴拖动到8秒10帧的位置，设置"位置"为（1754.0,1240.0）。

图15-8

07 选择V5轨道上的"04.png"素材文件，设置"位置"和"锚点"均为（2739.9,2214.3）。将时间轴拖动到5秒05帧的位置，单击"旋转"前面的，创建关键帧，并调整"节目"监视器中的中心点，接着设置"旋转"为136.0°，如图15-9所示；将时间轴拖动到7秒的位置，设

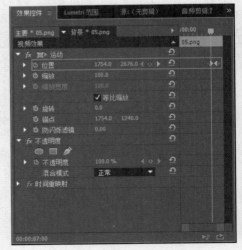

图15-11

09 拖动时间轴查看效果，如图15-12所示。

图15-12

## 实例224 卡通风格广告设计——文字动画

| 文件路径 | 第15章 \ 卡通风格广告设计 |
|---|---|
| 难易指数 | ★★★★★ |
| 技术掌握 | 关键帧动画 |

扫码深度学习

### 操作思路

本实例讲解了在Premiere Pro中为位置、缩放、不透明度属性设置关键帧动画，制作卡通风格海报的文字动画效果。

### 操作步骤

**01** 选择"项目"面板中的"06.png～09.png"素材文件，并按住鼠标左键将它们依次拖曳到V6～V10轨道上，并分别设置结束帧为30秒，如图15-13所示。

图15-13

**02** 选择V7轨道上的"06.png"素材文件，将时间轴拖动到8秒10帧的位置，单击"位置"前面的⏱，创建关键帧，并设置"位置"为（1754.0,2377.0）；将时间轴拖动到11秒的位置，设置"位置"为(1754.0,1240.0)，如图15-14所示。

**03** 选择V8轨道上的"07.png"素材文件，设置"位置"和"锚点"均为（2242.8,1869.0）将时间轴拖动到11秒的位置，单击"缩放"和"不透明度"前面的⏱，创建关键帧，并设置"缩放"为0.0、"不透明度"为0.0；将时间轴拖动到14秒的位置，设置"缩放"为100.0，"不透明度"为100.0%，如图15-15所示。

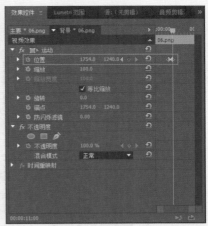

图15-14

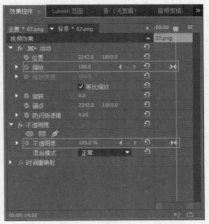

图15-15

**04** 选择V9轨道上的"08.png"素材文件，设置"位置"和"锚点"均为（1121.4,1847.4）将时间轴拖动到14秒的位置，单击"缩放"和"旋转"前面的⏱，创建关键帧，并设置"缩放"为0.0、"旋转"为1x0.0°；将时间轴拖动到17秒的位置，设置"缩放"为100.0，"旋转"为1x0.0°，如图15-16所示。

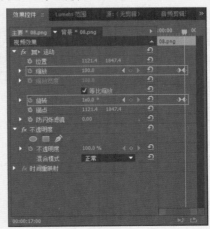

图15-16

**05** 选择V10轨道上的"09.png"素材文件，将时间轴拖动到17秒的位置，单击"不透明度"前面的，创建关键帧，并设置"不透明度"为0.0；将时间轴拖动到19秒的位置，设置"不透明度"为100.0%，如图15-17所示。

图15-17

06 拖动时间轴查看效果，如图15-18所示。

图15-18

## 实例225　卡通风格广告设计——装饰动画

| 文件路径 | 第15章\卡通风格广告设计 |
|---|---|
| 难易指数 | ★★★★★ |
| 技术掌握 | 关键帧动画 |

扫码深度学习

### 💡操作思路

本实例讲解了在Premiere Pro中为位置属性设置关键帧动画，制作卡通风格海报四周的装饰元素的位移动画效果。

### 🎤操作步骤

01 选择"项目"面板中的"10.png"～"13.png"素材文件，并按住鼠标左键将它们依次拖曳到V11～V14轨道上，并分别设置结束帧为30秒，如图15-19所示。

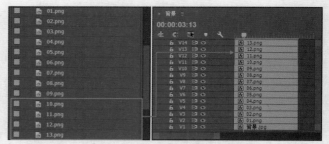

图15-19

02 选择V11轨道上的"10.png"素材文件，将时间轴拖动到19秒的位置，单击"位置"前面的 ⬤ ，创建关键帧，并设置"位置"为（3044.0,1240.0）；将时间轴拖动到20秒20帧的位置，设置"位置"为（1754.0,1240.0），如图15-20所示。

图15-20

03 选择V12轨道上的"11.png"素材文件，将时间轴拖动到20秒20帧的位置，单击"位置"前面的 ⬤ ，创建关键帧，并设置"位置"为（924.2,1541.5），如图15-21所示；将时间轴拖动到23秒的位置，设置"位置"为（1754.0,1240.0）。

图15-21

04 选择V13轨道上的"12.png"素材文件，将时间轴拖动到23秒的位置，单击"位置"前面的 ⬤ ，创建关键帧，并设置"位置"为（659.2,1760.0），如图15-22所示；将时间轴拖动到26秒的位置，设置"位置"为（1754.0,1240.0）。

05 选择V14轨道上的"13.png"素材文件，将时间轴拖动到26秒的位置，单击"位置"前面的图，创建关键帧，并设置"位置"为（2630.0,1240.0），如图15-23所示；将时间轴拖动到29秒的位置，设置"位置"为（1754.0,1240.0）。

图15-22

图15-23

06 拖动时间轴查看最终效果，如图15-24所示。

图15-24

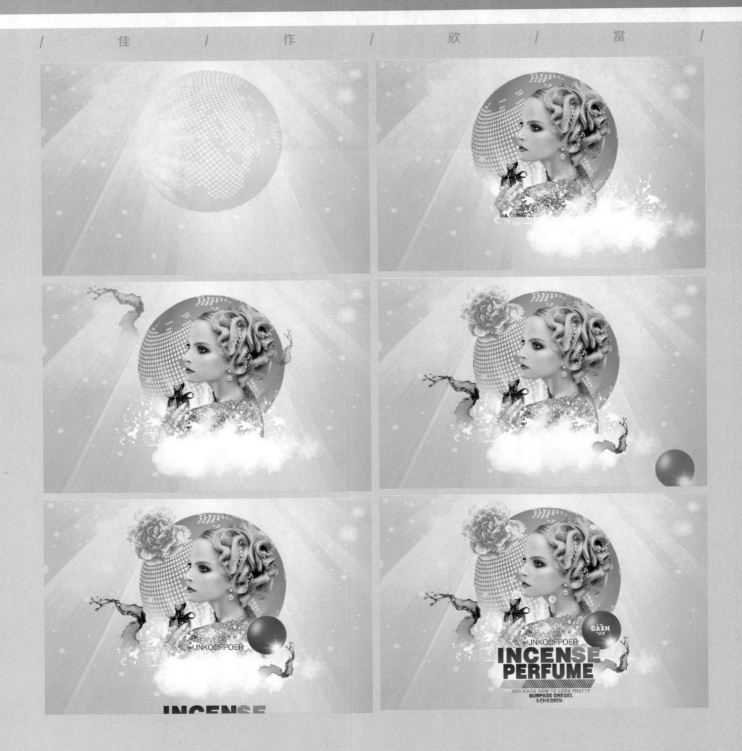

## 实例226　唯美电影广告设计——广告背景

| 文件路径 | 第15章＼唯美电影广告设计 |
|---|---|
| 难易指数 | ★★★★★ |
| 技术掌握 | ● 导入素材　　　● 修改混合模式<br>● 关键帧动画 |

🔍扫码深度学习

### 💡 操作思路

本实例讲解了在Premiere Pro中导入素材，并修改素材的混合模式，接着为素材设置位置属性的关键帧动画，使其产生位移动画。

### 🎤 操作步骤

**01** 在菜单栏中执行"文件"｜"新建"｜"项目"命令，并在弹出的"新建项目"对话框中设置"名称"，接着单击"浏览"按钮设置保存路径，最后单击"确定"按钮，如图16-1所示。

图16-1

**02** 在"项目"面板空白处双击鼠标左键，选择所需的"01.jpg""02.png"～"17.png"和"背景.jpg"素材文件，最后单击"打开"按钮，将它们进行导入，如图16-2所示。

图16-2

**03** 选择"项目"面板中的"背景.jpg"和"01.jpg"素材文件，按住鼠标左键将它们依次拖曳到V1和V2轨道上，并分别设置结束帧为18秒，如图16-3所示。

图16-3

**04** 选择V2轨道上的"01.jpg"素材文件，设置"混合模式"为"柔光"。将时间轴拖动到初始位置，单击"位置"前面的⏱，创建关键帧，并设置"位置"为（2361.0，-1600.0），如图16-4所示；将时间轴拖动到2秒的位置，设置"位置"为（2361,1581.5）。

图16-4

**05** 拖动时间轴查看效果，如图16-5所示。

图16-5

## 实例227  唯美电影广告设计——动画部分

| 文件路径 | 第 15 章 \ 唯美电影广告设计 |
|---|---|
| 难易指数 | ★★★★★ |
| 技术掌握 | 关键帧动画 |

扫码深度学习

### 💡 操作思路

本实例讲解了在Premiere Pro中为旋转、缩放、不透明度、位置属性设置关键帧动画。

### 🎙 操作步骤

**01** 选择"项目"面板中的"02.png"～"07.png"素材文件，按住鼠标左键将它们依次拖曳到V3～V8轨道上，并分别设置结束帧为18秒，如图16-6所示。

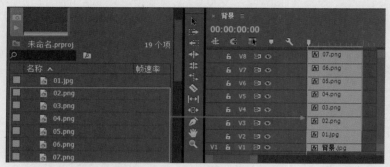

图16-6

**02** 选择V3轨道上的"02.png"素材文件，将时间轴拖动到2秒的位置，单击"旋转"前面的 📷，创建关键帧，并设置"旋转"为1x0.0°；将时间轴拖动到3秒的位置，设置"旋转"为1x0.0°，如图16-7所示。

图16-7

**03** 选择V4轨道上的"03.png"素材文件，将时间轴拖动到3秒的位置，单击"缩放"和"不透明度"前面的 📷，创建关键帧，并设置"缩放"为0.0，"不透明度"为0.0；将时间轴拖动到4秒的位置，设置"缩放"为100.0，"不透明度"为100.0%，如图16-8所示。

图16-8

**04** 选择V5轨道上的"04.png"素材文件，将时间轴拖动到4秒的位置，单击"位置"前面的 📷，创建关键帧，并设置"位置"为（6062.0,1581.5）；将时间轴拖动到5秒的位置，设置"位置"为（2361.0,1581.5），如图16-9所示。

**05** 选择V6轨道上的"05.png"素材文件，将时间轴拖动到5秒的位置，单击"位置"和"不透明度"前面的 📷，创建关键帧，并设置"位置"为（2361.0,–1050.0）、"不透明度"为0.0，如图16-10所示；将时间轴滑动到6秒的位置，设置"位置"为（2361.0,1581.5）、"不透明度"为100.0%。

图16-9

**06** 选择V7轨道上的"06.png"素材文件，将时间轴拖动到6秒的位置，单击"位置"和"不透明度"前面的 📷，创建关键帧，并设置"位置"为（349.1,643.6）、"不透明度"为0.0，如图16-11所示；将时间轴拖动到7秒的位置，设置"位置"为（2361.0,1581.5）、"不透明度"为100.0%。

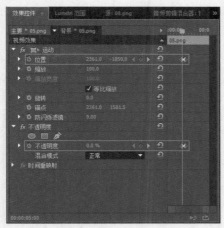

图16-10

图16-11

07 选择V8轨道上的"07.png"素材文件，将时间轴拖动到7秒的位置，单击"位置"和"不透明度"前面的 ⏱，创建关键帧，并设置"位置"为（5034.4,3723.9）、"不透明度"为0.0，如图16-12所示；将时间轴滑动到8秒的位置，设置"位置"为（2361.0,1581.5），"不透明度"为100.0%。

图16-12

08 拖动时间轴查看效果，如图16-13所示。

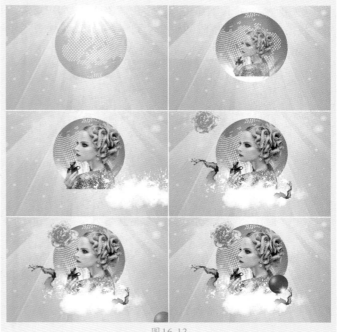

图16-13

### 实例228　唯美电影广告设计——文字部分

| 文件路径 | 第 15 章 \ 唯美电影广告设计 |
|---|---|
| 难易指数 | ★★★★★ |
| 技术掌握 | 关键帧动画 |

🔍 扫码深度学习

操作思路

　　本实例讲解了在Premiere Pro中为位置、不透明度属性创建关键帧动画，从而完成唯美电影海报作品的制作。

操作步骤

01 选择"项目"面板中的"08.png"～"17.png"素材文件，并按住鼠标左键将它们依次拖曳到V9～V18轨道上，并分别设置结束帧为18秒，如图16-14所示。

图16-14

实战228例

02 选择V9轨道上的"08.png"素材文件，将时间轴拖动到8秒的位置，单击"位置"前面的 ◎，创建关键帧，并设置"位置"为（2361.0,3189.5），如图16-15所示；将时间轴拖动到9秒的位置，设置"位置"为（2361.0,1581.5）。

图16-15

03 选择V10轨道上的"09.png"素材文件，将时间轴拖动到9秒的位置，单击"位置"前面的 ◎，创建关键帧，并设置"位置"为（2361.0,2616.5），如图16-16所示；将时间轴拖动到10秒的位置，设置"位置"为（2361.0,1581.5）。

图16-16

04 选择V11轨道上的"10.png"素材文件，将时间轴拖动到10秒的位置，单击"位置"前面的 ◎，创建关键帧，并设置"位置"为（2361.0,2521.5）；将时间轴拖动到11秒的位置，设置"位置"为（2361.0,1581.5），如图16-17所示。

图16-17

05 选择V12轨道上的"11.png"素材文件，将时间轴拖动到11秒的位置，单击"位置"前面的 ◎，创建关键帧，并设置"位置"为（2361.0,2257.5），如图16-18所示；将时间轴拖动到12秒的位置，设置"位置"为（2361.0,1581.5）。

图16-18

06 选择V13轨道上的"12.png"素材文件，将时间轴拖动到12秒的位置，单击"位置"前面的 ◎，创建关键帧，并设置"位置"为（2361.0,2012.5），如图16-19所示；将时间轴拖动到13秒的位置，设置"位置"为（2361.0,1581.5）。

图16-19

07 选择V14轨道上的"13.png"素材文件，将时间轴拖动到13秒的位置，单击"位置"前面的 ◎，创建关键帧，并设置"位置"为（2361.0,1870.0），如图16-20所示；将时间轴拖动到14秒的位置，设置"位置"为（2361.0,1581.5）。

图16-20

08 选择V15轨道上的"14.png"素材文件，将时间轴拖动到14秒的位置，单击"位置"前面的 ⬛，创建关键帧，并设置"位置"为（2361.0,1804.5），如图16-21所示；将时间轴拖动到15秒的位置，设置"位置"为（2361.0,1581.5）。

图16-21

09 选择V16轨道上的"15.png"素材文件，将时间轴拖动到15秒的位置，单击"位置"前面的 ⬛，创建关键帧，并设置"位置"为（2361.0,1745.5），如图16-22所示；将时间轴拖动到16秒的位置，设置"位置"为（2361.0,1581.5）。

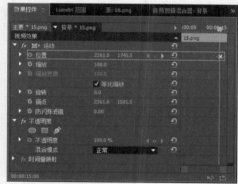

图16-22

10 选择V17轨道上的"16.png"素材文件，将时间轴拖动到15秒的位置，单击"不透明度"前面的 ⬛，创建关键帧，并设置"不透明度"为0.0%；将时间轴滑动到16秒的位置，设置"不透明度"为100.0%，如图16-23所示。

11 选择V18轨道上的"17.png"素材文件，将时间轴拖动到16秒的位置，单击"不透明度"前面的 ⬛，创建关键帧，并设置"不透明度"为0.0；将时间轴拖动到17秒的位置，设置"不透明度"为100.0%，如图16-24所示。

图16-23

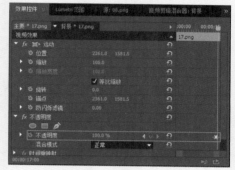

图16-24

12 拖动时间轴查看最终效果，如图16-25所示。

图16-25